铸铁物理冶金及铌微合金化

Physical Metallurgy and Niobium Microalloying in Cast Iron

陈湘茹　张　伟　翟启杰　著

北　京

冶 金 工 业 出 版 社

2022

内 容 提 要

本书介绍了铸铁物理冶金学的系统知识及其在理论和实践上的最新研究成果。全书共分2篇。第1篇系统介绍了铸铁物理冶金理论及其应用，包括铸铁的热力学基础、铸铁的凝固与组织、铸铁的孕育、球化及蠕化处理理论与工艺、合金元素在铸铁中的作用及合金铸铁、微量元素在铸铁中的作用以及铸铁的热处理理论与工艺。第2篇重点介绍了微量元素铌在铸铁中应用的基础理论与应用案例，包括铌微合金化的热力学基础、铌在灰铸铁中的作用及含铌高碳高强度灰铸铁、铌在球墨铸铁中的作用及含铌高强度球墨铸铁、铌在冷硬铸铁中的作用及含铌冷硬铸铁，并列出了上述铸铁材料的生产及应用案例。

本书可供铸造、冶金等领域的工程技术人员及研究人员阅读，也可供大专院校铸造、冶金及相关专业的师生参考。

图书在版编目(CIP)数据

铸铁物理冶金及铌微合金化/陈湘茹，张伟，翟启杰著. —北京：冶金工业出版社，2022.10

ISBN 978-7-5024-9303-5

Ⅰ.①铸… Ⅱ.①陈… ②张… ③翟… Ⅲ.①铸铁—物理冶金—研究 ②铌铁—铁合金熔炼—研究 Ⅳ.①TG143.9 ②TF649

中国版本图书馆 CIP 数据核字(2022)第 191183 号

铸铁物理冶金及铌微合金化

出版发行	冶金工业出版社	**电 话**	(010)64027926
地 址	北京市东城区嵩祝院北巷 39 号	**邮 编**	100009
网 址	www.mip1953.com	**电子信箱**	service@ mip1953.com

责任编辑 夏小雪 美术编辑 彭子赫 版式设计 郑小利
责任校对 石 静 责任印制 李玉山 窦 唯
三河市双峰印刷装订有限公司印刷
2022 年 10 月第 1 版，2022 年 10 月第 1 次印刷
710mm×1000mm 1/16；21.25 印张；415 千字；328 页
定价 118.00 元

投稿电话 (010)64027932 投稿信箱 tougao@cnmip.com.cn
营销中心电话 (010)64044283
冶金工业出版社天猫旗舰店 yjgycbs.tmall.com
(本书如有印装质量问题，本社营销中心负责退换)

前　言

铸铁由于具有较高的强韧性能和优良的减磨减振及工艺性能，被广泛应用于工农业及国防装备制造业，在国计民生中发挥着重要作用，在铸造合金中占主导地位。铸铁是一种具有极大开发潜力的多元多相合金材料，其组织和性能可随其化学成分和凝固方式的不同产生巨大的变化，这使铸铁在铸造合金中独具魅力，使人们对铸铁的研究长盛不衰。

近百年来，铸铁生产技术取得了长足进步。20世纪20年代诞生的铸铁孕育处理技术使铸铁的抗拉强度由100~150MPa提高到200~250MPa，而20世纪40年代诞生的铸铁球化处理技术又使铸铁抗拉强度提高到400MPa以上。也就是在短短的二十年左右的时间里，铸铁的抗拉强度翻了两番。随后合金化技术的应用使铸铁的性能进一步提高。近年来，随着人们资源和环境意识的提升，微合金化技术在铸铁生产中也日益得到关注。

本书在介绍铸铁物理冶金学系统知识的基础上重点介绍铌作为微量元素在铸铁中的应用，从而为铸造专业的工程技术人员、研究生及本科生提供一本进一步深入了解铸铁基础理论及其应用的参考书。对于书中所涉及的传热学、金属学、物理化学等基础理论，本书不再重复介绍，而着重介绍这些理论在铸铁领域中的应用。本书力求内容系统，文字简洁，突出新成果，理论性与实用性并举。

全书共分2篇。第1篇系统介绍铸铁物理冶金理论及其应用，包括铸铁的热力学基础、铸铁的凝固与组织、铸铁的孕育、球化及蠕化处理理论与工艺、合金元素在铸铁中的作用及合金铸铁、微量元素在铸铁中的作用以及铸铁的热处理理论与工艺。第2篇结合作者近二十年来关于铸铁研究的实践与体会，重点介绍微量元素铌在铸铁中应用的基础理论与应用案例，包括铌微合金化的热力学基础、铌在灰铸铁中的作用及含铌高碳高强度灰铸铁、铌在球墨铸铁中的作用及含铌高强度球墨铸铁、铌在冷硬铸铁中的作用及含铌冷硬铸铁。本书第1篇是在翟启杰《铸铁物理冶金理论与应用》（冶金工业出版社，1995年）的基础上修订而成，陈湘茹参与了部分修订工作。第2篇中的第9、第11和第12章由陈湘茹主编，第10章由张伟主编，周文彬、常亮、杨超、孙小亮、征登科和朱洪波等参与了第2篇编写。全书由陈湘茹和张伟统稿。

本书承蒙施长铎博士主审，并提出了许多具体和极为宝贵的修改意见。本书内容所涉及的研究工作，得到了 Hardy Mohrbacher 教授、付俊岩教授、郭爱民教授和 Henry Hu 教授的指导，得到了中信金属、巴西 CBMM 公司和国家自然科学基金的资助。在本书完成之际，谨表衷心感谢。

受作者水平所限，疏漏与错误之处在所难免，敬请读者批评指正。

陈湘茹　张　伟　翟启杰
2022 年 2 月于上海大学先进凝固技术中心

目　　录

第1篇　铸铁物理冶金理论与应用

第2篇　铌在铸铁中的作用与应用

第1篇
铸铁物理冶金理论与应用

1 铸铁的热力学基础

作为研究铸铁凝固过程、组织和性能以及合金元素在铸铁中行为的基础，本章主要讨论铁碳体系中的基本热力学关系及第三组元对铁碳合金热力学性能的影响。

1.1 铁碳二元相图

铁碳二元相图有一个显著特点，即在同一相图中包含了稳定系（高碳相为石墨）和介稳定系（高碳相为渗碳体）两个不同的转变。图 1-1 为铁碳二元相图[1]，其中在稳定系及介稳定系条件下碳在铁中的溶解度可由式（1-1）~式（1-7）表示[2,3]。

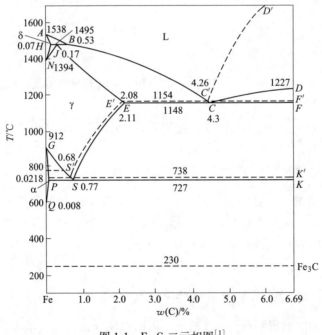

图 1-1 Fe-C 二元相图[1]

对于稳定系，即平衡高碳相为石墨，在 1152~2000℃ 范围内，碳在铁液中的溶解度为：

$$w(C)_{max} = 1.3 + 2.57 \times 10^{-3}t \tag{1-1}$$

式中　　t——温度，℃。

或

$$\lg x_{C_{max}} = -\frac{12.728}{T} + 0.727\lg T - 3.049 \tag{1-2}$$

式中　　$x_{C_{max}}$——以摩尔分数表示的碳在铁液中的溶解度；

　　　　T——绝对温度，K。

对于奥氏体：

$$w(C)_{max} = -0.435 + 0.355 \times 10^{-3}t + 1.61 \times 10^{-6}t^2 \tag{1-3}$$

对于铁素体：

$$w(C)_{max} = 2.46 \times 10^3 \exp\left(-\frac{11460}{T}\right) \tag{1-4}$$

对于介稳定系，即平衡高碳相为渗碳体，则碳在铁液中的溶解度为：

$$w(C)_{max} = 4.34 + 0.1874(t - 1150) - 200\ln\frac{t}{1150} \tag{1-5}$$

对于奥氏体：

$$w(C)_{max} = -0.628 + 1.222 \times 10^{-3}t + 1.045 \times 10^{-6}t^2 \tag{1-6}$$

对于铁素体：

$$w(C)_{max} = 1.8 \times 10^3 \exp\left(-\frac{10908}{T}\right) \tag{1-7}$$

式（1-1）~式（1-7）可用来计算碳在铁液各相中的溶解度。

1.2　合金元素对铁碳相图的影响

1.2.1　硅对铁碳相图的影响及 Fe-C-Si 三元相图

硅对铁碳相图有显著影响，图 1-2 为不同硅含量时的铁碳相图。该图表明，随硅含量的增加，共晶点和共析点左移，而共晶转变温度和共析转变温度升高，转变温度区间增大。尤其值得注意的是，硅含量的增加将使铁液按稳定系转变趋势增大，即更有利于石墨的析出，并使铁素体区增大，奥氏体区减小。

1.2.2　锰对铁碳相图的影响及 Fe-C-Mn 三元相图

锰对铁碳相图的影响如图 1-3 所示。该图表明，锰含量对共晶转变温度影响很小，每增加 1% 的锰，共晶转变温度仅增加大约 3℃。锰使共析转变温度降低，使共析转变温度区间显著增大、奥氏体区明显减小、共晶点和共析点右移。图 1-3 中 M_3C，即 $(Fe,Mn)_3C$，它在较大的成分范围内是稳定的，因此锰使铁液按

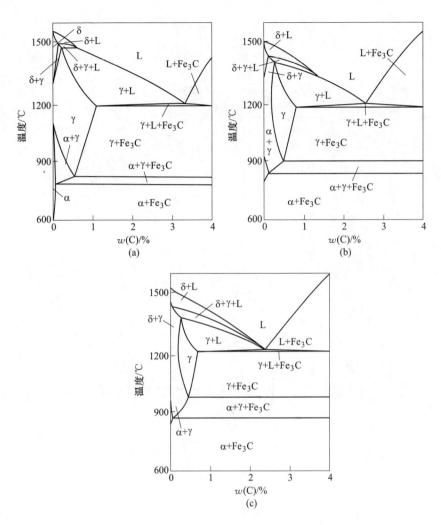

图 1-2 Fe-C-Si 三元相图垂直截面（介稳定系）[4,5]

(a) 2.4%Si；(b) 4.8%Si；(c) 6.0%Si

介稳定系转变倾向增大。只有当锰含量很高时（高于40%），才可能形成其他类型的锰碳化物。

1.2.3 其他常见元素对铁碳相图的影响

其他常见元素，如铬、铝、铜、钛、钒等对铁碳相图都有影响。表 1-1 为一些常见元素对铁碳相图临界转变温度的影响，由此表给出的数据也可推测这些元素使各相区大小的变化趋势。

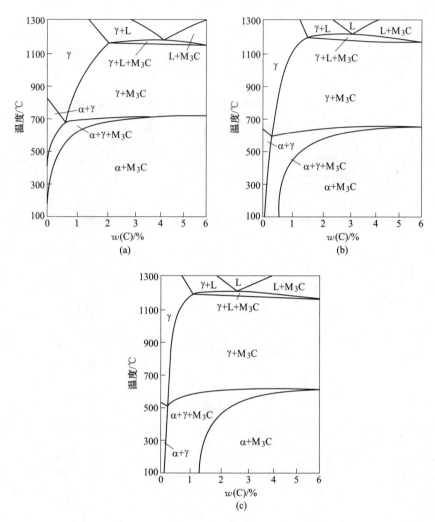

图 1-3　Fe-C-Mn 三元相图垂直截面（介稳定系）[6]

（a）4.9%Mn；（b）12.8%Mn；（c）19.7%Mn

表 1-1　常见元素对铁碳相图临界转变温度的影响[3,6]　　　　（℃/%）

元素	碳在奥氏体中最大溶解度温度		共析点温度		共晶点温度	
	介稳定系	稳定系	介稳定系	稳定系	介稳定系	稳定系
Si	−10~15	+2.5	+8	+0~+30	−10~+20	+4
Cu	−2	+5.2	—	−10	−2.3	+5
Al	−14	+8	+10	+10	−15	8
Ni	−4.8	+4	−20	−30	−6	+4

元素	碳在奥氏体中最大溶解度温度		共析点温度		共晶点温度	
	介稳定系	稳定系	介稳定系	稳定系	介稳定系	稳定系
Cr	+7.3	—	+15	+8	+7	—
Mn	+3.2	−2	−9.5	−3.5	+3	−2
V	+6~+8	—	+15	—	+6~+8	—
P	−180	−180	—	+6	−37	−3

对于铸铁，人们尤其关注的是添加元素对铁液凝固过程是按稳定系还是按介稳定系转变趋势的影响。若以 T_{st} 表示沿稳定系共晶转变温度，以 T_{met} 表示沿介稳定系共晶转变温度，则 $T_{st} - T_{met}$ 反映了铁液沿稳定系转变的趋势。由图 1-4 可见，硅、铝、镍、铜是强石墨化元素，磷、砷是弱石墨化元素，而铬、钒、锰是反石墨化元素，钼、钨是弱反石墨化元素。图 1-5 给出了铬、硅、钒含量对铸铁共晶转变温度影响的更详细信息。

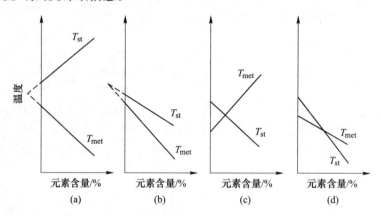

图 1-4 添加元素对铁液稳定及介稳定共晶转变温度的影响示意图[6]
(a) Si, Al, Ni, Cu; (b) P, As; (c) Cr, V, Mn; (d) Mo, W

$\Delta T = T_{st} - T_{met}^*$ 的准确值可由表 1-1 中数据计算。例如，对于 $w(Si) = 2\%$、$w(Mn) = 0.5\%$、$w(Cu) = 1\%$ 的铸铁，有：

$$T_{st} = 1154℃ + 4w(Si) - 2w(Mn) + 5w(Cu) = 1166℃$$

$$T_{met} = 1148℃ - 15w(Si) + 2w(Mn) - 2.3w(Cu) = 1117.2℃$$

则

$$\Delta T = 1166℃ - 1117.2℃ = 48.8℃$$

其稳定系碳在奥氏体中最大溶解度时的温度为：

$$T_E = 1154℃ - 2.5w(Si) - 2w(Mn) - 25.4w(Cu) = 1160.7℃$$

其介稳定系碳在奥氏体中最大溶解度时的温度为：

$$T_{E'} = 1148℃ - 10w(Si) + 3.2w(Mn) - 2w(Cu) = 1127.6℃$$

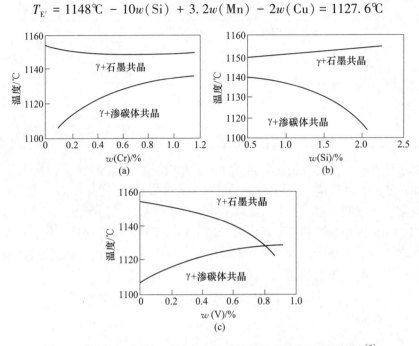

图 1-5　铬(a)、硅(b)、钒(c)含量对铸铁共晶转变温度的影响[7]

合金元素对碳在铁液中的溶解度有影响。图 1-6 是 1200~1700℃ 范围内一些常见元素的含量与碳在铁液中溶解度的关系曲线。由图 1-6 可见，除 V、Mn、Cr 可使碳在铁液中的溶解度稍有提高外，多数元素的加入会使碳的溶解度降低。

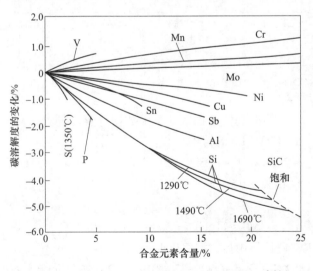

图 1-6　常见元素对碳在铁液中溶解度的影响[2]

1.3 第三组元在 Fe-C 合金中的平衡分配系数

由热力学理论可以计算出第三组元在 Fe-C 合金凝固过程中的平衡分配系数。文献[7]给出了一些常见元素在铁碳合金凝固过程中平衡分配系数的计算值和实测值，数据见表 1-2。其中，$P^{A/L}$ 为第三组元在奥氏体与液相中的平衡分配系数；$P^{Fe_3C/L}$ 为第三组元在渗碳体与液相中的平衡分配系数；P^M 为介稳定转变时第三组元在液相和共晶相中的平衡分配系数；P^S 为稳定转变时第三组元在液相和共晶相中的平衡分配系数；$\Delta P = P^M - P^S$。

表 1-2 第三组元在 Fe-C 合金中的平衡分配系数

元素	$P^{A/L}$		$P^{Fe_3C/L}$		P^S	P^M	ΔP
	计算值	实验值	计算值	实验值			
Si	1.71	1.72	0	0.05	1.55	0.78	−0.77
Al	1.57	1.62	0.12	0.08	1.43	0.78	−0.65
Cu	—	1.15	—	0.03	1.05	0.55	−0.50
Al	1.46	1.61	0.43	0.32	1.33	0.90	−0.43
Co	1.18	1.13	0.59	0.6	1.07	0.85	−0.21
Cr	0.53	0.55	1.96	1.95	0.48	1.32	0.84
Mn	0.70	0.75	1.03	1.21	0.64	0.90	0.26
Mo	0.41	0.38	0.60	0.84	0.37	0.52	0.15
W	0.23	0.42	0.42	0.88	0.21	0.33	0.12
B	0.06	—	0.22	—	0.06	0.15	0.09
N	2.04	2.04	2.12		1.86	2.09	0.23
Ti	0.04	—	0.09	0.27	0.04	0.07	0.03
P	0.15		0.08	0.09	0.14	0.11	−0.03
S	0.06	—		—	0.06	—	—

第三组元在介稳定系与稳定系时在液相和共晶相中的平衡分配系数的差值 ΔP 反映了该元素的石墨化能力。如图 1-7 所示，$\Delta P<0$ 的元素均为促进石墨化元素，而且随着 ΔP 的减小，元素的石墨化能力提高，两者呈线性关系。图 1-7 中钛、铝、硅偏离直线，研究者认为与氮的存在有关。这些元素与氮反应形成氮化物，这些氮化物作为石墨形核的核心，从而进一步促进了石墨化。目前已有许多关于氮化钛作为石墨异质核心的报道[8]，至于氮化铝和氮化硅与石墨结晶的关系还有待于进一步印证。事实上，铝和硅与氧有很强的亲和力，其氧化物与石墨形核有直接关系（参见第 3 章）。

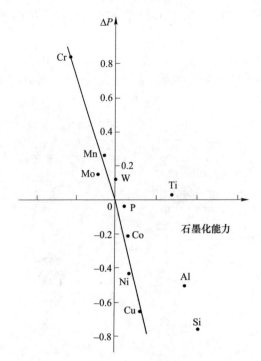

图 1-7　第三组元在铁液中共晶凝固时平衡分配系数与石墨化能力的关系

参 考 文 献

[1] Massalski T B, Murray J, Bennettl L, et al. Binary alloy phase diagrams [M]. American Society for Metals, 1986.

[2] Neumann F. The influence of additional elements on the physico-chemical behavior of carbon in carbon saturated molten iron [C]//Recent research on cast iron. Great Britain: Gordon and Breach, 1968.

[3] Girsovitch N G. Spravotchnik potchugunomu litja (Cast Iron Handbook) [C]//Mashinostrojenie, 1978.

[4] Piwowarsky E. Hochwertiger Gusseisen [M]. 2nded Springer-Verlag, 1958.

[5] Metallography. Structures and Phase Diagrams [J]. Metals Handbook, American Society for Metals, 1973, 8 (1): 400-416.

[6] Kagawa A, Okamoto T. Partition of Alloying Elementson Eutectic Solidification of Cast Iron [J]. MRS Proc, 1985, 34: 201-210.

[7] Davis J, Maurer J, Steinbrecher, et al. Metals Handbook, Casting Metals [M]. American

Society for Metals, 1988, 15 (9): 64-70.

[8] Moumeni E, Stefanescu D M, Tiedje N S, et al. Investigation on the effect of sulfur and titanium on the microstructure of lamellar graphite iron [J]. Metallurgical & Materials Transactions A, 2013, 44 (11): 5134-5146.

2　铸铁的凝固与组织

　　铸铁是按稳定系凝固还是按介稳定系凝固，不仅由其本身的化学成分（热力学条件）所决定，而且与其凝固时的动力学过程密切相关。因此，研究铸铁的凝固过程就显得尤为重要。本章从金属凝固学理论出发，着重阐述铸铁凝固过程的基本原理及其组织结构。

2.1　铸铁溶液结构

　　铸铁溶液作为一种金属溶液在结构上具有一般金属溶液所具有的共同特点，即它是近程有序的，并伴随着温度起伏，存在着结构起伏和浓度起伏。作为一种高碳多元铁碳合金溶液，其结构又与碳的存在形态密切相关。由于碳在铁液中的存在形态对铸铁的凝固过程、组织和力学性能有决定性影响，因此研究铸铁溶液结构主要是研究碳在铁液中的存在形态。

　　研究表明，铸铁在熔融状态下并非单相液体，而是存在着未溶解石墨或渗碳体分子集团的多相体。

　　用离心分离的方法可以证明铸铁溶液中存在着碳原子集团。将 $w(C)=$ 3.3% ~ 3.5% 的白口铸铁在 1240 ~ 1490℃ 下熔化，当沉淀物达到平衡时进行离心分离。在离心分离后的试样上，碳含量的径向分布如图 2-1 所示。

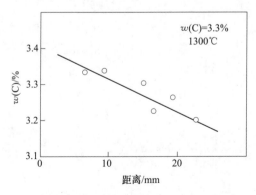

图 2-1　离心分离后铸铁试样中碳的偏析[1]

未溶石墨悬浮物由于密度较小而向中心偏析集聚。根据计算，富碳悬浮分子的平均尺寸约为1nm，结果见表2-1[1]。

表2-1 液态铸铁中悬浮着的碳显微集团的尺寸[1]

$w(C)/\%$	实验温度/℃	碳显微集团尺寸/nm
3.30	1300	0.965
3.30	1370	0.69
3.45~3.50	1280	0.98
3.45~3.50	1350	0.70

对于碳含量超过2%的Fe-C熔体，在1300~1400℃时，碳原子集团在铁液中的数量为 2.7×10^7 个/mm^3，每个原子集团含有15个以上碳原子[2]。

斯蒂伯（Steeb）和梅尔（Maier）通过采用X射线宽角衍射和中子宽角衍射的方法测定Fe-C系熔融合金的强度曲线，也证实了碳原子集团的存在。他们的研究表明，纯铁的原子配位数为9，原子间距为0.260nm；当碳含量1.8%时，原子间距增大到0.267nm，配位数为10.4个原子。碳含量继续增加，原子间距不变，原子配位数增加；当碳含量达到3%时，碳含量继续增加，配位数不变。对于X射线和中子衍射的情况而言，配位数分别为10.8或11.2个原子[3]。研究者推测，碳含量超过3%后，产生 C_n 和（Fe_3C）$_n$ 非均质体。

对于在热力学上处于平衡状态的铁液而言，碳原子集团的存在是铁液浓度起伏的结果。从图1-1铁碳相图可知，在接近共晶温度时，碳含量超过4.3%就会有石墨析出。即使在1500℃，只要碳含量超过5.0%就具备了石墨析出的热力学条件。考虑到铸铁中碳含量为2.0%~4.0%，因此只要有含量起伏存在，就有石墨原子集团析出的可能。但是，石墨的碳含量为100%，而渗碳体的碳含量为6.67%，从含量起伏的观点考虑，铁液中形成（Fe_3C）$_n$ 碳原子集团要比形成石墨碳原子集团容易得多。铁液温度越高，石墨析出所要求的碳含量越高，石墨越不易存在。

上述分析得到了刘祥等人工作的证实。他们在对激冷试样的分析中发现，当铁液过热温度不太大时，在共晶和过共晶铁液中有碳原子的富集，并且主要以 Fe_3C 的形式存在，同时有少量石墨呈短程有序存在。随着时间的延长和温度的升高，有利于 Fe_3C 的生成[4]。

对于铸造生产中的铸铁溶液，存在何种碳原子集团与所使用的炉料关系很大。如果炉料以白口铁为主，它们熔化后会留下未溶解的渗碳体原子集团；如果炉料以石墨类铸铁为主，它们熔化后就会留下未溶解的石墨原子集团。如果提高铁液温度或长时间保温，铁液趋向于热力学平衡状态，未溶解的渗碳体和石墨原子集团被溶解，铁液中由于浓度起伏出现新的碳原子集团，这些碳原子集团以渗碳体型占多数。因此，生产中使用白口铁炉料时石墨化能力较低，使用灰铁炉料时石墨化能力较高，提高熔炼温度易出现白口。但在使用白口铁炉料生产石墨类铸铁时，提高熔炼温度可以减小由于炉料遗传性造成的白口倾向。

2.2　灰口铸铁的凝固过程及组织结构

灰口铸铁（以下简称灰铸铁）的力学性能主要由其以下组织特性所决定：
（1）石墨形态、数量及其分布；
（2）初生奥氏体枝晶形貌、数量及其分布；
（3）共晶团尺寸；
（4）基体组织组成。

在这些组织特性因素中，除基体组织的组成主要由铸铁的二次结晶过程决定外，其余均由铸铁的凝固过程所控制。

本节主要研究灰铸铁凝固过程的基本理论及其与上述组织结构的关系，其中着重讨论石墨的形核、石墨共晶长大，以及初生奥氏体的形成及其对共晶凝固的影响。

2.2.1　灰铸铁中石墨的形核

同其他材料的凝固过程一样，石墨的形核过程可以通过均质形核和非均质形核两种方式进行。为了更好地了解石墨的形核理论，这里首先用经典的均质形核理论讨论石墨的形核过程。

石墨是各向异性的晶体，其不同晶面上的界面能不同。为方便起见，假设石墨晶核是一个高 h、半径 r 的圆柱（见图 2-2），半径为 r 的平面与铁液的界面能为 σ_1，圆柱侧表面与铁液的界面能为 σ_2，则在铁液中形成这样一个晶核引起的自由能变化为[1]：

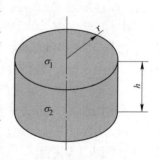

图 2-2　石墨晶核示意图

$$\Delta G = -\pi r^2 h \frac{\Delta G_m}{V_m} + 2\pi r^2 \sigma_1 + 2\pi h \sigma_2 \tag{2-1}$$

式中　ΔG_m——单位摩尔的体积自由能；
　　　V_m——单位摩尔体积。

将式（2-1）分别对 r 和 h 求导并令其等于零，即可得石墨的临界晶核尺寸：

$$r^* = -\frac{2\sigma_2 V_m}{\Delta G_m} \tag{2-2}$$

$$h^* = -\frac{4\sigma_1 V_m}{\Delta G_m} \tag{2-3}$$

运用热力学理论可以推得：

$$\Delta G_{\mathrm{m}} = \frac{\Delta H_{\mathrm{m}} \Delta T}{T_0} \qquad (2\text{-}4)$$

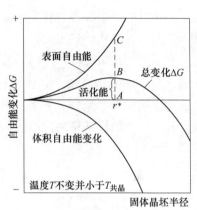

如果把体积自由能和表面自由能的变化与晶核尺寸的关系用曲线表示（见图 2-3），可以看出总的自由能变化曲线在石墨的临界晶核尺寸处有极大值。由上节可知，铁液中存在着各种尺寸的碳原子集团，这些原子集团在不停地聚合、长大、分散、变小。在低于结晶温度时，如果这些原子集团尺寸达到临界石墨晶核尺寸，便作为石墨晶核稳定存在，并继续长大。

图 2-3　形成稳定晶核时
自由能变化曲线[1]

但是，对于工业铸铁材料，铁液中存在着许多杂质，这些杂质很容易作为石墨形核的衬底，因此石墨的析出一般是通过非均质形核的方式进行的。

如果仍将石墨晶核假设为圆盘状，如图 2-4 所示，其侧面界面能为 ε，则其非均质形核时自由能的变化为[5]：

$$\Delta G = 2\pi r \varepsilon + \pi r^2 \sigma + \pi r^2 h \Delta G_{\mathrm{V}} \qquad (2\text{-}5)$$

$$\sigma = \sigma_{\mathrm{C\text{-}V}} + \sigma_{\mathrm{C\text{-}X}} - \sigma_{\mathrm{X\text{-}V}} \qquad (2\text{-}6)$$

式中　$\sigma_{\mathrm{C\text{-}V}}$——液相与晶核 r 平面的界面能；

　　　$\sigma_{\mathrm{C\text{-}X}}$——基体与晶核 r 平面的界面能；

　　　$\sigma_{\mathrm{X\text{-}V}}$——基体与液相的界面能。

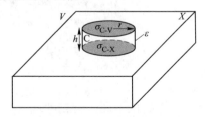

图 2-4　石墨非均质形核示意图

则该晶核形成的临界自由能为：

$$\Delta G^* = -\frac{\pi \varepsilon^2}{\Delta G_{\mathrm{V}} + \sigma/h} \qquad (2\text{-}7)$$

铁液中的外来质点能否作为石墨非均质形核的衬底取决于它与石墨及液相的界面能 $\sigma_{\mathrm{C\text{-}X}}$ 和 $\sigma_{\mathrm{X\text{-}V}}$。由式（2-5）和式（2-6）可知，$\sigma_{\mathrm{C\text{-}X}}$ 越小，$\sigma_{\mathrm{X\text{-}V}}$ 越大，越有利于促进非均质形核。

2.2.2　石墨与奥氏体的共生生长

由于铸铁的碳当量一般都在共晶点附近或低于共晶点，因此，石墨的生长往往并非孤立的石墨长大过程，而是作为共晶体的一部分与共晶奥氏体一起长大，即石墨与共晶奥氏体共生生长。

石墨是一个由低指数面包围的小面晶体。由铁碳溶液中析出的石墨，其外表面通常是（0001）面和 $\{10\overline{1}0\}$ 面，如图 2-5（a）所示。石墨是一个六方晶体，其晶体组织如图 2-5（b）所示，其可能的长大方向为 A 和 C。石墨具有典型的层状结构，层内的原子靠共价键结合，其结合能为 $4.19 \times 10^5 \sim 5 \times 10^5 \mathrm{J/mol}$；而层与层之间则靠结合能只有 $4.19 \times 10^3 \sim 8.35 \times 10^3 \mathrm{J/mol}$ 的分子键结合[6]。

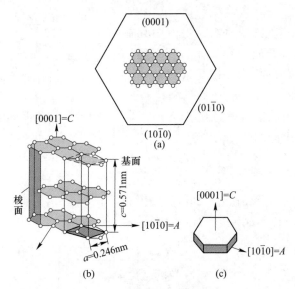

图 2-5　石墨的晶体结构[7]
（a）石墨晶体结构的俯视图；（b）石墨晶体结构的三维图；（c）单个石墨晶体单元

根据铸铁化学成分和凝固条件的不同，石墨可以以不同的形貌与共晶奥氏体共生生长，在灰铸铁中石墨以片状生长。由于石墨是小面晶体，而奥氏体是非小面晶体，两者具有不同的晶体结构，晶格点阵匹配关系很差，难以互为衬底。

石墨与奥氏体虽然难以互为衬底，但在共生生长中却依然有相互促进、相互制约的联系[8]。在灰铸铁的凝固过程中，当过冷度不是很大时，石墨是共晶转变的领先相，如图 2-6 所示。片状石墨突出于铁液中，使周围的铁液出现贫碳现象。当界面前沿微区碳含量下降至共晶点以下时，奥氏体在石墨周围析出，而奥氏体的生长又反过来引起其周围的铁液富碳，促进了石墨的生长。

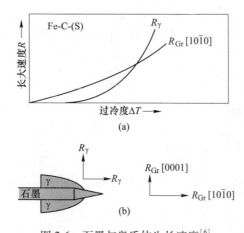

图 2-6　石墨与奥氏体生长速度[6]

（a）片状石墨与奥氏体生长速度曲线；（b）液固前沿示意图

在奥氏体与石墨的共生生长过程中，奥氏体相与石墨相的生长分别按照扩散控制生长和界面控制生长进行。所谓扩散控制生长是指相的生长速度由原子向生长界面扩散的速度控制；所谓界面控制生长是指生长速度由界面吸收扩散原子的能力控制。奥氏体与石墨的生长机制与生长速度均不相同，构成了奥氏体与石墨共晶团的特定形状，而其中石墨的生长是共晶团生长方式的限制性环节。

石墨既可以通过二维形核生长，也可以通过缺陷生长。但是由于二维形核生长要求较大的过冷度，因此在实际生产条件下石墨的生长主要是通过缺陷生长进行。缺陷的存在使石墨晶体表面出现许多台阶，碳原子不断吸附于石墨台阶的交界处，使石墨表面台阶向前推移，使石墨得以生长，如图 2-7 所示。

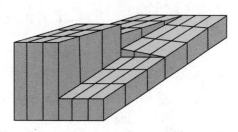

图 2-7　石墨表面螺旋位错形成的台阶[10]

Burton 等[9]早在 20 世纪 50 年代初就提出了石墨的螺旋位错生长机制。这一理论认为，石墨中存在的螺旋位错使石墨表面出现台阶，这种台阶后来被描述为图 2-8 所示的螺旋位错露头，原子不断地吸附在这些台阶上，使台阶由初始位置 1 向 2、3、4 位置移动（见图 2-8（a）），台阶每旋转一周，石墨就向前长大一个台阶的厚度，从而造成石墨螺旋状生长，如图 2-8（b）所示。当过冷度小时，石墨的（0001）面生长被认为是按螺旋位错生长机制进行的。

石墨表面另一种晶体缺陷是旋转孪晶，如图 2-9 所示[19]，石墨晶体的上下两部分相对旋转一个角度，使其上层和下层产生旋转对称孪晶，石墨表面出现台阶。研究表明，石墨的旋转角有一个固定值，并可通过理论推算出来[11]。石墨

的 ｛1010｝ 面在这种台阶上的生长如图 2-9 所示。一般情况下，（1010）面生长时每个生长面都要单独形核，旋转孪晶的存在为其提供了赖以形核生长的台阶。

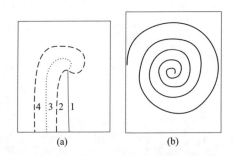

图 2-8　石墨螺旋位错生长机制[9]

（a）螺旋位错移动示意图；（b）螺旋位错移动造成的螺旋生长

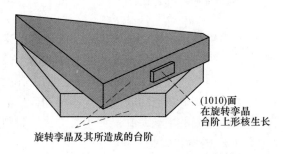

(1010)面
在旋转孪晶
台阶上形核生长

旋转孪晶及其所造成的台阶

图 2-9　石墨旋转孪晶生长机制[12]

在铸铁凝固过程中，石墨以何种方式生长，其最终是何种形貌首先取决于石墨所处熔体的热力学条件。在不存在硫等表面活性元素以及其他杂质的情况下，石墨的正常生长形态应该是球状的，其生长方向是沿着垂直于基面（0001）面方向进行的。但是，当铁液中存在硫和其他表面活性元素时，铁液与石墨的界面能在石墨的两个晶面上都减小，但在柱面上减小的较大，结果使柱面界面能低于基面界面能，石墨沿柱面（1010）的法向生长成片状石墨。

铸铁中石墨的生长方式和最终形貌还受到碳原子的扩散这一动力学因素的限制。在灰铸铁凝固过程中，石墨两侧被奥氏体包围，碳原子向石墨两侧的扩散受到严重阻碍；而石墨端部直接与铁液接触，能够不断地得到碳原子的堆砌，生长很快，最终形成片状石墨。

石墨晶体内部存在着大量缺陷，这些缺陷的存在使石墨片在生长过程中脱离理想状态而产生分枝或弯曲。图 2-10（a）是作者用透射电镜拍摄的石墨弯曲部位的组织结构，由图可见，该石墨片的弯曲是沿着其长大方向（a 轴方向）产生的。根据晶体学理论，同号刃型位错群聚产生的范性弯曲[13]（见图 2-10（b）），

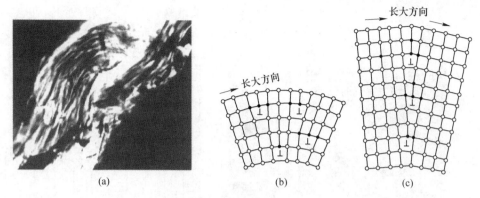

图 2-10　刃型位错造成石墨弯曲
（a）TEM 照片；（b）范性弯曲模型；（c）对称倾侧晶界

同号刃型位错垂直排列产生的对称倾侧晶界[14]（见图 2-10（c））是造成这种弯曲的主要机制。非对称倾斜晶界[15]的产生是使石墨弯曲的另一种可能机制，如图 2-11 所示。如果在石墨生长前沿局部出现非对称倾斜晶界，而其余部分仍按原方向长大，石墨就会产生分枝，如图 2-12 所示。

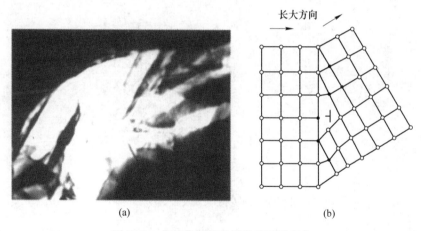

图 2-11　非对称倾斜晶界造成石墨弯曲
（a）TEM 照片；（b）非对称倾斜晶界模型

石墨与奥氏体共生生长使共晶体形成一个接近于球形的凝固前沿，如图 2-13（a）所示。在共晶团生长过程中，即使存在初生奥氏体枝晶的阻挡，也不会改变其球形体生长趋势，而是把奥氏体枝晶包围在其中，如图 2-13（b）所示。

石墨与奥氏体共生生长的另一个重要理论问题是石墨与奥氏体共生生长区。由于奥氏体是非小面晶体，而石墨是小面晶体，两者生长时所要求的过冷度不同，生长速度也不同，因此两者的共生生长区是不对称的。

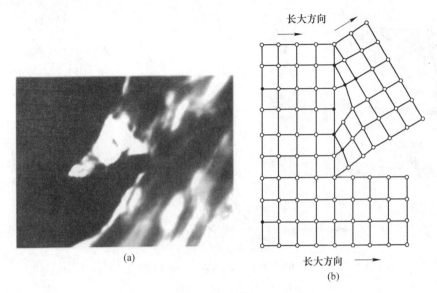

图 2-12 非对称倾斜晶界产生的石墨分枝

（a）TEM 照片；（b）石墨分枝模型

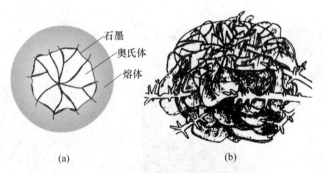

图 2-13 灰铸铁共晶组织

（a）共晶团凝固前沿示意图；（b）共晶团立体形貌示意图

图 2-14（a）是共晶成分铁碳合金的凝固情况。由于共生生长区是不对称的，处于共晶成分的 1 点并非在共生生长区内，该成分的过冷液体中首先析出的不是共晶奥氏体或共晶石墨，而是初生奥氏体枝晶。奥氏体枝晶的形成使周围铁液中富碳，液相成分进入共生生长区，在 2 点发生奥氏体与石墨共生生长。亚共晶成分的灰铸铁溶液则首先在共晶温度以上的 1 点析出初生奥氏体枝晶（见图 2-14（b）），初生奥氏体的析出使剩余铁液中碳含量提高，使其进入共生生长区（2 点），石墨开始形核，发生共生生长。对于过共晶灰铸铁，初生石墨在 1 点直接析出（见图 2-14（c））。随温度降低，片状石墨不断析出长大，使铁液中

碳含量降低，进入共生生长区，发生奥氏体与石墨的共生生长。

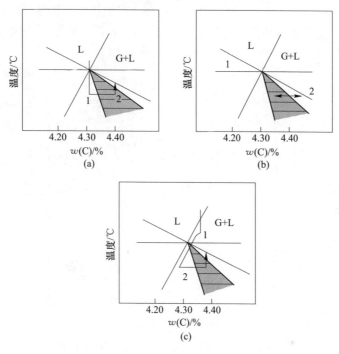

图 2-14　灰铸铁的非对称共生生长区[16]
（a）共晶成分灰铸铁；（b）亚共晶成分灰铸铁；（c）过共晶成分灰铸铁

2.2.3　灰铸铁中初生奥氏体

灰铸铁中初生奥氏体作为"骨架"对提高其力学性能有重要作用，并影响灰铸铁的共晶组织[17]。

在平衡凝固条件下，只有亚共晶成分的灰铸铁才会析出初生奥氏体。但是如前所述，由于铸铁中存在一个非对称的共生生长区，而且共生生长区偏向高碳成分一边，因此在实际情况下，即使共晶成分，甚至过共晶成分的灰铸铁也会在凝固过程中析出初生奥氏体。

奥氏体为面心立方体，其原子密排面为（111）面。当奥氏体直接从铁液中析出时，它是由密排面 {111} 构成的八面体晶体，其生长方向为八面体的轴线 [100] 方向。由于八面体尖端生长速度较快，形成了奥氏体的一次枝晶，在一次枝晶上生长出微小的凸起，以此为基础长出二次枝晶，进而长出三次枝晶。由于奥氏体枝晶不同分枝前沿所处液相的温度条件和溶质富集程度不同，因此其生长速度也不同。

在平衡凝固条件下铸铁中初生奥氏体的数量可以由相图用杠杆定律计算，但是实际生产条件下初生奥氏体的数量往往与计算结果相差甚远。当冷却速度较快时，即使碳当量高达 4.7%，铸态组织中仍有一定的初生奥氏体[18]。

铸铁中初生奥氏体数量还与铸铁中的硅碳比有关。当碳当量相同时，随硅碳比（Si/C）增高，初生奥氏体数量增多，如图 2-15 所示。

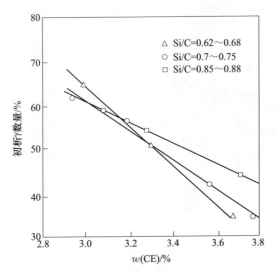

图 2-15　Si/C 与碳当量、初生奥氏体量的关系

当碳含量较高时，碳含量增加，还会使奥氏体枝晶细化[19]，如图 2-16 所示。

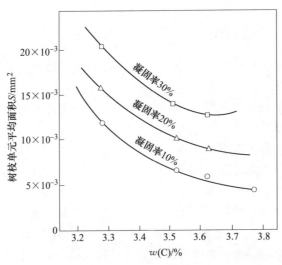

图 2-16　碳含量与奥氏体枝晶截面积的关系

2.3　球墨铸铁的凝固过程及组织结构

1947年英国学者Morrogh等发现了铸态下存在球状石墨的铸铁。第二年他们通过在高碳、低硫磷的铁液中加入Ce，并使其残留量保持在0.02%以上，获得了球墨铸铁。此后不久，美国国际镍公司（INCO）的Gagnebin等人通过在铁液中加Mg，并使其残留量保持在0.04%以上，获得了同样的球墨铸铁[20]。球墨铸铁的问世是继孕育铸铁后20世纪在铸铁领域里的又一伟大发明。

2.3.1　球墨铸铁中石墨的结构

在低倍金相显微镜下观察，球墨铸铁中的石墨接近球形，但高倍观察发现，石墨球呈多边形轮廓，内部呈放射状（见图2-17），石墨球表面并非光滑的球面，而是呈胞状，如图2-18所示。从球状石墨中心截面的复型电镜照片可以看到石墨内部呈年轮放射状，其中心可以看到石墨生长的核心[21,22]。

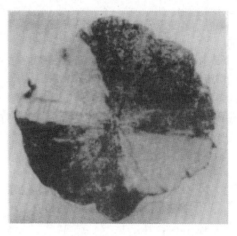

图2-17　球状石墨的偏振光照片(500×)

陈熙琛等用扫描电镜研究了球状石墨的形态和结构，提出了球状石墨结构模型，如图2-19所示[23]。从这一模型可以看出，石墨球的中心是小角簇螺旋晶的集合体，当其生长到一定尺寸后开始分枝，促使边缘部分的生长以螺旋生长为主要方式。因此，石墨球是由若干个锥体状石墨单晶体组成的多晶体，其外表面为（0001）面。

Loper等的进一步研究[24]则表明，石墨球的表面形貌与铸铁的化学成分及凝固过程中冷却速度有关。当冷却速度较快、铸铁中又含有适量的Si和残余Mg时，石墨球数量多、分布均匀，石墨球表面非常光滑。当铸铁中Si或碳当量较高、球化元素过量或Ca过高时，石墨表面粗糙、形状不圆整，石墨球数量较少。

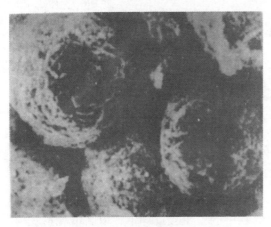

图 2-18　球状石墨表面胞状形态（300×）

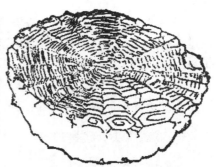

图 2-19　球状石墨构造模型

2.3.2　球状石墨形成机理

圆满的球状石墨形成机理应能解释以下实验现象：

（1）石墨可以摆脱其本身结构上的各向异性所造成的各向生长速度的不同，而以球状生长。

（2）石墨球具有放射状的内部结构并且是多晶体。

（3）提高冷却速度有利于析出球状石墨。

（4）球化衰退现象。

目前球状石墨形成机理尚无一致看法，归纳起来主要有以下几种理论。

2.3.2.1　核心说

核心说理论的依据是在石墨的中心发现了异质核心。核心说认为，某种异质核心的存在使石墨各向等速生长，从而形成球状石墨。

石墨中异质核心的存在已被许多实验证实，并有许多报道，这里不再赘述。Jacobs 等用电子显微镜和电子探针研究了球状石墨的核心，发现它们是具有双层结构的硫氧化物。其心部为 Ca-Mg 或 Ca-Mg-Sr 的硫化物，其外壳是具有尖晶石结构的 Mg-Al-Si-Ti 氧化物。心部与外壳的晶体取向为：

$$（110）硫化物 \parallel （111）氧化物$$
$$[110]硫化物 \parallel [211]氧化物$$

外壳与石墨的晶体取向为：

$$（111）氧化物 \parallel （0001）石墨$$
$$[110]氧化物 \parallel [10\overline{1}0]石墨$$

他们认为，石墨在这种具有尖晶石构造的核心上做晶体取向延长的生长，因而长成球状[25]。但是，这种理论无法解释冷却速度的提高有利于球墨析出，也无法解释球化衰退现象。

2.3.2.2 过冷说

过冷说的依据是球状石墨析出时其共晶转变所要求的过冷度较片状石墨大。这种理论认为，由于过冷使碳的过饱和度增高，结晶速度增加，石墨 a 轴方向与 c 轴方向的生长速度的差别减小，因此石墨球化[26]。但是，这种理论至今缺少足够的实验依据。人们提出疑问：过冷现象究竟是石墨球化的原因，还是生成球状石墨的后果。

2.3.2.3 表面能说

表面能说的依据是铁液经过球化处理后其表面张力有很大的变化。Brutter 等人的测定表明[27]，灰铸铁的表面张力为 80~100Pa，镁处理后铸铁的表面张力为 130~140Pa。但是，上述表面张力的测定没有考虑石墨晶体的各向异性。后来，不少人用热解石墨测定铁液与石墨基底面的界面能（σ_{B-L}）和铁液与石墨棱面间的界面能（σ_{P-L}），得出了一些重要的实验结果。McSwain[28]提出，用 Ce 或 Mg 处理的铁液中，$\sigma_{B-L} < \sigma_{P-L}$，因此石墨沿 c 轴生长，结果形成球状。与此相反，当铁液中含有 S 和 O 等表面活性元素时，$\sigma_{B-L} > \sigma_{P-L}$，结果石墨沿 a 轴方向生长为片状。但是，表面能说不能解释纯 Fe-C-Si 合金在一定的冷却速度下也会得到球状石墨，对于球化衰退现象也无法作出有力的说明。

2.3.2.4 吸附说

吸附说认为，如果石墨（$10\overline{1}0$）面吸附有 Mg、Ce 等球化元素，则石墨沿 c 轴方向优先生长，石墨长成球状；如果石墨（$10\overline{1}0$）面吸附了 O、S 等表面活性元素，则石墨沿基面优先生长，成为片状[29]。由于实验手段的限制，要确切证实微量元素在石墨表面的吸附是十分困难的。事实上，当铁液中 O、S 等反球化元素含量足够低时，石墨就有可能长成球状。

2.3.2.5 位错说

Hillert 根据石墨中螺旋位错的存在首先提出了位错说这一理论。他认为，螺旋位错产生的分枝使石墨形成球状。Mg 和 Ce 等元素都具有与 C 形成非金属结合的倾向，它们可吸附在非金属性强的 C—C 结合的基面的生长前沿[30]。如果这些元素进入正在生长的石墨中，就会妨碍螺旋位错的发展，螺旋位错就可能在其他

新的方向产生分枝，成为新的螺旋位错。这样反复进行，则生长为球状。而
Sidorenko 则认为，球状石墨的形成是由于相互作用的螺旋位错群聚而产生，并不
需要 Hillert 所说的新的螺旋位错的形成[31]。螺旋位错理论可以很好地解释球状
石墨的内部结构和外部形貌，但无法说明球墨析出时要求较大过冷度的问题，也
不能解释球化衰退现象。

2.3.2.6　气泡说

气泡说认为[20]，铁液经过球化处理后，其中形成许多微小的气泡，在凝固
过程中，石墨在这些气泡内结晶，形成球状石墨。如图 2-20 所示，如果铁液中
存在气泡，由于气-液相界面是石墨最容易结晶的地方，在这个界面上多处形成
石墨微晶。由于石墨结晶的各向异性，这些微晶在平行于石墨基面的方向形成板
状晶，并沿着气泡界面生长。如果板状晶生长前沿互相干扰，则该处成为石墨的
晶界。石墨然后向气泡内侧生长，当其填满气泡球时，就形成了外部呈球状、内
部结构为放射状的石墨球。如果石墨填满气泡后，铁液中仍有过剩的碳，石墨将
向气泡外侧生长。

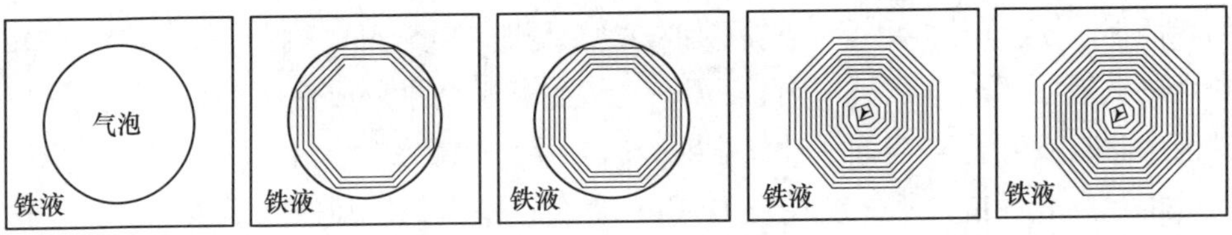

图 2-20　球状石墨生成过程[20]

这一理论不仅可以解释石墨的结构与形貌，而且可以很好地说明球化衰退现
象。但这一理论的最直接证明是在铸铁凝固过程中找到中空的石墨球，可惜目前
尚无此报道。

2.3.3　球墨铸铁的共晶转变

与灰铸铁的共晶转变不同，球墨铸铁的共晶转变是离异共晶转变。如图 2-21
所示，在球墨铸铁共晶转变开始时，石墨首先在铁液中形核并长大，石墨的析出
使其周围的铁液贫碳，造成了有利于奥氏体析出的浓度条件，奥氏体在石墨周围
析出并将石墨包围[32,33]。此后碳通过奥氏体向石墨球扩散，石墨和奥氏体一起
长大。此时石墨的长大受碳在奥氏体内扩散速度的限制，其长大速度可以由
Zener 关于隔离球状颗粒在低过饱和度基体中的长大模型推出[34]：

$$R_{Gr} = \frac{V_m^{Gr}}{V_m^{\gamma}} \times D_C^{\gamma} \times \frac{r_{\gamma}}{r_{Gr}(r_{\gamma} - r_{Gr})} \times \frac{x^{\gamma/L} - x^{\gamma/Gr}}{x^{Gr} - x^{\gamma/Gr}} \tag{2-8}$$

式中　R_{Gr}——石墨长大速度；

　　　V_m^{Gr}，V_m^γ——石墨和奥氏体的摩尔体积；

　　　　　D_C^γ——碳在奥氏体中的扩散系数；

　　　r_γ，r_{Gr}——奥氏体与石墨的半径；

$x^{\gamma/L}$，$x^{\gamma/Gr}$——碳在奥氏体与铁液及奥氏体与石墨界面上的摩尔分数；

　　　　　x^{Gr}——碳在石墨中的摩尔分数。

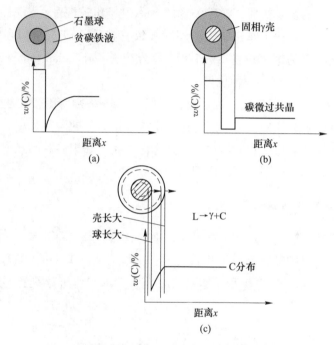

图 2-21　球墨铸铁共晶转变示意图[36]

（a）石墨球直接与铁液接触长大；（b）石墨球被奥氏体包围；

（c）石墨球在奥氏体内与奥氏体一起长大

　　周继扬等人研究了石墨周围奥氏体壳的结构，认为奥氏体壳是由几个孤立的奥氏体组成。在奥氏体壳形成过程中，由于石墨周围奥氏体形核条件不同，奥氏体先后择优形核并长大，然后相互接触，成为完整的奥氏体壳。奥氏体壳封闭快，则石墨球小而圆；反之，石墨球产生畸变[35]。

　　与灰铸铁相比，球墨铸铁的共晶凝固过程有以下特点：

　　（1）共晶凝固范围宽；

　　（2）具有糊状凝固特性；

　　（3）石墨晶核多；

　　（4）具有较大的共晶膨胀力。

2.4　蠕墨铸铁的凝固过程及组织结构

1947年人们在研究球墨铸铁时就发现了蠕墨铸铁（蠕虫状石墨铸铁），但是当时人们把这种材料看作是球化不良的结果，没有引起足够的重视。直到1965年才由美国学者Estes等人首次提出将其作为工程材料开发使用。

在蠕墨铸铁的发展初期，蠕墨铸铁的名称曾经比较混乱，出现了各种称呼，例如：伪片状、准片状、厚片状、珊瑚状、致密状等。1979年国际蠕墨铸铁委员会正式决定命名为蠕墨铸铁/致密状石墨铸铁（Vermicular/Compacted Graphite Cast Iron），或者单用其中一种也可。

近20年来，借助于现代检测技术，人们对蠕墨铸铁的组织结构、凝固过程、蠕墨形成机理以及蠕墨铸铁的生产工艺技术进行了大量的研究。尽管在许多重要的理论问题上尚未取得一致的看法，但是迄今为止，蠕墨铸铁已经发展成为一种重要的工程材料，并得到广泛的应用。

2.4.1　蠕墨铸铁的石墨形态及结构

在光学金相显微镜下观察，蠕墨铸铁中的石墨一般成簇分布，并与球状石墨共存。蠕虫状石墨的长宽比小于片状石墨，一般为2~10。其两侧弯曲，端部圆钝，互不相连，如图2-22所示。蠕虫状石墨的端部和弯折处具有与球状石墨类似的辐射状偏光效应。

图2-22　蠕虫状石墨

经深腐蚀后在扫描电镜下观察，蠕虫状石墨在每个共晶团内是连在一起的整体，并有很多分枝，其两侧呈层叠状，端部呈球状石墨结构，如图 2-23 所示[21]。

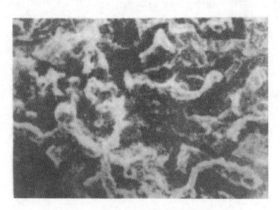

图 2-23 蠕虫状石墨的深腐蚀照片

2.4.2 蠕虫状石墨的形成机理

用液淬的方法考察蠕墨铸铁凝固过程的不同阶段石墨形貌，可以对在共晶转变过程中蠕虫状石墨的形核和生长过程有一个基本了解。如图 2-24 所示，在石墨析出的初期，蠕墨的形状呈球状，随后石墨球发生畸变，最后发展成为蠕墨[37]。

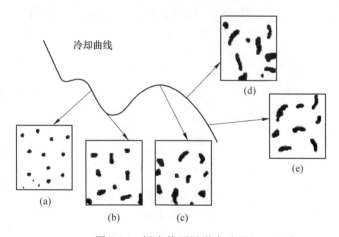

图 2-24 蠕虫状石墨形成过程
（a）小石墨球；（b），（c）一些球状石墨畸变；（d）蠕墨+球墨；（e）蠕墨

由此可见，在石墨生长机制上蠕墨铸铁与球墨铸铁有着密切的联系，两者的区别主要在于蠕墨铸铁中石墨球是如何产生畸变的。石墨球的畸变无疑与石墨长

大过程中外部条件的变化相关，在石墨的长大过程中，一些球化元素吸附在石墨的表面，引起石墨（1010）面的不稳定长大，从而产生倾斜孪晶，倾斜孪晶的倾斜晶面为（10$\bar{1}$2）面，如图 2-25 所示。随着石墨尺寸的增大，石墨表面吸附的球化元素的含量势必降低。此时如果铁液中没有足够的球化元素，倾斜孪晶的倾斜面的取向就会不断地发生变化（见图 2-26（a）），使石墨产生畸变和分枝，结果导致石墨呈蠕虫状；反之，如果铁液中有足够的球化元素，倾斜孪晶的倾斜面就不会发生变化（见图 2-26（b）），其结果则形成球状石墨。

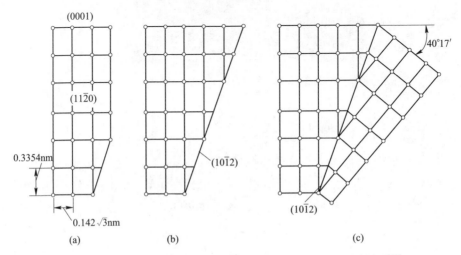

图 2-25　石墨生长过程中在［1010］方向形成倾斜孪晶示意图[38]

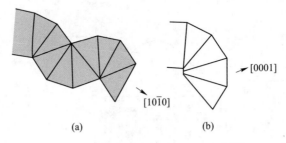

图 2-26　倾斜孪晶倾斜面方向的变化[38]

（a）不完全球化；（b）完全球化

　　根据上述理论，蠕虫状石墨既可以由球状石墨畸变产生，也可以由片状石墨转变而来，如图 2-27 所示。

　　需要指出的是，蠕墨铸铁的发展历史还比较短，有许多问题还有待于深入研究。

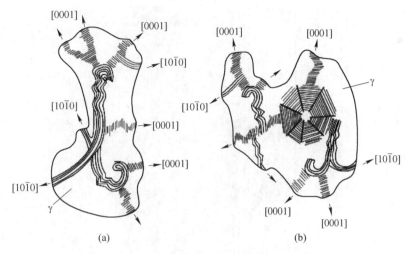

图 2-27 由片墨和球墨转变成蠕墨示意图[39]

(a) 由片墨转变成蠕墨；(b) 由球墨畸变成蠕墨

2.5 铸铁的介稳定凝固及白口铸铁

由第 1 章介绍的铁碳相图可知，当铁液按介稳定系凝固时，其共晶转变产物不再是奥氏体和石墨，而是奥氏体+渗碳体（即莱氏体），这种铸铁就是白口铸铁。从晶体结构上看渗碳体属斜方晶系，每一个晶胞由 12 个铁原子和 4 个碳原子组成，因而其碳含量为 6.7%。目前有关白口铸铁共晶团晶核的报道很少，尽管有实验证明二氧化硅和氧化铝可以作为其结晶衬底[40]，但是硅在石墨析出过程中极有效的孕育作用使人不能不对这一结果产生怀疑。

共晶凝固开始时，液相中首先析出板状渗碳体，随后奥氏体枝晶在其上形核并长大。这使生长着的渗碳体相变得不稳定，板状渗碳体穿过奥氏体生长。由此产生了两种类型的共晶组织：渗碳体作为领先相沿 a 轴方向生长的片层状共晶组织和沿侧向 b 轴方向生长的棒状共晶组织，如图 2-28 所示[41]。

冷却速度对奥氏体与渗碳体共晶形貌有显著影响。在通常的过冷度下，一般得到莱氏体组织。提高冷速，就会出现板状渗碳体为主的变异共晶组织。在板状渗碳体之间是粗大的渗碳体和奥氏体的混合物。增大过冷度，降低硅含量，或加入铬、镁等，可以得到含有板状渗碳体的等轴共晶团[7]。

铸铁以石墨共晶方式凝固还是以渗碳体共晶方式凝固，取决于石墨和渗碳体形核的相对可能性以及这两个相的长大速度，在非变质或孕育处理的情况下是冷速和合金成分的函数。如图 2-29 所示[42]，在 1148~1150℃之间，只有石墨共晶可以形核并长大。而在低于 1148℃时，石墨共晶和渗碳体共晶都可能形成。此时

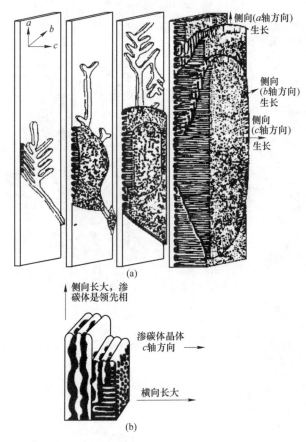

图 2-28　共晶莱氏体生长过程示意图

（a）生长过程；（b）生长方向

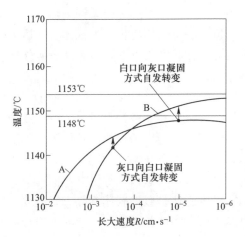

图 2-29　灰口共晶向白口共晶转变与温度和冷速的关系

A—白口铸铁；B—灰口铸铁

奥氏体与渗碳体共晶团的长大速度很快超过奥氏体与石墨共晶团的长大速度，大约在1140℃，发生灰口向白口的转变。

2.6 铸铁的二次结晶及组织

铸铁的二次结晶理论目前已比较成熟，主要包括奥氏体中碳的脱溶和奥氏体的共析转变两个阶段。

2.6.1 奥氏体中碳的脱溶

铸铁共晶转变后其组织为奥氏体+石墨或奥氏体+渗碳体。由图1-1可知，随着进一步冷却奥氏体中碳的溶解度将降低，多余的碳就会以脱溶的方式排出。如果铸铁共晶转变产物是奥氏体+石墨，脱溶的碳就会沉积在原有的石墨上，使其长大。如果铸铁的共晶转变产物是奥氏体+渗碳体，脱溶的碳则一般通过原来的共晶渗碳体长大而析出。我们把铸铁二次结晶时析出的石墨称为二次石墨，把铸铁二次结晶时析出的渗碳体称为二次渗碳体。

由于二次高碳相一般是依附于共晶高碳相上，因此它们一般不需要重新形核，也不改变共晶高碳相的形貌。但是有时二次渗碳体会在晶界上独立析出，沿晶界呈网状分布。在脱溶转变过程中碳原子在奥氏体中的扩散是整个反应的限制性环节。

2.6.2 共析转变

当铸铁冷却到共析温度以下时，奥氏体发生共析转变，其产物为铁素体+石墨或铁素体+渗碳体[43]。共析转变是决定铸铁基体组织的重要环节。

2.6.2.1 奥氏体向铁素体及石墨转变

在Fe-C-Si合金中，共析转变也存在稳定系和介稳定系两种转变方式。稳定系的临界转变温度一般高出介稳定系几摄氏度到几十摄氏度。当灰口铸铁和球墨铸铁缓慢地冷却通过共析转变温度区间时，就会发生奥氏体向铁素体及石墨的转变。析出的石墨沉积在原有的石墨上，而铁素体则在晶界上形核。这是因为在固态下石墨要重新形核是十分困难的，原有的石墨是其析出的最好衬底。而晶界处晶格畸变较大，晶格缺陷较多，有利于铁素体晶核的形成。

析出的铁素体在初期呈条块状，随着石墨的析出，石墨周围的铁素体不断增多和长大，并逐渐连接起来。在灰铸铁中，这部分铁素体以花边状镶嵌在片墨周围；在球墨铸铁中则围绕石墨球形成铁素体环[44]。

2.6.2.2　奥氏体向珠光体转变

当铸铁的石墨化倾向较小或冷却速度较快时，往往发生珠光体转变。在珠光体转变时，珠光体首先在奥氏体晶界或奥氏体与石墨晶界上形核，然后向奥氏体内长大。至于珠光体转变时铁素体和渗碳体哪个是领先相目前尚无定论。在珠光体长大过程中，由于渗碳体消耗大量的碳并排出铁原子，其前沿和两侧产生铁的富积，从而为铁素体的生长创造了有利的浓度条件；同样，在铁素体周围，将产生碳的富积，有利于渗碳体的生长。两者生长时相互促进，并通过搭桥或分枝的方式沿侧向交替生长，形成新片层，最后形成团状共析领域[45]。

在大多数情况下铸铁的共析转变主要是珠光体转变，只有对高硅低锰铸铁或出现球墨或 D 型石墨时，才发生奥氏体向铁素体和石墨的转变。

参 考 文 献

[1] 中国机械工程学会铸造分会. 铸造手册（第一卷　铸铁）[M]. 北京：机械工业出版社，2010.

[2] 王春棋. 铸铁孕育理论与实践 [M]. 天津：天津大学出版社，1991.

[3] Steeb S, Maier U. 铸铁冶金学 [M]. 北京：机械工业出版社，1983.

[4] 刘祥，等. 关于铸铁石墨结晶的探讨 [J]. 东北工学院学报，1982（1）：77-84.

[5] Fredriksson H. The Physical Metallurgy of Cast Iron [M]. Wiley，1983.

[6] Fang Q T，et al. Proceedings of the Third International Solidification Conference [C]//Sheffield：Institute of Metals，1987.

[7] Stefanesca D M. Cast Iron [J]. ASM Metal Handbook，1988，15：168-181.

[8] Arab N. Competitive Nucleation in Grey Cast Irons [J]. Archives of Foundry Engineering，2017，17（4）：185-189.

[9] Burton W K，Cabrera N，Frank F C. Role of Dislocations in Crystal Growth [J]. Nature，1949，163（4141）：398-399.

[10] 胡汉起. 金属凝固原理 [M]. 北京：冶金工业出版社，1991：59.

[11] Monkoff I，Lux B. Graphite growth from metallic solution [C]//Proceedings of the Proc 2nd Internat Symposium on the Metallurgy of Cast Iron，1975：475.

[12] Double D D，Hellawell A. Cone-Helix Growth Forms of Graphite [J]. Acta Metallurgica，1974，22（4）：418-487.

[13] 余宗森，田中卓. 金属物理 [M]. 北京：冶金工业出版社，1982.

[14] 胡赓祥，钱苗根. 金属学 [M]. 上海：上海科学技术出版社，1980.

[15] 布·刘克斯，等. 铸铁冶金学（中译本）[M]. 上海工业大学，等译. 北京：机械工业出版社，1983.

[16] 苏华钦，施居府. 铸铁凝固及其质量控制 [M]. 北京：机械工业出版社，1993.

[17] Wang G, Chen X, Li Y, et al. Effects of Inoculation on the Pearlitic Gray Cast Iron with High Thermal Conductivity and Tensile Strength [J]. Materials, 2018, 11 (1876): 1-11.

[18] 王贻青，等. 灰铸铁凝固中有关奥氏体枝晶若干问题的探讨 [J]. 球铁，1985，2：5-14.

[19] 村井香一，等. Effects of Carbon, Phosphorus and Sulfur Contents and Cooling Condition on the Growth of Primary Dendrite in Cast Iron [J]. The Journal of the Japan Foundrymen's Society, 1976, 2: 85-91.

[20] 张博，等. 球墨铸铁 [M]. 任善之，等译. 北京：机械工业出版社，1988.

[21] 黄积荣. 铸造合金金相图谱 [M]. 北京：机械工业出版社，1985.

[22] 任帅. TiC 对球墨铸铁组织和力学性能的影响研究 [D]. 长春：吉林大学，2019.

[23] 陈熙琛，王祖仑，易孙圣，等. 铁-碳合金中球状石墨的研究 [J]. 机械工程学报，1982，18 (1)：15-24.

[24] Loper Jr C, Javaid A. Spheroidal and Nonspheroidal Graphite Growth in Ductile Cast Irons [C]//Physical Metallurgy of Cast Iron, Proceedings of 4th International Symposium on the Physical Metallurgy of Cast Iron, Tokyo, Japan, September, 1989.

[25] Jacobs M, Law T, Melford D, et al. Basic processes controlling the nucleation of graphite nodules in chill cast iron [J]. Metals Technology, 1974, 1 (1): 490-500.

[26] 张博，明智清明，培键三. 球墨铸铁——基础·理论·应用 [M]. 北京：机械工业出版社，1988.

[27] 中江秀雄，山内崇. 硫对定向凝固 Fe-C 合金长大形态的影响 [J]. 日本金属学会，1994，58 (1)：30-36.

[28] McSwain R H, Bates C E. Surface and Interfacial Energy Relationships Controlling Graphite Formation in Cast Iron [M]. Georgi Publishing Co., St Saphorin, Switzerland, 1975: 423-442.

[29] Minkoff I. Joint Conference on the Solidification of Metals [C]//Brighton: ISI Publication, 1968.

[30] Liu Q F, Liu Q Y. Structure abd formation of spheroidal graphite in cast irons [J]. AFS Trans., 1993, 56 (2): 101-109.

[31] Walker P L, Banerjee B C. Topography of Kish Crystals and the Effect of Oxidation in Air [J]. Nature, 1963, 197 (4874): 1291-1293.

[32] 孟迪. Ni-C 合金凝固过程中碳的扩散行为及石墨形貌控制 [D]. 济南：山东大学，2019.

[33] 赵庆明. 基于元胞自动机的球墨铸铁凝固演变数值模拟 [D]. 济南：山东大学，2016.

[34] Wetterfall S E, et al. Solidification Process of Nodular Cast Iron [J]. Iron Steel Inst, 1972, 323: 11-16.

[35] 周继扬. 球墨外围奥氏体壳的形成过程与对石墨畸变的影响 [J]. 金属学报，1989，25 (1)：117-211.

[36] Lux B, Mollard F, Minkoff I. Formation of Envelopes Around Graphite in Cast Iron [C]//

Proceedings of the Proc 2nd Internat Symposium on The Metallurgy of Cast Iron, 1976: 371-403.

[37] Pan E, Ogi K, Loper Jr C. Analysis of the Solidification Process of Compacted/Vermicular Graphite Cast Iron (Retroactive Coverage) [J]. Transactions of the American Foundrymen's Society, 1982, 90: 509.

[38] Peiyue Z, Rozeng S, Yanxiang L. Effect of Twin/Tilt on the Growth of Graphite [J]. North Holland: Proceedings of the Materials Research Society, 1985, 34: 3-11.

[39] Deng X, Zhu P, Liu Q. Structure and formation of vermicular graphite [J]. Transactions of the American Foundrymen's Society, 1984, 34: 141-150.

[40] Rickard J, Hughes I C H. Eutectic Strcture in White Cast Iron [J]. Bcira J, 1961, 9 (1): 11.

[41] Hillert M, Steinhauser H. The Structure of White Iron Eutectic [J]. Jernkontorets Ann, 1960, 144: 500.

[42] Hillert M, Subba Rao V V. The Solidification of Metals [M]. London: Publication 110, The Iron and Steel Instoitute, 1968.

[43] Mrvar P, Petric M, Medved J. Influence of Cooling Rate and Alloying Elements on Kinetics of Eutectoid Transformation in Spheroidal Graphite Cast Iron [C] // Nofal A, Waly M. Science and Processing of Cast Iron Ix. 2011.

[44] 陆文华. 铸铁及其熔炼 [M]. 北京: 机械工业出版社, 1981.

[45] 中国机械工程学会铸造专业学会. 铸造手册 (第一卷　铸铁) [M]. 北京: 机械工业出版社, 1993: 32-33.

3　铸铁的孕育处理

　　孕育处理就是在浇铸前或浇铸过程中向金属液中加入少量的某种物质，以影响金属液生核过程，从而改变其凝固特性的处理工艺。对于铸铁而言，孕育的目的是增加铁液中的石墨核心，以使共晶凝固，尤其是石墨的析出能在比较小的过冷度下开始进行。其结果是提高石墨析出的倾向，并得到均匀分布的细小石墨，从而使铸铁具有良好的力学性能和加工性能。本章着重介绍铸铁孕育处理的理论基础及其在生产中的应用。

3.1　孕育处理的理论基础

　　自从孕育技术诞生以来，世界各地的铸造工作者便开始探寻孕育处理的机理。经过 70 多年的努力，尽管在许多理论问题上取得了重要进展，但是孕育处理的机理至今尚无一致的认识。

　　孕育处理的本质是在铁液中创造有利于石墨形核析出的热力学，尤其是动力学条件，因此孕育处理对铁液凝固过程的影响应该是多方面因素的综合作用。根据人们目前的认识，它主要包括以下内容：

　　（1）增加铁液中的温度起伏、浓度起伏和结构起伏，创造石墨均质形核的有利条件。

　　（2）增加石墨非均质形核的核心。

　　（3）减小渗碳体的稳定性。

3.1.1　增加铁液中的三个起伏，创造石墨均质形核的条件

　　铸铁同其他合金一样在液态始终存在温度起伏、浓度起伏和结构起伏。当孕育剂加入到铁液中后，孕育剂颗粒从其周围的铁液中吸收热量，使其周围形成一个微小的低温区。孕育剂颗粒在从其周围的铁液中吸收热量的同时被熔化消失。由于孕育剂的主要成分为硅或碳，因此它熔化后并非消失得无影无踪，而是形成了高硅高碳的微区，这些微区在结构上保留了孕育剂物质的结构痕迹。由此可见，孕育剂的加入增加了铁液温度、浓度和微观结构上的不均匀性，极大地增加了铁液中的温度起伏、浓度起伏和结构起伏。

　　用电子探针测定铁液液淬后各元素的分布，证实了铁液无论是否经过孕育处

理都存在碳硅的不均匀现象，而且这种不均匀现象呈周期性分布。加入孕育剂后，浓度起伏明显增大[1]。

　　孕育处理后铁液由温度起伏、浓度起伏和结构起伏到石墨形核析出需要一个微观的演变过程。研究用硅铁孕育处理的铁液中硅铁颗粒溶解区域内成分与相的变化，根据溶解区固相的组成可将溶解区划分为 8 个区，如图 3-1 所示[3]。

区	基体		相	组织示意图
	$w(C)/\%$	$w(Si)/\%$		
1	0.15	100	Si+ζ	
	0.15	50		
2	0.22	33	ε+L+小SiC	
	0.25	20		
3	0.30	18	L+大SiC	
4	0.30	16	L+SiC+石墨	
5	0.30	15	L+石墨球	
6	0.35	14	L+开花石墨	
7	0.90	7	L+初生石墨	
8	1.00	5	L	

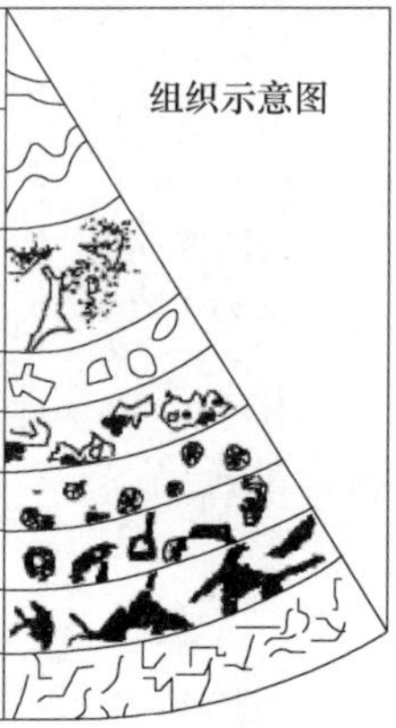

图 3-1　硅铁溶解区域示意图

　　其中第 1 区是尚未溶解的硅铁，即硅铁的原始组织。它包括两个相：纯硅相和含硅 50%的 ζ 相。

　　第 2 区处于溶解的边沿，含硅 33%的 ε 相分布在液相中，此时液相中出现小 SiC 颗粒。

　　第 3 区中硅已基本溶解，液相中的小 SiC 颗粒变成大块。随着与硅铁颗粒中心距离的增大，液淬基体中硅含量减小而碳含量增加，说明碳原子和铁原子向中心方向扩散，而硅原子向外扩散，SiC 是在距中心一定距离的溶液中析出的。

　　第 4 区中 SiC 进一步长大并开始分解，分解出的碳形成大量的点状、块状和球状石墨，这些石墨大部分分布在 SiC 晶体的内部，而分解出的硅则溶入液体中。

　　第 5 区中 SiC 完全消失，液相中可观察到大小不等、形状不规整的石墨球。

　　第 6 区中石墨球转变为开花状、块状和片状。

　　第 7 区是一个连续的厚大石墨带，由块状和厚片状初生石墨组成，它将整个溶解区包围在里面，这个石墨带是溶解前硅铁颗粒的边界。

　　第 8 区紧邻原铁液，由均匀分布的 A 型石墨原铁液组成。由此可见，硅铁孕育处理后首先析出的并非石墨相，石墨的析出是通过中间相 SiC 的分解完成的，而 SiC 是浓度起伏的产物。

　　石墨析出后能否稳定存在并长大，取决于铁液的热力学条件。如果石墨相析出后铁液长时间处于较高的温度下，石墨就会被溶解消失，即所谓孕育衰退；如果石墨析出后铁液处于高温的时间较短，石墨相被溶解后铁液中仍存在石墨质点，这些石墨质点在铁液冷却到液相线以下时重新长大，这就是人们所观察到的石墨二次形核现象[1]；如果石墨析出时铁液已在液相线附近，石墨相就会直接长成片状。

根据这一理论，孕育处理的温度不宜太高，孕育至浇铸时间也不宜过长，由此产生了迟后孕育及型内孕育技术（将在后面介绍）。

3.1.2　增加石墨异质形核的核心

孕育处理可以促使铁液中出现大量石墨异质形核的核心，这些石墨异质核心主要有碳化物、硫化物、硅酸盐、氧化物、氮化物和未溶解石墨。

盐类碳化物是最理想的石墨异质核心之一[4]，特别是周期表中第Ⅱ族元素的碳化物具有孕育作用。碳化钙在高温下具有面心立方结构，其中以离子形式存在的 C—C 距离为 (0.14 ± 0.02) nm，这与石墨基面上 C—C 距离 0.142nm 十分吻合，因此石墨可直接在其上外延生长。碳化钙晶体的 (111) 面与 (100) 面的交线也是石墨基面外延的良好起点。碳化钙晶体的两个 (111) 面间距为 0.341nm，而石墨的基面之间的距离为 0.335nm，两者也具有良好的匹配关系。

需要指出的是，钙的孕育作用与铁液中 SiO_2 的存在有密切关系。实验表明，在 SiO_2 不能稳定存在的低硅铁液中，纯钙没有孕育作用，但是硅钙合金则有显著的孕育作用。

盐类碳化物在铁液中是不稳定的，只能在孕育处理过程中出现。如果铁液长时间保持在较高温度下，它们将与铁液中的氧和硫发生反应，形成相应的氧化物和硫化物，失去孕育作用。

硫是铸铁中的一种常见元素，铸铁中硫化物的存在已为人所共知。由一些高效孕育元素，如铈、钙、硅、钡和稀土所形成的硫化物都具有 NaCl 结构。如图 3-2 所示，其密排面 (111) 面与石墨的基面之间存在着良好的匹配关系。王春棋从这种匹配关系出发，计算了硫化物与石墨晶体尺寸之间在 1148℃ 下的失配度（见表 3-1），证实失配度大多小于 6%。根据经典的成核理论，失配度小于6%的硫化物都可能作为石墨形核的有效基底。

表 3-1　石墨与硫化物（具有 NaCl 结构）之间的点阵失配度

硫化物	MgS	MnS	CaS	CeS	LaS	SiS	BaS
失配度/%	-12.5	-12.1	-4.1	-2.9	-1.5	+1.3	+7.5

从这一观点出发，人们在孕育剂中加入了一些与硫有较强亲和力、所形成的硫化物又与石墨有良好的晶格匹配关系的元素，如 Ce、La、Al、Ba 等，并得到

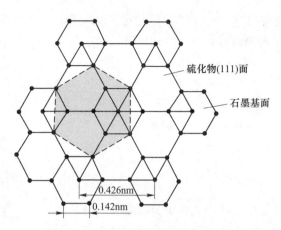

图 3-2　石墨与硫化物的假设位向关系

了良好效果。需要注意的是，所加入的这些元素与氧有同样的化学亲和力，其氧化物也被认为对孕育有积极作用。

　　将硫化物作为石墨异质核心观点的人认为，新形成的硫化物在铁液中不能长期独立存在，随着时间的推移，它们将被氧化物包围，失去作为异质核心的能力。

　　硅酸盐也是石墨形核的理想的异质核心[5]。铁液中硅与氧反应生成二氧化硅，二氧化硅质点是石墨形核的理想基底。二氧化硅也可能与氧化亚铁聚合生成复合硅酸盐，同样可以作为石墨形核的基底。坚持这种观点的人认为，铁液中的 Al、Ca、Ba、Zr 等元素与氧反应所形成的氧化物对孕育的贡献在于为二氧化硅的析出提供了基底。将这个过程称为非均质形核的催化，并据此开发了多种复合孕育剂。

　　同硫化物一样，二氧化硅在铁液中也不能长期独立存在，随着时间的推移，它们将被新形成的氧化物包围，从而失去孕育作用。

　　早在 20 世纪 20 年代就有人认为，未溶石墨质点是石墨形核的基底。蒂勒（Tiller）认为[6]，在石墨质点的周围会形成过冷，使石墨质点变得稳定，即使在铁液温度高于液相线温度时，石墨质点也可能稳定存在。

　　实验认为，可以作为石墨形核的异质核心的还有一些氮化物和氧化物，诸如 BN、AlN、ZrN、SiO、CeO_2 等。

3.1.3　减小渗碳体的稳定性

　　如果在铁液凝固过程中能有效地阻止渗碳体的析出，客观上就会促使石墨析出。因此，孕育处理的另一种可能机制就是减小渗碳体的稳定性。硅是孕育剂中的主要元素，其减小渗碳体稳定性的作用表现在以下几个方面[1]：

（1）硅原子与渗碳体反应析出碳原子和硅铁，而硅铁溶解于铁液形成高硅铁素体和碳化硅，碳化硅在热力学上是不稳定的。

（2）硅饱和溶体具有排碳性，使碳成为过饱和状态并以石墨形式析出。

（3）硅与溶体反应所释放的热量延缓了铸铁的冷却。

3.2 孕育处理工艺

孕育处理工艺主要包括以下内容：

（1）铸铁化学成分的选择；

（2）铁液熔炼温度及孕育处理温度；

（3）孕育剂的选择、加入量及加入方法；

（4）孕育效果的检验。

其中，孕育剂的选择将在下节介绍。

3.2.1 铸铁化学成分的选择

孕育处理效果与铁液的化学成分密切相关。在选择孕育铸铁的化学成分时，应综合考虑对铸铁金相组织及力学性能的要求、铸件结构（铸件壁厚、壁厚差等）、熔炼条件、所选择的孕育剂种类等。因此，首先需要了解铸铁中各种常见元素的作用。

3.2.1.1 碳和硅

铸铁中碳和硅都是强烈促进石墨化元素。图 3-3 为 $\phi30mm$ 试棒上铸铁中碳硅含量与铸铁石墨化能力及基体组织的关系图[7]。

实践证明，碳硅含量高，有利于石墨化，但同时增加石墨数量和尺寸，难以提高铸铁的强度和硬度；碳硅含量低，有利于减少石墨数量、细化石墨，减少碳含量还会增加珠光体数量，因而有利于提高铸铁的强度和硬度。但是降低碳硅含量，会带来铸造性能降低、铸造应力增大、铸件断面敏感性增大、加工性能降低等问题。孕育铸铁的碳硅含量应选择在麻口区或白口区，使其经过孕育后得到灰口组织。一般采用碳当量（CE）来综合考虑碳硅含量。

$$w(\mathrm{CE}) = w(\mathrm{C}) + \frac{w(\mathrm{Si}) + w(\mathrm{P})}{3}$$

近年来，硅在铸铁中的作用引起人们关注。如第 1 章所述，硅使共晶点和共析点左移，使共晶转变和共析转变温度升高，转变温度区间增大，使共晶转变的稳定系转变温度和介稳定系转变温度间隔增大。硅是强烈促进石墨化元素，其石墨化作用不仅表现在一次结晶过程中，在共析转变过程中它也可以有效地抑制渗

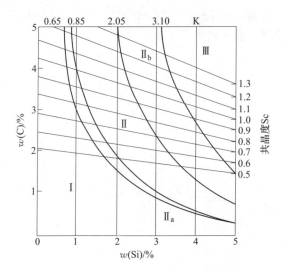

图 3-3　灰铸铁组织图

Ⅰ—珠光体+渗碳体组织的白口铸铁；Ⅱ$_a$—珠光体+渗碳体+石墨的麻口铸铁；

Ⅱ—珠光体+石墨的灰铸铁；Ⅱ$_b$—珠光体+铁素体+石墨的灰口铸铁；Ⅲ—铁素体+石墨灰铸铁

碳体的析出。如图 3-3 所示，当硅含量较高时，即使碳含量较低也可以得到基体为 100%铁素体的灰铸铁。

　　硅对石墨形态也有显著影响。如前所述，硅可以与氧反应形成硅酸盐等颗粒作为石墨形核的基底，增加石墨核心数量，细化共晶团。同时，由于硅有效地阻止渗碳体的析出，改善了铸铁断面硬度的均匀性和加工性能[8]。

　　硅增加铸铁中奥氏体含量，并使其枝晶细化。李富帅采用单向凝固的方法研究了硅含量对铸铁共晶共生区的影响，发现硅使铸铁的共晶共生区右移，并认为这是硅使奥氏体数量增多的原因。

　　如果保持碳当量不变，适当提高 Si/C 比，可以在不影响石墨化能力的情况下增加初生奥氏体数量，减少石墨数量，强化基体中的铁素体，提高铸铁的强度、硬度和弹性模量，减小铸造应力，提高铸件的尺寸稳定性。目前国内高硅碳比灰铸铁已广泛用于机床、减速机箱体等铸件，以取消时效处理[7,9]。高硅碳比灰铸铁中碳当量不宜超过 4.0%，Si/C 一般在 0.6~0.8。根据生产试验结果[10]，在机床铸件上应用时，碳当量应严格控制在 3.7%~3.9%范围内。但是，Si/C 的提高也会降低铸铁中珠光体含量，并因提高了液相线温度，降低了共晶转变温度而使铁液的流动性及铸件的致密性降低。

3.2.1.2　锰和硫

　　锰是稳定珠光体、阻碍石墨化的元素。铸铁中含有适量的锰可提高珠光体含量，强化基体组织。在氮含量较高的灰铸铁中，一定量的锰可促使石墨钝化、石墨表面变粗糙[11]。锰对铸铁性能的影响如图 3-4 所示[8]。由于孕育铸铁的基体组织以珠光体为主，因此其锰含量比普通灰铸铁高一些，一般在 0.8% ~ 1.2% 之间。

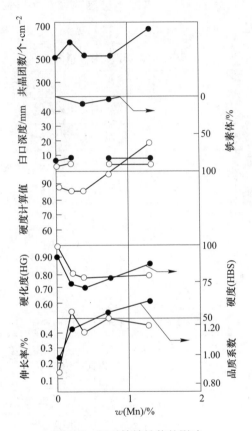

图 3-4 锰对铸铁性能的影响

　　硫也是一种反石墨化元素。但是研究表明，铸铁中含有适量的硫可形成硫化物，这些硫化物可作为石墨形核的基底，从而促进孕育效果。

　　锰和硫有很强的亲和力，两者共存时可形成 MnS 及（Fe,Mn）S 化合物。这些化合物以颗粒状分布于铁液中，可以作为石墨形核的基底[12]。

3.2.1.3 磷

　　磷使铸铁的共晶点左移，其作用程度与硅相似，故当磷含量较高时，计算碳当量时应考虑磷的作用。但是铸铁中磷含量往往较低，因此一般情况下不考虑磷对孕育处理的影响。

　　磷可以形成低熔点的二元或三元磷共晶，它们分布于晶界，可以提高铸铁的耐磨性，但使铸铁韧性降低。因此，铸铁中磷含量一般限制在 0.15% 以下。

　　表 3-2 为用硅铁作为孕育剂时孕育铸铁的化学成分[13]，供参考。从表 3-2 中可以看出，随着铸铁牌号的提高，碳和硅的含量降低。近年来，国内外有发展高碳当量高强度灰铸铁的趋势。生产高碳当量高强度灰铸铁时，应选用稳定化孕育剂。

表 3-2　孕育铸铁的化学成分

牌　号	壁厚/mm	化学成分（质量分数）/%				
		C	Si	Mn	P	S
HT250	<15	3.2~3.5	1.8~2.1	0.7~0.9	<0.15	<0.12
	15~30	3.1~3.4	1.6~1.9	0.8~1.0	<0.15	<0.12
	30~50	3.0~3.3	1.5~1.8	0.8~1.0	<0.15	<0.12
	>50	2.9~3.2	1.4~1.7	0.9~1.1	<0.15	<0.12
HT300	<15	3.1~3.4	1.5~1.8	0.8~1.0	<0.15	<0.12
	15~30	3.0~3.3	1.4~1.7	0.8~1.0	<0.15	<0.12
	30~50	2.9~3.2	1.4~1.7	0.9~1.1	<0.15	<0.12
	>50	2.8~3.1	1.3~1.6	1.0~1.2	<0.15	<0.12
HT350	<15	2.9~3.1	1.4~1.7	0.9~1.2	<0.15	<0.12
	15~30	2.8~3.1	1.3~1.6	1.0~1.3	<0.15	<0.12
	30~50	2.8~3.1	1.2~1.5	1.0~1.3	<0.15	<0.12
	>50	2.7~3.0	1.1~1.4	1.1~1.4	<0.15	<0.12

3.2.2　铸铁熔炼温度和孕育处理温度

　　优质高温铁液是生产孕育铸铁的前提条件。由于孕育铸铁的碳硅含量较低，其熔点较高，因此要求铁液温度较高。生产实践证明，在一定的范围内适当提高铁液熔炼温度，可以充分发挥孕育作用，提高铸铁的强度。但铁液温度过高，会使其过冷倾向增大，石墨恶化，甚至出现渗碳体组织，使铸铁的力学性能降低。一般情况下，孕育铸铁熔炼温度应控制在 1450~1500℃。

　　孕育处理温度一般不宜过高。孕育处理温度过高，铁液凝固所需的时间长，容易出现孕育衰退。但是孕育处理温度太低，也不利于孕育剂的溶解吸收，并影响铁液的流动性。根据作者实践经验，铁液出炉温度偏高，孕育处理温度偏低为好。但在生产实践中孕育处理温度的选择在很大程度上受到熔炼条件和孕育处理工艺的限制。

3.2.3 孕育方法

孕育方法[1,8]（孕育剂的加入方法）主要分为包内孕育、迟后孕育和型内孕育，如图 3-5 所示。

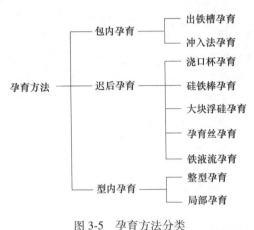

图 3-5　孕育方法分类

（1）包内冲入法。这是生产中最常使用的孕育方法，其做法是将孕育剂预先放入包内，然后冲入铁液。这种方法的主要优点是操作简单；但使用这种方法，孕育剂易氧化，烧损大，孕育至浇铸间隔时间长，孕育衰退严重。

（2）出铁槽孕育法。出铁时通过孕育剂料斗将孕育剂加到出铁槽的铁液流中，随铁液一起流入浇包中。这种方法操作比较简单，孕育剂氧化减轻，但孕育衰退同样严重。为解决孕育衰退问题，出现了迟后孕育技术。

（3）浇杯孕育法。将颗粒状或块状孕育剂放入浇杯中，直浇口用拔塞堵住，然后将铁液浇入浇口杯中，使孕育剂溶解，然后拔起拔塞，使铁液进入型腔。这种方法可以有效地解决孕育衰退问题，但同时增加了造型工作量。另外，孕育剂颗粒易漂浮，造成浪费。

（4）大块浮硅法。将大块孕育剂放在包底，冲入铁液，使孕育剂边上浮边熔化，铁液表面形成一层富硅区，在浇铸时与包底部分的铁液一起进入型腔。这种方法操作简单，衰退小。但要求孕育剂块度与铁液温度、浇包容量相适应，否则孕育效果欠佳。

（5）硅铁棒孕育法。浇铸时将硅铁棒置于浇包嘴，通过铁液对硅铁棒的冲刷进行孕育处理。这种方法既解决了孕育衰退问题，又解决了孕育剂浪费问题。

其不足之处是孕育剂用量难以控制，硅铁棒制造也比较麻烦。

（6）孕育丝孕育法。把孕育剂包在空心金属丝内，均匀地送入浇口杯或直浇道的铁液中。这种方法孕育剂利用率很高，孕育剂用量可减少到 0.08% 以下。此法的缺点是孕育丝成本高，而且需要专门的喂丝设备。

（7）铁液流孕育法。这种方法也叫随流孕育法，在浇铸过程中利用气力或重力将孕育剂加入到铁液流中。这种方法孕育剂利用率高，孕育剂用量可减少到 0.1% 以下，无衰退；但需要专门设备。

（8）型内孕育法。型内孕育法是把孕育剂预先置于型内进行孕育的方法，它常常被用作对已孕育过的铁液进行二次孕育处理。这种方法可分为全部孕育和局部孕育。全部孕育是把孕育剂置于浇铸系统内，铁液注入时随铁液进入整个型腔，对整个铸件进行孕育处理。局部孕育是在铸型内局部放置孕育剂，从而对铸件局部进行孕育处理。孕育剂可以是特定的块状，也可以是小块或粉状。这种方法的不足之处是易造成渣孔，可靠性较差。

3. 2. 4　孕育效果检验

孕育效果的检验应包括炉前铁液成分的快速分析，炉前工艺试块检验，以及金相和力学性能检验。

在孕育铸铁生产过程中，检查铁液的化学成分是否符合要求，对于及时调整成分，确定孕育剂的加入量，保证孕育效果是十分重要的。目前使用比较可靠的方法是在炉前或车间实验室内配备化学成分自动分析仪或热分析仪。化学成分自动分析仪，如直读光谱仪可在几分钟内确定一个试样的化学成分。热分析仪是通过测定试样的冷却曲线，利用计算机计算其碳当量。炉前化学成分的快速分析主要用于生产比较重要铸件的车间，而一般的铸造车间往往采用炉前工艺试块判断铁液成分和孕育效果。

炉前工艺试块主要有三角试块和激冷试块两种。三角试块是一种十分简便的炉前检验方法，目前在我国普遍使用。

三角试块如图 3-6 所示，根据孕育铸铁牌号和铸件壁厚不同可选择不同的尺寸。通过测量三角试块的白口宽度 B 或深度 A 便可大致了解铁液化学成分是否符合要求。由于三角试块的尖部往往浇不足，一般白口宽度 B 较准确，因此可以参考以下经验公式计算铁液的碳当量[14]：

$$w(CE) = 3.4 - (B - 10)a$$

式中　B——三角试块的白口宽度，mm；

　　　a——系数，其值为 0.09~0.1。

激冷试块如图 3-7 所示，其具体尺寸可查阅美国材料试验协会的 ASTM 标

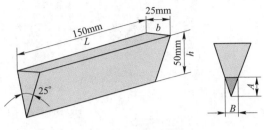

图 3-6 三角试块

准。在试块下面安放一块激冷板，浇铸后测定其白口深度。激冷板采用铸铁或铸钢等材料以保证一定的冷却速度。

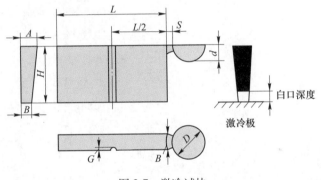

图 3-7 激冷试块

孕育铸铁的质量最终要靠金相组织和力学性能检验来评价，专业化的孕育铸铁生产车间需要定期进行这方面的检验。金相检验应包括石墨数量、分布、形态和共晶团数。对高牌号铸铁，还应包括珠光体含量。孕育铸铁的石墨应是细小的、均匀分布的 A 型石墨，共晶团数与未孕育铸铁相比应有明显增加。最主要的力学性能检验应包括抗拉强度、硬度和弹性模量。有时，还需要通过测定阶梯试块不同部位的硬度来检验铸铁性能的均匀性。

3.3 孕 育 剂

3.3.1 孕育剂种类

孕育剂可以按功能、主要元素、混合形式及形状进行分类，如图 3-8 所示[8]。

工业上通常使用的孕育剂主要是石墨化孕育剂，其主要作用是促进石墨析出，细化共晶团。稳定化孕育剂除具有促进石墨化作用外，还有稳定珠光体的作用，在对铸件性能要求较高时往往使用这种孕育剂。

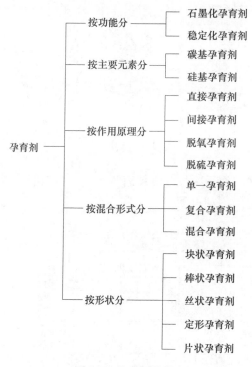

图 3-8　孕育剂分类

3.3.2　孕育剂组成及其作用

3.3.2.1　硅铁（FeSi）

硅铁是最常使用的孕育剂，使用量占孕育剂总用量的 70%~80%。美国硅铁孕育剂主要分为含硅 50% 和 75% 两种，以 75% 的使用最多，其中常含有 Al、Ca、Ba、Ce、Ti、Mn、Cr 等元素。我国硅铁一般分为硅含量 45%、75% 和 85% 三种，其中在铸造生产中使用比较多的是含硅 75% 的硅铁作为孕育剂，而含硅 45% 的硅铁很少用作孕育剂。

根据人们对孕育机理的认识，硅是起孕育作用的主要元素，它在铸铁中的作用已在上节介绍。用硅铁对低碳当量的铁液进行孕育处理，可以有效地减小铁液的白口倾向，细化共晶团，获得均匀分布的细小的 A 型石墨，铸铁的抗拉强度可提高 10~20MPa。

硅铁孕育剂价格便宜，供应方便，其不足之处是孕育衰退快。如果配合以迟后孕育处理，其效果比较理想。

3.3.2.2　硅钙（CaSi）

钙具有强烈的石墨化能力和细化共晶团能力。我国生产的硅钙孕育剂主要成

分为 $w(Ca)=24\%\sim31\%$，$w(Si)=55\%\sim60\%$，与普通硅铁比较，硅钙孕育剂的石墨化能力是 FeSi75 的 1.5~2 倍，并可获得最高的共晶团数[1]。钙的化学性质活泼，具有很强的脱氧脱硫能力，因而这种孕育剂对含硫较高的铸件更有效[15]。硅钙孕育剂衰退快，一般不用于中等以上厚度的铸件。硅钙密度小，溶解性差，产生的渣量大，易使铸件出现夹渣缺陷。另外，用硅钙处理铁液时，烟尘较大，目前这种孕育剂已很少使用。

3.3.2.3 钡硅铁（BaSiFe）

钡可以有效地延缓硅钙孕育衰退，钡硅铁孕育剂的显著特点是具有很强的抗衰退能力，并因此能够明显地改善铸件的壁厚敏感性。图 3-9 和图 3-10 分别为钡硅铁孕育剂和硅铁孕育剂孕育处理后试样白口宽度和共晶团数随时间的变化情况。

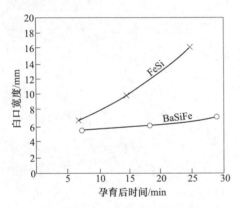

图 3-9 孕育处理后试样白口宽度

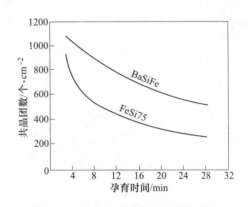

图 3-10 孕育处理后共晶团数的变化

从图 3-9 和图 3-10 可以看出，孕育后的初期，两种孕育剂的孕育效果差别不大，但是随着时间的延长，钡硅铁孕育剂孕育效果明显好于硅铁。这种孕育剂适合于各种牌号的灰铸铁件，尤其适合于大型厚壁件和浇铸时间长的铸件。

我国生产的钡硅铁孕育剂的主要成分为 $w(Ba)=4\%\sim6\%$、$w(Si)=60\%\sim68\%$ 和微量的 Ca、Al、Mn 等。

3.3.2.4 锶硅铁（SrSiFe）

锶硅铁孕育剂是在普通硅铁孕育剂中加入 0.6%~1.0% 的锶。锶具有很强的抑制渗碳体析出的能力，硅铁中含有 0.14% 左右的锶即可显著减小白口深度，如图 3-11 所示[1]。

与普通 FeSi75 比较，锶硅铁孕育剂减少铸铁白口的能力高出 30%~50%，因

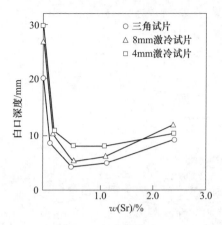

图 3-11　不同含锶量硅铁孕育后的白口深度

而其用量可减少 30%。锶硅铁孕育剂的独特之处在于这种孕育剂在具有极强的石墨化能力的同时，并不显著增加共晶团数。这种孕育剂特别适合于对致密性有特殊要求的铸件以及结构复杂、断面尺寸变化大的铸件。

3.3.2.5　碳硅钙（TG-1）

碳硅钙这种孕育剂是晶体石墨与硅钙等合金的颗粒状混合物，粒度小于 8 目（2.36mm），其主要成分为 $w(Si) = 33\% \sim 40\%$、$w(C) = 27\% \sim 38\%$、$w(Ca) = 4\% \sim 8\%$。在高温铁液中，晶体石墨形成弥散分布的石墨质点，作为石墨析出的晶核，并延缓衰退。钙、硅等元素与氧硫反应促进石墨化。这种孕育剂熔点较高，石墨化能力较强，并有较好的抗衰退能力，适合于在高温熔炼的条件下生产各种灰铸铁件。

3.3.2.6　稀土钙钡硅铁（RECaBa）

稀土具有强烈的脱氧脱硫能力，微量的稀土合金元素可以在铁液中形成稀土氧化物、稀土氧硫化物、稀土硫化物和稀土氮化物，从而减少了一些有害元素对铸铁石墨化的影响，同时这些稀土化合物由于与石墨具有良好的晶体匹配关系，也可作为石墨形核的基底，因此微量稀土元素有强烈的石墨化能力和良好的抗衰退能力。稀土元素本身又是激冷元素，过量的稀土元素反而会增加铁液的白口倾向[16]。

稀土钙钡硅铁孕育剂吸收了稀土、钙、钡和硅四种元素的作用特点，因而具有良好的综合性能，这种孕育剂的主要成分为 $w(Si) = 46\% \sim 65\%$、$w(RE) = 3\% \sim 10\%$、$w(Ca) = 2\% \sim 9\%$、$w(Ba) = 1.5\% \sim 8\%$。

3.3.2.7 稀土铬锰硅铁（RECrMn）

铬和锰都是促进珠光体元素，孕育剂中含有这两种元素有利于获得珠光体基体的灰铸铁，提高灰铸铁的强度和硬度。但是，这两种元素的加入会削弱孕育剂的石墨化能力。

稀土铬锰硅铁孕育剂是一种高强度稳定化孕育剂，具有中等程度的石墨化能力和良好的抗衰退能力，与采用 FeSi75 孕育相比，其抗拉强度高出 20~30MPa，断面敏感性降低，同时，微量稀土元素能明显减轻铸件的白口倾向[16]。这种孕育剂适用于高强度灰铸铁的生产，尤其适用于高碳当量灰铸铁的生产，其主要成分为 $w(RE)=6\%\sim8\%$、$w(Cr)=15\%$、$w(Mn)=6\%$、$w(Si)=35\%\sim40\%$、$w(Ca)=5\%\sim6\%$、$w(Al)=3\%\sim4\%$。

3.3.2.8 氮系稳定化孕育剂（DWF）

氮在灰铸铁中具有两方面的作用：一方面，氮可以改变石墨形态，使其变短、变钝、弯曲程度和厚度增加，当铸铁中含有一定量的锰时氮还会使石墨表面变粗糙；另一方面，氮是一种稳定珠光体元素，当灰铸铁中含有 0.01% 左右的氮时，就可以获得 90% 以上的珠光体基体。氮可以固溶于渗碳体和铁素体中强化珠光体基体，并对初生奥氏体和共晶团有细化作用。

氮系稳定化孕育剂的主要成分为 $w(N)=2\%\sim10\%$、$w(Cr)=15\%\sim50\%$、$w(Si)=25\%\sim50\%$、$w(Ca)=1\%\sim10\%$、$w(Al)=1\%\sim2\%$、$w(Zr)=0\sim5\%$，这种孕育剂适用于在高温铁液下生产高强度、高碳当量、厚壁铸件。

3.3.3 不同孕育剂孕育效果对比

刘子安等[17]在同样的实验条件下，详细研究、比较了几种孕育剂的孕育效果及其对灰铸铁组织和性能的影响。这里摘录了其中冲天炉熔炼铁液的实验结果，虽然其中的一些数据还有待进一步验证，孕育剂的加入量也不同，但从中我们可以更好地了解这些孕育剂的特性及适用范围。

3.3.3.1 试验条件

试验用孕育剂化学成分见表 3-3。试验用原铁液在冲天炉中熔炼，出炉温度为 1450~1480℃，其化学成分为 $w(C)=3.2\%\sim3.4\%$、$w(Si)=1.4\%\sim1.6\%$、$w(Mn)=0.6\%\sim0.8\%$、$w(P)\leqslant0.13\%$、$w(S)\leqslant0.09\%$。力学性能和金相试样在尺寸为 $\phi30mm\times300mm$，干型立浇试棒上切取。白口试样采用 NIK-3 激冷板白口试样和 $20mm\times45mm\times100mm$ 三角试样。断面敏感性采用台阶厚度分别为 10mm、15mm、20mm、50mm 的阶梯试块测定。

表 3-3　试验用孕育剂化学成分　　　　（质量分数,%）

孕育剂	Si	Ca	Al	Ba	Sr	C	N	RE	Zr	Cr
FeSi75	72~78	<0.5	0.8~1.6	—	—	—	—	—	—	—
BaSiFe	60~65	0.8~2.2	1~2	4~6	—	—	—	—	—	—
SrSiFe	73~78	<0.1	<0.5	—	0.6~2.0	—	—	—	—	—
TG-1	33~40	5~8	<1	—	—	27~37	—	—	—	—
DWF	25~50	1~10	1~2	—	—	—	2~10	—	1~5	15~50
RECaBa	33~40	1~3	<3	1.5~4	—	—	—	3~5	—	—
Ino.10	40	3	0.9	2	—	40~50	—	2	2	—

3.3.3.2　不同孕育剂的孕育效果

孕育试验的结果列于表 3-4 和表 3-5 中。从消除三角试样的纯白口能力看，BaSiFe 和 Ino.10 孕育剂最好，SrSiFe 和 FeSi75 较好，DWF 和 RECaBa 较差。综合考核强度、硬度以及相对强度和相对硬度等指标，以 DWF 最好，TG-1 较好，以下依次为 Ino.10、BaSiFe、SrSiFe、RECaBa、FeSi75。断面敏感性的优劣顺序为：Ino.10、SrSiFe、RECaBa、BaSiFe、TG-1、FeSi75、DWF。抗衰退能力的优劣顺序为：BaSiFe、TG-1、RECaBa、SrSiFe、FeSi75、Ino.10、DWF。

表 3-4　冲天炉条件下不同孕育剂的孕育效果

组次	孕育剂名称	加入量/%	碳当量/%	三角白口宽/mm	激冷白口高/mm	σ_b/MPa	硬度HB	ΔHB_{max}
第一组	原铁液	0	3.78	2	8.5	263	192	32
	FeSi75	0.4	4.17	0	2.0	226	187	37
	BaSiFe	0.3	4.14	1	1	233	187	28
	SrSiFe	0.2	4.16	0	0.3	230	187	20
	TG-1	0.4	3.95	2	4	258	197	34
	DWF	0.7	3.97	3	7	307	217	41
	RECaBa	0.3	3.99	1	0.3	251	212	20
	Ino.10	0.2	4.18	0	1.0	225	187	6
第二组	原铁液	0	3.82	2.5	12	260	217	152
	FeSi75	0.4	3.92	3	11	247	207	16
	BaSiFe	0.3	3.92	2.5	8	242	201	25
	SrSiFe	0.2	3.92	3.5	10	257	207	51
	TG-1	0.4	3.89	2	6	260	207	32
	DWF	0.7	3.03	12	15	379	229	66
	RECaBa	0.3	3.88	4	7	231	207	17
	Ino.10	0.2	3.92	2.5	7.5	267	201	16

表 3-5　不同孕育剂的抗衰退能力

孕育剂	FeSi75	BaSiFe	SrSiFe	TG-1	DWF	RECaBa	Ino. 10
衰退时间/min	6.5	≫10	7.5	>10	3	8.5	6

考察不同孕育剂对灰铸铁共晶团等级、珠光体含量的影响，结果是细化共晶团能力依次为 DWF、BaSiFe、Ino.10、TG-1、RECaBa、SrSiFe，稳定和细化珠光体的能力依次为 DWF、RECaBa、BaSiFe、TG-1、Ino.10、SrSiFe、FeSi75。

3.4　孕育铸铁的组织与性能特点

3.4.1　金相组织特点

孕育铸铁碳硅含量较低、锰含量较高，加之经过孕育处理，这些化学成分和浇铸工艺上的特点决定了其金相组织具有以下特点：

（1）石墨。由于碳硅含量较低，孕育铸铁的石墨数量较少。在孕育良好的情况下，石墨片分布均匀，其形态以 A 型为主，较之非孕育铸铁石墨片有细化趋势。孕育铸铁中的石墨形态与所使用的孕育剂关系很大，如果使用硅或硅钙等石墨化孕育剂，可以得到 100% 的 A 型石墨，石墨片尺寸较大，分布均匀。如果使用含有稳定珠光体元素的孕育剂，石墨片常常比较细小，当铁液碳当量较低，或者过量使用稳定珠光体元素时，甚至出现 D 型石墨，此时石墨片往往分布不均匀。如果孕育剂中含有过量的稀土元素，石墨片形态会产生变异，出现星形、蠕虫状或其他不规则石墨。

（2）基体。由于孕育铸铁中碳硅含量较低，锰含量较高，因此其基体组织中很少会有大块的铁素体出现，而是以珠光体或索氏体为主。珠光体或索氏体的数量与所使用的孕育剂密切相关，使用含有稳定珠光体元素（如 N、Cr、Mn 等）孕育剂的铸铁组织中珠光体含量较高，有时可达 95% 以上。

未孕育灰铸铁的初生奥氏体往往一次枝晶发达，并有明显的二次晶分枝。有人把这种结构类型的奥氏体枝晶骨架称为树枝型结构[18]。这种奥氏体枝晶在结构上具有明显的方向性，导致铸铁性能具有同样的方向性，即沿一次枝晶方向强度较高，而垂直于一次枝晶方向强度较低。

采用普通硅铁孕育剂孕育的灰铸铁，其初生奥氏体枝晶细化，但在结构特点上没有根本改变。而采用一些高强度孕育剂孕育的灰铸铁，初生奥氏体细化，其一次枝晶变短、二次枝晶不明显，具有这种结构类型的奥氏体枝晶骨架也可称为骨骼型结构。这种奥氏体枝晶在结构上没有明显的方向性，并且枝晶排列不规则，因此在力学性能上也没有明显的方向性[18]。

孕育铸铁的共晶团数量较未孕育铸铁显著增多，并且由于弱化了共晶团晶界上元素偏析使其在金相检验的腐蚀时不那么明显。

3.4.2　物理性能

铸铁的物理性能与其石墨含量和石墨形态密切相关。石墨密度较低，导热性能较好，电阻率较大。由于孕育铸铁石墨含量较低、尺寸较小且为细片状，因此孕育铸铁的密度高于普通灰铸铁，而导热性较差、导电性较好。表 3-6[1] 列出了不同强度灰铸铁的物理性能，抗拉强度低于 200MPa 的为普通灰铸铁，抗拉强度高于 200MPa 的为孕育铸铁。

表 3-6　不同强度灰铸铁的物理性能

抗拉强度 /MPa	密度 /g·cm^{-3}	导热系数/W·(m·K)$^{-1}$			电阻率（20℃） /μΩ·m
		100℃	300℃	500℃	
150	7.05	65.7	53.3	40.9	0.80
180	7.10	59.5	50.3	40.0	0.78
220	7.15	53.6	47.3	38.9	0.76
260	7.20	50.2	45.2	38.0	0.73
300	7.25	47.7	43.8	37.4	0.70
350	7.30	45.3	42.3	36.7	0.67
400	7.30	43.5	41.0	36.0	0.64

3.4.3　力学性能

由于组织得到改善，孕育铸铁的力学性能一般高于普通灰铸铁，其抗拉强度一般为 200~400MPa、抗弯强度为 400~600MPa、抗压强度为 1000~1300MPa，弹性模量和硬度也比普通灰铸铁高。但是由于孕育铸铁中石墨仍呈片状，其塑韧性指标与普通灰铸铁相比没有明显差别。值得注意的是，对于碳含量较高的灰铸铁，如果使用普通石墨化孕育剂孕育处理，其抗拉强度没有明显提高。

伴随着组织均匀性的改善，孕育铸铁的力学性能的均匀性和对断面的敏感性得到了极大的改善。例如，普通灰铸铁试棒的直径由 20mm 提高到 75mm 时，其抗拉强度由 197MPa 降低到 104MPa，降低了 48%；而孕育铸铁试棒的直径由 30mm 提高到 150mm 时，其抗拉强度由 387MPa 降低到 340MPa，仅降低了 12%[2]，其硬度均匀性也得到极大的改善。

由于石墨数量减少，因此孕育铸铁的减震性能不如普通灰铸铁。但是由于石墨形态和分布的改善，孕育铸铁的耐磨性能、抗生长性能均高于普通灰铸铁。

3.4.4　铸造性能

虽然孕育铸铁中碳硅含量较低，但是孕育处理促进了石墨化倾向，因此其白口倾向不大，可以浇铸很薄的铸件也不出现白口。

孕育铸铁碳硅含量较低使其结晶温度区间增大，加之孕育处理降低了铁液的温度，增加了其黏度，孕育铸铁的流动性一般较差。

孕育铸铁的线收缩和体收缩都较大，其铸造应力大于普通灰铸铁，铸件致密性也较差。因此在铸造工艺上必须留有足够的收缩余量，必要时还要采取补缩和防止变形、开裂措施。对于重要的铸件，还要进行时效处理。

改善孕育铸铁铸造性能的根本出路在于提高其碳硅含量，使其接近共晶成分。铁液越接近共晶成分，其熔点越低，结晶温度区间越小，同时析出石墨数量越多。这不仅可以提高孕育铸铁的流动性，对于减小收缩，提高补缩能力，减小铸造应力都是十分重要的[19]。采用高强度复合孕育剂或适当调整硅碳比，可以使高碳当量孕育铸铁仍具有足够的强度性能。

参 考 文 献

[1] 王春祺. 铸铁孕育理论与实践 [M]. 天津：天津大学出版社，1991.

[2] 陆文华. 铸铁及其熔炼 [M]. 北京：机械工业出版社，1981.

[3] 杨景祥，李荣德. 高温瞬时形核与浓度起伏的规律 [J]. 沈阳工业大学学报，1986（3）：51-62，125-126.

[4] Lux B. Nucleation of Graphite in Fe-C-Si Alloys [J]. Recent Research on Cast Iron, Great Britain, Gordon and Breach, 1968：241.

[5] Boyles A. The Structure of Cast Iron [J]. Jornal Brasileiros De Psiquiatria, 1974, 60（8）：284-293.

[6] Tiller W. Isothermal solidification of Fe-C and Fe-C-Si alloys [J]. Great Britain, Gordon and Breach, 1968：129-171.

[7] 钟雪友，韩青有. 铸铁件取消热时效的实验探索 [J]. 铸造，1988（8）：22-24.

[8] 中国机械工程学会铸造专业学会. 铸造手册（第一卷 铸铁）[M]. 北京：机械工业出版社，1993：203-225.

[9] 丛家珊. 硅碳比对灰铸铁件尺寸稳定性的影响 [J]. 铸造，1993（2）：20-23.

[10] 倪建祥. 双高铸铁在机床铸件上的应用 [J]. 现代铸铁，1994（1）：49-50.

[11] 翟启杰，胡汉起. 氮对灰铸铁中石墨组织的作用 [J]. 金属学报，1992，28（10）：73-78.

[12] 钟时. HT350 大马力柴油发动机缸体材料研究 [D]. 长春：吉林大学，2012.

[13] 北京机械工程学会铸造专业学会. 铸造技术数据手册 [M]. 北京：机械工业出版社，1993：234.

[14] 张照青，张福来，陈洪声，等. 碳当量的计算和三角试块判断法及铁水质量的炉前控制 [J]. 铸造技术，1984（2）：10-11.

[15] Riposan I，Uta V，Stan S. Inoculant enhancer to increase the potency of Ca-FeSi alloy in ductile cast iron [J]. Metallurgical Research & Technology，2017，114 (416)：1-8.

[16] 金通，袁福安，晏克春，等. RE 元素对灰铸铁组织和性能影响的研究 [J]. 现代铸铁，2019，439 (4)：34-37.

[17] 刘子安，王云昭，严新炎. 几种孕育剂对灰铸铁组织和性能影响的对比试验 [J]. 铸造，1994 (5)：7-12.

[18] 恽鸣，杨景祥. 灰铸铁组织综合作用的探讨 [J]. 铸造，1987 (11)：8-11.

[19] 程俊伟，蔡安克，郭亚辉，等. 不同孕育剂对灰铸铁件致密性的影响 [J]. 中国铸造装备与技术，2015 (3)：44-46.

4 铸铁的球化处理

球化处理是在浇铸前向铁液中加入少量的某种添加物，以改变石墨的结晶特性，使其以球状析出，最终获得球墨铸铁的一种工艺。本章着重介绍铸铁球化处理的理论基础及工艺方法。

4.1 球化处理的理论基础

在2.3节我们介绍了球墨铸铁的凝固过程及石墨球化的机理。虽然对石墨球化机理的认识至今还很不一致，但是如果把这些理论归纳起来可以看出，石墨球化的本质在于石墨与铁液界面能的变化。对于界面控制生长的石墨析出过程而言，铸铁溶液中球状石墨的生长是非稳定生长，其生长过程除与自身晶体结构特性有关外，主要受石墨与铁液界面行为的因素控制。球化处理就是通过影响石墨与铁液的界面行为来改变石墨结晶过程，从而得到理想的石墨形态。本节主要介绍影响石墨界面稳定性的因素及其与石墨结晶过程的关系。

4.1.1 强吸附元素的概念

原子在界面上的吸附被认为是影响界面稳定性的最主要因素之一。彻诺维（Chernov）[1]使用原子在晶体界面上停留时间与台阶推进时间的关系来定义强吸附元素。设台阶的距离为1，台阶推进的速度为v，原子在晶体界面上停留的时间为τ，如果$\tau \ll 1/v$，则原子在界面上停留时间短；如果$\tau \gg 1/v$，则原子停留时间长。原子的停留时间可按下式计算：

$$\tau = v^{-1}\exp[U/kT]$$

式中　v——原子的振动频率，$v \approx 10^{12}s^{-1}$；

　　　U——原子在晶体表面的吸附能。

例如，某原子在晶体表面的吸附能$U \approx 20J/mol$，则可由上式计算出其室温下在晶体表面的停留时间$\tau \approx 10^{-8}s$，此时原子的吸附能是弱的，原子在晶体表面的停留时间很短，该原子被认为是弱吸附原子。根据彻诺维的计算，强吸附原子的U值在$50\sim60J/mol$之间。

4.1.2 强吸附元素引起的动力学过冷

卡布雷拉（Cabrera）认为[2]，强吸附元素吸附在晶体表面上时会在晶体表面形成一个网络，形成网络的原子之间的距离影响着晶体长大所要求的过冷度。如图 4-1 所示，如果形成网络的原子之间的距离小于晶体中台阶在所处温度下的临界形核尺寸 $2\rho_c$，则台阶向前推移受到网络的阻碍。此时，只有熔体进一步冷却，提供更大的过冷度，台阶临界形核半径减小，使 $2\rho_c$ 小于网络中原子之间的距离，台阶才能继续前移。台阶的推移速度可由下式计算：

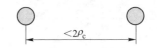

图 4-1　异质原子阻碍晶体台阶
推移示意图

$$v = v_\infty \sqrt{(1 - 2\rho_c d^{1/2})} \tag{4-1}$$

式中　d——异质原子的平均距离；

　　　v_∞——无异质原子存在时台阶的推移速度。

临界形核半径可按下式计算[3]：

$$\rho_c = \frac{1}{2} \times \sqrt[3]{c_s} \tag{4-2}$$

式中　c_s——固相中异质原子浓度。

由此可见，当过冷度一定时，临界形核半径是固相中异质原子浓度的函数。由于固相中异质原子的浓度与其在凝固过程中的平衡分配系数有关，因此它由体系中异质原子的浓度及其分配系数决定。

晶体的临界形核半径与过冷度成反比。若已知某晶体在过冷度为 ΔT_1 时的临界形核半径为 ρ_1，则可计算任一临界形核半径所要求的过冷度。

对于铸铁的凝固过程而言，强吸附元素与石墨之间的相互作用可用图 4-2 说明[5]。

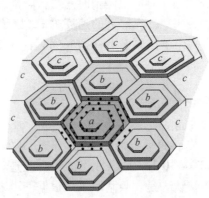

图 4-2　La 与生长石墨的相互作用

石墨（0001）面借助于大量螺旋位错的推移而长大，在其长大过程中螺旋位错台阶布满整个生长前沿。如果铁液中强吸附元素含量较低，它们不足以与整个生长表面发生作用，只能对石墨的局部生长产生影响。在这些受影响的局部区域，强吸附元素吸附在石墨生长台阶的表面，使这一局部区域石墨台阶的推进速度减慢，并最终在其表面形成碳原子扩散流通过的屏障，使石墨只能绕过这些屏障生长，在所绕过的屏障处留下六角形孔洞。如果铁液中含有足够多的强吸附元素，强吸附元素就会阻碍石墨整个表面的生长，石墨要维持长大，铁液就必须提供更大的过冷度，即所谓动力学过冷。

4.1.3 过冷度对石墨形貌的影响

在石墨生长过程中，影响过冷度的两个主要因素是如前所述的动力学过冷以及我们所熟知的成分过冷。成分过冷是由于石墨长大过程中被排出的溶质原子在石墨生长前沿的富聚所造成的，影响铸铁成分过冷的主要元素是 Si。加入到铸铁中的微量活性元素，如 Mg、Ce 等主要影响铁液动力学过冷。石墨生长前沿的总过冷度等于成分过冷和动力学过冷之和，如图 4-3 所示。

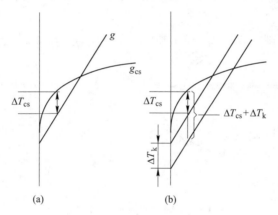

图 4-3 石墨生长前沿过冷度
(a) 成分过冷；(b) 成分过冷与动力学过冷之和

杂质元素，如 Pb、S 等对过冷度都有显著影响。过冷度不同反映了石墨生长过程的不稳定状况的不同。图 4-4[3] 给出了不同过冷度下石墨的不稳定生长及其形貌。由该图可知，当 $\Delta T = 4℃$ 时，石墨为片状、珊瑚状或棒状；随着过冷度的增大，当 $\Delta T = 9℃$ 时，石墨表面出现角锥体；过冷度继续增大，角锥体长大，并被面包围。在过冷度为 $29 \sim 35℃$ 范围内，石墨表面角锥体上的台阶是不稳定的，角锥面上台阶的不稳定长大被认为是形成球状石墨的重要因素。

巴克鲁德（Backerud）等[4] 测定了不同类型铸铁的凝固冷却曲线（见图 4-5），从中可以看出，片状石墨析出所要求的过冷度最小，球状石墨所要求的过冷度最大，蠕虫状石墨居中，这一结果与上面的讨论正好是吻合的。

通过上述分析可以初步得出这样的结论，增大铸铁凝固时的过冷度有助于获得球状石墨，而加入强吸附元素是提高过冷度的有效途径。

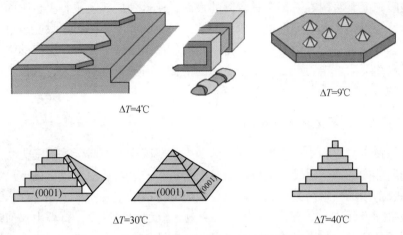

图 4-4   过冷度与石墨的不稳定生长及形貌的关系

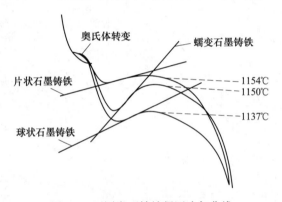

图 4-5   不同类型铸铁凝固冷却曲线

4.2   球 化 剂

球化剂就是能使石墨成球的添加剂。可以作为球化剂的元素都是具有脱氧脱硫能力的元素、具有改变石墨与铁液界面能的元素，以及在球化处理过程中具有汽化能力的元素，这与目前对于石墨球化机制的认识是一致的。按照球化能力的大小，球化元素可以分为强、中、弱三档。强球化元素有镁、铈、镧、钙、钇；球化能力居中的元素有锂、锶、钡、钛；弱球化元素有钠、钾、锌、镉、铝。

目前工业上使用的球化剂通常是经过专门设计生产的商品，它们可以分为两大类：镁系球化剂和稀土镁合金球化剂。

4.2.1   镁系球化剂

镁的密度只有 $1.74 g/cm^3$，熔点为 659℃，沸点为 1107℃，镁的化学性质很活泼，具有很强的脱硫脱氧能力；镁在铁液中同时又是强吸附元素，可以提高铁液的表面张力。

镁加入到铁液中后首先起脱硫脱氧作用。它与硫氧反应所形成的硫化镁、氧化镁都是很稳定的高熔点化合物，这些化合物密度小，比较容易上浮到铁液表面去除。当铁液中的硫含量降低到 0.01%~0.02% 时，残留镁开始起到使石墨球化的作用。镁的球化作用很强，用镁处理的铁液石墨球圆整度高[5]。

由于镁的沸点低于铁液温度，镁加入到铁液中后会有一部分烧损掉。因此工业上通常采取特殊的加镁方法，以减少镁的烧损。通常我们把脱硫和残留部分的镁称为镁的有效部分，并用下式计算镁的回收率：

$$镁的回收率 = \frac{残留镁 + 脱硫镁}{加入镁} \times 100\%$$

镁系球化剂一般用于干扰元素含量较少的球墨铸铁铸件生产。

4.2.2　稀土镁合金球化剂

稀土镁合金球化剂中的稀土以铈为主。铈的密度与铁相近，为 6.92g/cm³，熔点为 804℃，沸点为 2690℃，沸点高于铁液温度。铈以及其他稀土元素的化学性质很活泼，按照热力学计算，它们与硫和氧的亲和力比镁还强。稀土元素与硫、氧反应可形成稀土的硫化物、氧化物及硫氧化物。这些化合物熔点较高，密度与铁液相近，可以在铁液中稳定存在。一般认为，稀土元素的球化作用较镁差，石墨球不太圆整。单纯使用稀土元素处理铁液，不会产生类似于镁的沸腾现象。

稀土元素的突出特点是具有抵抗干扰元素反球化作用的能力，因此稀土镁球化剂可用于含有干扰元素的铁液的球化处理。

另一种稀土球化剂是以钇为主的重稀土镁合金球化剂。重稀土元素的显著特点是具有很强的抗球化衰退的能力，甚至在电炉重熔后仍会有球状石墨析出。重稀土元素的球化能力比镁差，比轻稀土元素强，球化处理时反应平稳，无烟尘闪光。

我国稀土资源丰富，使用最多的球化剂是稀土镁合金。国外则以纯镁及镁合金球化剂为主。常用球化剂种类、主要成分、物理性质、推荐使用的球化处理工艺及其适用范围列于表 4-1[6]。

表 4-1　国内外常用的球化剂种类及适用范围

序号	名称	主要成分（质量分数）/%	密度/g·cm⁻³	熔点/℃	沸点/℃	球化处理工艺	适用范围
1	纯镁	Mg>99.85	1.74	651	1105	压力加镁法 转包法 钟罩压入法 镁丝法 镁蒸汽法	用于干扰元素含量少的炉料，生产大型厚壁铸件、离心铸管、高韧性铁素体基体的铸件

序号	名称	主要成分 (质量分数)/%	密度 /g·cm⁻³	熔点/℃	沸点/℃	球化处理工艺	适用范围
2	稀土硅铁镁合金	RE 0.5~20 Mg 5~12 Si 35~45 Ca<5 Ti<0.5 Al<0.5 Mn<4 Fe 余量	4.5~4.6	约1100		冲入法 型内球化法 密封流动法 型上法 盖包法 复包法	用于含有干扰元素的炉料,生产各种铸件,有良好的抗干扰脱硫、减少黑渣、缩松的作用
3	镁焦	Mg 43 浸入焦炭	—	651	1105	转包法 钟罩压入法	大量生产(用转包法球化时)大中型铸件、高韧性铁素体基体铸件
4	钇基重稀土硅铁镁合金	RE 16~28 (重稀土) Si 40~45 Ca 5~8	4.4~5.1	—	—	冲入法	大断面重型铸件,抗球化衰退能力强
5	铜镁合金	Cu 80 Mg 20	7.5	800		冲入法	大型珠光体基体铸件
6	镍镁合金	Ni 80,Mg 20 Ni 85,Mg 15	—	—		冲入法	珠光体基体铸件 奥氏体基体铸件 贝氏体基体铸件
7	镁硅铁合金	Mg 5~20 Si 45~50 Ca 0.5 RE 0~0.6	—	—		冲入法	干扰元素含量少的炉料
8	镁铁屑压块	Mg 6~10 RE 0~7 S≤10	—	—		冲入法	为大量使用回炉料,使用它可减少增硅,与稀土硅铁镁混用
9	稀土硅铁	RE 17~37 Si 35~46 Mn 5~8 C 5~8 Ti≤6 Fe 余量	4.57~4.8	1082~1089	—		与纯镁联合使用,以抵消干扰元素的作用
10	含钡稀土硅铁镁合金	Ba 1~3 Mg 6~9 RE 1~3 Si 40~45 Ca 2.5~4 Ti<0.5 Al<1	—	—		冲入法	铸态铁素体球墨铸铁,电炉用 Mg、RE 较低,Ba 较高;冲天炉用 Mg、RE 较高,Ba 较低

4.3　球化处理工艺

球墨铸铁的球化处理主要包括以下内容：

（1）铸铁化学成分的选择；

（2）球化剂的选择、加入量；

（3）球化处理方法；

（4）球墨铸铁的孕育处理；

（5）球化效果的检验。

球墨铸铁球化处理工艺的制订应充分考虑球墨铸铁的牌号及其对组织的要求、铸件几何形状及尺寸、铸型的冷却能力、浇铸时间和浇铸温度、铁液中微量元素的影响以及车间生产条件等因素。

4.3.1　球墨铸铁化学成分的选择

同普通灰铸铁一样，球墨铸铁的化学成分主要包括碳、硅、锰、硫、磷五大常见元素。对于一些对组织及性能有特殊要求的铸件，还包括少量的合金元素。同普通灰铸铁不同的是，为保证石墨球化，球墨铸铁中还必须含有微量的残留球化元素，下面着重介绍这些元素在球墨铸铁中的作用及其选择原则。

4.3.1.1　碳及碳当量

碳是球墨铸铁的基本元素，碳含量高有助于石墨化。由于石墨呈球状后对铸铁力学性能的影响已减小到最低程度，球墨铸铁的碳含量一般较高，在 3.5% ~ 3.9% 之间，碳当量在 4.1% ~ 4.7% 之间。铸件壁薄、球化元素残留量大或孕育不充分时取上限；反之，取下限。将碳当量选择在共晶点附近可以改善铁液的流动性，对于球墨铸铁而言，碳当量的提高还会由于铸铁凝固时的石墨化膨胀增加铁液的自补缩能力。但是，碳含量过高，会引起石墨漂浮。因此，球墨铸铁中碳当量的上限以不出现石墨漂浮为原则。

4.3.1.2　硅

硅是强石墨化元素。在球墨铸铁中，硅不仅可以有效地减小白口倾向，增加铁素体量，而且具有细化共晶团，提高石墨球圆整度的作用。但是，硅提高铸铁的韧脆性转变温度（见图 4-6），降低冲击韧性，因此硅含量不宜过高，尤其是当铸铁中锰和磷含量较高时，更需要严格控制硅的含量。球墨铸铁中终硅含量一般在 1.4% ~ 3.0%。选定碳当量后，一般采取高碳低硅强化孕育的原则。因此，硅含量的下限以不出现自由渗碳体为原则。

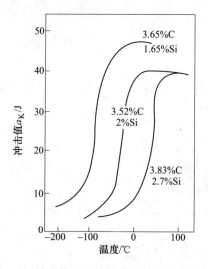

图 4-6　硅对铁素体球墨铸铁脆性转变温度的影响[7]

　　球墨铸铁中碳硅含量确定以后，可用图 4-7[9] 进行检验。如果碳硅含量在图中的阴影区，则成分设计基本合适。如果高于最佳区域，则容易出现石墨漂浮现象。如果低于最佳区域，则容易出现缩松缺陷和自由碳化物。

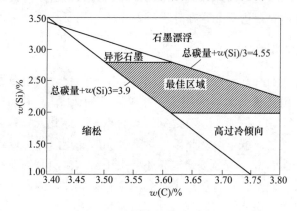

图 4-7　球墨铸铁中碳硅含量

4.3.1.3　锰

　　由于球墨铸铁中硫含量已经很低，因此不需要过多的锰来中和硫，球墨铸铁中锰的作用主要表现在增加珠光体的稳定性，促进形成（Fe、Mn）$_3$C。这些碳化物偏析于晶界，对球墨铸铁的韧性影响很大[10]。锰也会提高铁素体球墨铸铁的韧脆性转变温度，锰含量每增加 0.1%，韧脆性转变温度提高 10~12℃。因此，球墨铸铁中锰含量一般是越低越好，即使珠光体球墨铸铁，锰含量也不宜超过

0.4%~0.6%。只有以提高耐磨性为目的的中锰球铁和贝氏体球铁例外。

4.3.1.4 磷

磷是一种有害元素。它在铸铁中溶解度极低，当其含量小于0.05%时，固溶于基体中，对铸铁的力学性能几乎没有影响。当磷含量大于0.05%时，磷极易偏析于共晶团边界，形成二元、三元或复合磷共晶，降低铸铁的韧性。磷提高铸铁的韧脆性转变温度，磷含量每增加0.01%，韧脆性转变温度提高4~4.5℃。因此，球墨铸铁中的磷含量越低越好，一般情况下应低于0.08%。对于比较重要的铸件，磷含量应低于0.05%。

4.3.1.5 硫

硫是一种反球化元素，它与镁、稀土等球化元素有很强的亲和力，硫的存在会大量消耗铁液中的球化元素，形成镁和稀土的硫化物，引起夹渣、气孔等铸造缺陷[11]。采用稀土镁球化处理的球墨铸铁球化处理前铁液中的硫含量一般要求小于0.06%。

4.3.1.6 球化元素

目前在工业上使用的球化元素主要是镁和稀土。镁和稀土元素具有可以中和硫等反球化元素的作用，使石墨按球状生长[12]。镁和稀土元素的残留量应根据铁液中硫等反球化元素的含量确定。在保证球化合格的前提下，镁和稀土元素的残留量应尽量低。镁和稀土元素残留量过高，会增加铁液的白口倾向，并会由于它们在晶界上偏析而影响铸件的力学性能。表4-2给出了不同组织球墨铸铁的化学成分，供参考。

表4-2 球墨铸铁推荐化学成分[6] （质量分数，%）

基体组织	C	Si	Mn	P	S	Mg	RE	Cu	Mo
铸态铁素体	3.5~3.9	2.5~3.0	≤0.3	≤0.07	≤0.02	0.03~0.06	0.02~0.04		
退火铁素体	3.5~3~9	2.0~2.7	≤0.6	≤0.07	≤0.02	0.03~0.06	0.02~0.04		
铸态珠光体	3.6~3.8	2.1~2.5	0.3~0.5	≤0.07	≤0.02	0.03~0.06	0.02~0.04	0.5~1.0	0~0.2

4.3.2 球化剂的选择

在选用球化剂时，应考虑以下几个因素：

（1）对铸件铸态组织的要求。铸态铁素体球墨铸铁选用低稀土球化剂，铸态珠光体球墨铸铁选用含铜或镍的球化剂。

（2）铁液中干扰元素的含量。如果干扰元素，如钛、钒、铬、锡、锑、铅、锌等含量较高，必须选用稀土元素含量较高的球化剂。如果干扰元素含量较低（总量小于 0.1%），可选用纯镁或镁合金球化剂。

（3）铁液硫含量。硫含量较高时，一般采用稀土元素和镁含量较高的球化剂，如有条件，可进行脱硫处理。硫含量较低时，可选用低稀土低镁的稀土硅铁镁球化剂。

（4）铸件冷却条件。冷却速度较快的金属型铸造条件下，可选用低稀土球化剂，冷却速度较慢的大型厚断面铸件可选用钇基重稀土球化剂。

4.3.3　球化处理方法

球化处理方法主要是指球化剂的加入方法。球化处理方法不同，球化剂被铁液吸收率不同，球化效果也大不一样。目前常用的球化处理方法主要有冲入法、自建压力加镁法、转包法、盖包法、型内法、钟罩法、密封流动法以及型上法等。下面简要介绍其中常用工艺方法的特点及适用范围。

4.3.3.1　冲入法

将球化剂破碎成小块，放入处理包底部一侧，或在处理包底部设置堤坝或凹坑，将球化剂放在堤坝内侧或凹坑内，然后在球化剂上面覆盖孕育剂、无锈铁屑或草灰、苏打、珍珠岩集渣剂等，然后冲入 1/2～2/3 铁液，待铁液沸腾结束时，再冲入其余铁液。处理完毕后，加集渣剂彻底扒渣。冲入法要求处理包的深度与内径之比在 1.5～1.8 之间，处理包要预热到 600～800℃，铁液温度应高于 1400℃。

冲入法的优点是设备简单，操作简单；缺点是镁的吸收率低，一般只有 30%～40%，而且烟尘闪光较严重。目前，这种方法广泛应用于各种温度和硫含量的各种生产规模的球墨铸铁件生产。

4.3.3.2　自建压力加镁法

镁的沸点与压力成正比，如果铁液中有 6～8 个大气压[1]时，镁的沸点就会提高到 1350～1400℃。在这样的条件下加镁，就可以避免镁的沸腾。自建压力法是在密封的条件下将装有镁的钟罩压入铁液，使镁在铁液中有控制的沸腾，从而提高镁的回收率，稳定球化质量。

自建压力加镁法要求有安全可靠的处理设备，以防止铁液喷射出来。处理包深度与内径之比应为 1.5～2，加镁钟罩压入铁液后距包底的距离应为包深的 10%。

---

[1]　1 个大气压 = 101325Pa。

自建压力加镁法镁的吸收率可达到 70% ~ 80%，并且处理效果稳定，无镁光，无烟尘，但设备费用高，操作繁琐。这种方法适用于大型厚断面铸件，铸态高韧性铁素体铸件以及大量生产要求控制镁含量的铸件。

4.3.3.3　转包法

转包法原理如图 4-8 所示[6]。反应室内装入纯镁或镁焦，转包横卧，接受铁液，然后转包立起，使铁液通过反应室的处理网孔进入反应室与镁反应。这种方法镁的吸收率可达到 60% ~ 70%，烟尘及镁光较轻，可处理硫含量高达 0.15%的铁液；其缺点是需要专门的处理设备，操作较冲入法复杂。

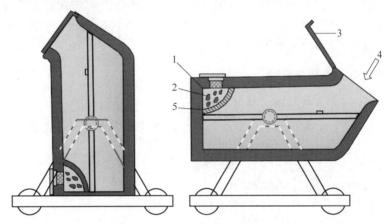

图 4-8　转包法示意图

1—反应室；2—球化剂；3—安全盖；4—铁液入口；5—处理网

4.3.3.4　盖包法

盖包法是在冲入法的基础上发展起来的球化处理方法。其方法如图 4-9 所示，在冲入法的处理包上部安装一个中间包将其密封，处理包与中间包之间仅通过经过严格计算的浇口连接。预先将球化剂放在处理包内，然后用中间包承接铁液，依靠由中间包流入处理包的铁液使处理包处于密闭状态，从而减少反应烟尘和镁光外逸，提高镁的利用率。

这种方法与冲入法相比镁的吸收率高，烟尘及镁光减少，操作复杂程度和设备费用增加不多，因此可以广泛应用。

图 4-9　盖包法示意图

4.3.3.5　型内法

把球化剂放置在浇铸系统中专门设计的反应室内，在浇铸过程中铁液流经反应室时与球化剂发生反应进行球化处理。为保证球化处理稳定，减少烧损，要严格计算反应室及浇铸系统尺寸。一般情况下，反应室设置于直浇道下的横浇道中，浇口杯到冒口前的系统应处于充满状态，冒口和铸件型腔保持开放，具体尺寸可参阅有关手册。

这种方法的镁吸收率高，可达 70%~80%，无镁光，无烟尘，无球化衰退。其不足之处是对铁液温度、硫含量、球化剂成分、球化剂块度、反应室尺寸、浇铸系统设计都有严格要求，这些因素的微小变化都会引起球化效果的变化。此外，这种方法易产生夹渣。因此，这种方法适合于机械造型的大量流水生产，以及高强度高韧性球墨铸铁的生产。

4.3.4　球墨铸铁的孕育处理

由于球化剂的加入，球墨铸铁（简称球铁）的过冷倾向增大。为避免碳化物的析出，促进析出大量细小圆整的石墨球，往往在球化处理后需要对球墨铸铁进行孕育处理。

对于球墨铸铁的孕育处理，孕育剂一般采用硅铁。硅铁在刚刚溶解的时候其孕育效果最好，大约在 8min 后出现孕育衰退现象，20~30min 后孕育完全衰退。因此，球铁的孕育以瞬时孕育效果最好。生产实践证明，随流孕育和型内孕育效果比较理想。但是由于操作方便，冲入孕育法（冲入法球化处理时将孕育剂覆盖在球化剂上）、倒包孕育法、浇口杯孕育法也在生产中经常使用。图 4-10[13] 为 FeSi75 孕育剂不同加入量、不同孕育方法时产生的不同孕育效果。不难看出，在铸件壁厚小于 40mm 的情况下随流孕育效果明显优于包内孕育，只有当铸件壁厚大于 45mm 时，由于两者都出现严重的孕育衰退，孕育剂加入量较大的包内孕育法效果才略好。

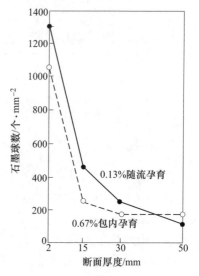

图 4-10　FeSi75 随流孕育与包内孕育效果比较

孕育的初期效果及其衰退速度与孕育剂中所含有的微量元素有关。图4-11[13]是用十种含有不同微量元素的硅铁孕育剂孕育处理球墨铸铁中石墨球数量随时间的变化情况，试棒直径为 22mm。就初期效果而言，含锶硅铁最好。而从抗衰退能力看，Si-Mn-Ba 硅铁最有效。

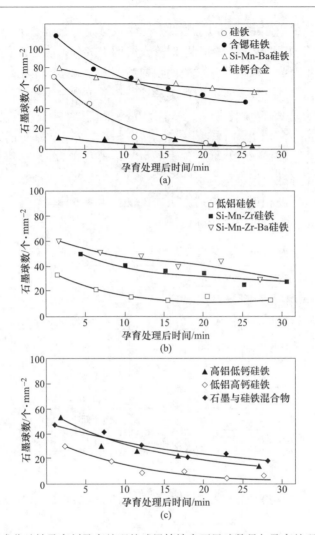

图 4-11　不同成分硅铁孕育剂孕育处理的球墨铸铁中石墨球数量与孕育处理后时间的关系
（a）硅铁、含锶硅铁、Si-Mn-Ba 硅铁、硅钙合金孕育处理的球墨铸铁中石墨球数量与孕育处理后时间的关系；
（b）低铝硅铁、Si-Mn-Zr 硅铁、Si-Mn-Zr-Ba 硅铁孕育处理的球墨铸铁中石墨球数量与孕育处理后时间的关系；
（c）高铝低钙硅铁、低铝高钙硅铁、石墨与硅铁混合物孕育处理的球墨铸铁中
石墨球数量与孕育处理后时间的关系

4.3.5　球化效果的检验

　　球化效果的检验应包括炉前铁液成分的快速分析，炉前工艺试块检验，以及铸铁的金相组织和力学性能的检验。在条件许可的情况下还可以通过测定热分析曲线测定石墨的球化率。此外，由于石墨形态对超声波、音频的传播有影响，近年来超声波和音频对球墨铸铁件进行无损检测也被用于生产中。

在球墨铸铁的生产中，及时检验铁液化学成分是否符合要求，尤其是在球化处理前预知铁液中碳、硅及硫的含量对于及时调整成分，确定球化剂和孕育剂的加入量是十分重要的。铁液化学成分的快速检验方法请参阅本书第 3 章中孕育效果的检验部分内容，下面着重介绍球墨铸铁的炉前工艺试块检验法[6]。

球化和孕育处理后搅拌扒渣，从金属液表面下取铁液浇入长 150mm、宽 25mm、高 50mm 的三角试样铸型中，待其冷凝至表面呈暗红色时取出，底面向下淬入水中冷却，然后将其打断，观察断口；也可采用直径 15~30mm 的圆棒试样。炉前三角试样球化效果的判断方法见表 4-3。需要指出的是，只有当三角试块的尺寸与铸件厚度相近时，上述方法才比较有效。当铸件尺寸与三角试块厚度差别较大时，可根据铸件厚度重新设计三角试块。

表 4-3　炉前三角试样球化效果判断方法

项目	球化良好	球化不良
外形	试样边缘呈较大圆角	试样棱角清晰
表面缩陷	浇铸位置上表面及侧面明缩瘪	无缩陷
断口形态	断口细密如绒或呈银灰色	断口暗灰粗晶粒或银白色分布细小黑点
缩松	断口中心有缩松	无缩松
白口	断口尖角白口清晰	无白口
敲击声	音频较高	声音低哑
气味	遇水有 H_2S 气味	无味

4.4　球墨铸铁的铸造性能与铸造工艺特点

由于碳硅含量较高，球墨铸铁与灰铸铁一样具有良好的流动性和自补缩能力。但是由于炉前处理工艺及凝固过程的不同，球墨铸铁与灰铸铁相比在铸造性能上又有很大的差别，因而其铸造工艺也不尽相同。

4.4.1　球墨铸铁的流动性与浇铸工艺

球化处理过程中球化剂的加入，一方面使铁液的温度降低，另一方面镁、稀土等元素在浇包及浇铸系统中形成夹渣。因此，经过球化处理后铁液的流动性下降。同时，如果这些夹渣进入型腔，将会造成夹杂、针孔、铸件表面粗糙等铸造缺陷。

为解决上述问题，球墨铸铁在铸造工艺上必须注意以下问题：

（1）一定要将浇包中铁液表面的浮渣扒干净，最好使用茶壶嘴浇包。

（2）严格控制镁的残留量，最好在 0.06%以下。

（3）浇铸系统要有足够的尺寸，以保证铁液能尽快充满型腔，并尽可能不出现紊流。

（4）采用半封闭式浇注系统。根据美国铸造学会推荐的数据，直浇道、横浇道与内浇道的比例为 4∶8∶3。

（5）内浇口尽可能开在铸型的底部。

（6）如果在浇铸系统中安放过滤网会有助于排除夹渣。

（7）适当提高浇铸温度以提高铁液的充型能力并避免出现碳化物。对于用稀土元素处理的铁液，其浇铸温度可参阅我国有关手册。对于用镁处理的铁液，根据美国铸造学会推荐的数据，当铸件壁厚为 25mm 时，浇铸温度不低于 1315℃；当铸件壁厚为 6mm 时，浇铸温度不低于 1425℃。

4.4.2 球墨铸铁的凝固特性与补缩工艺特点

球墨铸铁与灰铸铁相比在凝固特性上有很大的不同，主要表现在以下方面：

（1）球墨铸铁的共晶凝固范围较宽。灰铸铁共晶凝固时，片状石墨的端部始终与铁液接触，因而共晶凝固过程进行较快。球墨铸铁由于石墨球在长大后期被奥氏体壳包围，其长大需要通过碳原子的扩散进行，因而凝固过程进行较慢，以至于要求在更大的过冷度下通过在新的石墨异质核心上形成新的石墨晶核来维持共晶凝固的进行。因此，球墨铸铁在凝固过程中在断面上存在较宽的液固共存区域，其凝固方式具有粥状凝固的特性，这使球墨铸铁凝固过程中的补缩变得困难。

（2）球墨铸铁的石墨核心多。经过球化和孕育处理，球墨铸铁的石墨核心较灰铸铁多很多，因而其共晶团尺寸也比灰铸铁细得多。

（3）球墨铸铁具有较大的共晶膨胀力。由于在球墨铸铁共晶凝固过程中石墨很快被奥氏体壳包围，石墨长大过程中因体积增大所引起的膨胀不能传递到铁液中，从而产生较大的共晶膨胀力。当铸型刚度不高时，由此产生的共晶膨胀将引起缩松缺陷。

（4）在凝固过程中球墨铸铁的体积变化可以分为三个阶段：铁液浇入铸型后至冷却到共晶温度过程中的液态收缩，共晶凝固过程中由于石墨球的析出引起的体积膨胀，铁液凝固后冷却过程中的体收缩。

由于上述凝固特性，从补缩的角度考虑，球墨铸铁在铸造工艺上有以下特点：

（1）铸型要有高的紧实度，使铸型有足够的刚度以抵抗球墨铸铁共晶凝固时的共晶膨胀力。需要指出的是，此时要特别注意采取适当的措施提高铸型的透气性，同时要尽可能地降低型砂中的水分，以防止出现"呛火"。

　　（2）合理设置浇冒口。球墨铸铁的冒口与普通钢及白口铁不同，球墨铸铁冒口设置的合理性在于它能够充分补充铁液的液态收缩，而当铁液进入共晶膨胀阶段时，浇铸系统和冒口颈及时冷冻，使铸件利用石墨析出的膨胀进行自补缩。

　　（3）砂箱要有足够的刚度，上箱和下箱之间应有牢固的紧固装置。

参 考 文 献

[1] Chernov A A. Adsorption et Croissance Crystalline [C]//Centre Nat Rech Sci Paris, 1965, 152: 265.

[2] Vermilyea D A, Cabrera N. Growth and Porfection of Crystals [C]//New York: John Wiley, 1958: 393.

[3] Minkoff L. The Physical Metallurgy of Cast Iron [C]//New York: John Wiley and Sons, 1983, 85: 121.

[4] Backerud L. The Physical Metallurgy of Cast Iron [C]//Switzerland: Georgipubl, 1975.

[5] Stefanescu D M, Alonso G, Larrañaga P, et al. On the stable eutectic solidification of iron-carbon-silicon alloys [J]. Acta Materialia, 2016, 103: 103-114.

[6] 中国机械工程学会铸造专业委员会. 铸造手册（第一卷　铸铁）[M]. 北京：机械工业出版社，1993: 309-313.

[7] 陆文华. 铸铁及其熔炼 [M]. 北京：机械工业出版社，1981.

[8] 程俊伟，蔡安克，郭亚辉，等. 不同孕育剂对灰铸铁件致密性的影响 [J]. 中国铸造装备与技术，2015，3: 44-46.

[9] Henderson H. Compliance with Specifications for Ductile Iron Castings Assures Quality [J]. Metal Progr, 1966, 89 (5): 82-86.

[10] 郭二军，王丽萍，宋良，等. 锰对厚大断面球铁力学性能和断裂韧性的影响 [J]. 哈尔滨理工大学学报，2015，20 (6): 1-8.

[11] 徐振宇. 球墨铸铁球化孕育处理动态调控方法及系统研究 [D]. 哈尔滨：哈尔滨理工大学，2016.

[12] Hernando J C, Domeij B, Gonzalez D, et al. New Experimental Technique for Nodularity and Mg Fading Control in Compacted Graphite Iron Production on Laboratory Scale [J]. Metallurgical and Materials Transactions A-Physical Metallurgy and Materials Science, 2017, 48A (11): 5432-5441.

[13] Society A F S. Modern Inoculating Practices for Gray and Ductile Iron [C]//Conference Proceedings, Rosemont, 1979: 97.

5 铸铁的蠕化处理

蠕墨铸铁具有良好的综合性能，在抗拉强度上与铁素体球墨铸铁相近，并具有一定的韧性；在导电及导热性能上，与灰铸铁相似，因此蠕墨铸铁有着广泛的应用前景。本章着重介绍蠕墨铸铁的生产工艺特点，包括蠕化剂的种类及选择、蠕墨铸铁的化学成分、蠕化处理工艺，以及蠕墨铸铁的铸造性能及铸造工艺特点。

5.1 蠕 化 剂

蠕化剂是为使铸铁在凝固过程中石墨以蠕虫状生长所加入的变质剂。蠕化剂主要分为两大类：一类以镁为主，辅以适量的反球化元素；另一类以稀土元素为主。这在美、英等国应用较多，后者在西德、苏联等国普遍使用[1]。我国稀土资源丰富，蠕墨铸铁的生产主要采用以稀土元素为主的蠕化剂。

5.1.1 以镁为主的蠕化剂

镁在铁液中主要有两个作用，即脱硫作用和使石墨球化作用。镁加入到铁液中首先与硫反应，其所消耗的镁量为[2]：

$$w(\text{Mg})_{硫} = \frac{24.321}{32.04}(w(\text{S})_{原} - w(\text{S})_{残}) = 0.76(w(\text{S})_{原} - w(\text{S})_{残})$$

若以 $w(\text{Mg})_{损}$ 表示处理过程中镁的烧损量，以 $w(\text{Mg})_{残}$ 表示残留在铁液中的镁量，则镁的总加入量为：

$$w(\text{Mg})_{总} = w(\text{Mg})_{损} + w(\text{Mg})_{硫} + w(\text{Mg})_{残}$$

生产中常用镁的吸收率（A）来表示镁被吸收利用的程度：

$$A = \frac{w(\text{Mg})_{硫} + w(\text{Mg})_{残}}{w(\text{Mg})_{总}} \times 100\% = \frac{0.76(w(\text{S})_{原} - w(\text{S})_{残}) + w(\text{Mg})_{残}}{w(\text{Mg})_{总}} \times 100\%$$

如前所述，对铸铁而言，镁是一种强烈的球化元素。单独使用镁处理铁液很难得到蠕虫状石墨。由图5-1可见，单独使用镁处理铁液时，只有残余镁含量在0.010%~0.013%时，石墨才以蠕虫状析出，而这样一个很窄的含量范围在生产中是难以控制的。如果用镁处理的同时，加入干扰元素钛，则残余镁含量在0.018%~0.03%这样一个比较宽的范围内，都可以得到蠕虫状石墨。因此，在以镁为主的蠕化剂里加入适量的干扰元素是必不可少的。

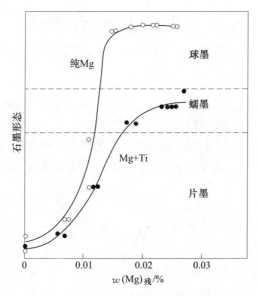

图 5-1　石墨形态与残余镁含量的关系[3]

　　以镁为主的蠕化剂中加入另一种主要元素是铈。根据相关文献介绍，当铁液中含有钛和铅等干扰元素时，即使残余镁含量达 0.03%，石墨形态仍然为片状，而加入少量的铈便可得到蠕虫状石墨。

　　以镁为主的蠕化剂需要注意的关键问题是球化元素镁与干扰元素的相对含量，这里可用系数 K_2 表示：

$$K_2 = \frac{K_1}{w(\text{Mg})_{残}}$$

$$K_1 = 4.4w(\text{Ti}) + 2.0w(\text{As}) + 2.3w(\text{Sn}) + 5.0w(\text{Sb}) +$$
$$290w(\text{Pb}) + 370w(\text{Bi}) + 1.6w(\text{Al})$$

式中　K_1——综合作用系数。

　　为了确定综合作用系数 K_2 对石墨形态的影响，有人分别用电弧炉和冲天炉熔制了以下成分（质量分数）的铁液：$w(\text{C}) = 3.5\% \sim 3.7\%$，$w(\text{Si}) = 2.3\% \sim 2.5\%$，$w(\text{Mn}) = 0.15\% \sim 0.32\%$，$w(\text{P}) = 0.13\% \sim 0.19\%$，$w(\text{S}) = 0.025\% \sim 0.14\%$。变质元素以 Fe-Ca-Si-Al-Ti-Mg 复合合金的形式处理铁液，经过大量的实验确定，当 $K_2 = 10 \sim 25$ 时，可得到蠕虫状石墨；当 $K_2 < 10$ 时，可得球状石墨；当 $K_2 \geqslant 25$ 时则为片状石墨[4]。

　　以镁为主的蠕化剂的化学成分、特点及应用见表 5-1。

表 5-1 镁系蠕化剂的化学成分、特点及应用[2]

蠕化剂	化学成分 （质量分数）/%	特　点	应　用
镁钛合金[17]	Mg 4.0 ~5.0 Ti 5 ~10.5 Ce 0.25 ~0.35 Ca 4.0~5.5 Al 1.0 ~1.5 Si 48.0 ~52.0 Fe 余量	熔点约 1000℃，密度 3.5g/cm³，合金沸腾适中，操作方便，白口倾向小，渣量少；适用于接近共晶成分，大量生产 $w(S)<0.03\%$ 的铁液，合金加入量 0.7% ~1.3%；但其回炉料残存 Ti，会引起钛的积累和污染问题	英、美等国应用较多，商品名为 FootcCG 合金（英国铸铁研究协会和美国 Foote 矿业公司研制并生产）
镁钛稀土合金[18]	Mg 4 ~6 Ti 3 ~5 RE 1 ~3 Ca 3 ~5 Al 1~2 Si 45~50 Fe 余量	基本同镁钛合金，与上面的镁钛合金相比，RE 量提高后有利于改善石墨形貌及提高耐热疲劳性能，延缓蠕化衰退，扩大蠕化范围；由于生铁本身已含一些钛，因此酌量减少蠕化剂中含钛量，可以减少外界带入的钛的污染和累积	第二汽车制造厂采用该合金在流水线上生产薄壁铸件
镁钛铝合金[19]	Mg 4~5 Ti 4 ~S Al 2~3 Ca 2.0~2.5 RE 0.3 Si 约50 Fe 余量	利用 Mg 作为蠕化元素，以 Ti、Al 作为干扰元素以增加生产稳定性	罗马尼亚应用于试生产大型铸钢锭和液压阀体

5.1.2 以稀土元素为主的蠕化剂

稀土是比较理想的变质元素，同时又具有很强的中和干扰元素的能力，单独使用稀土元素处理铁液即可得到蠕虫状石墨。稀土元素加入到铁液中首先与硫等元素反应，使铁液净化。用于脱硫所消耗的稀土含量为[2]：

$$轻稀土含量 = 3[w(S)_原 - w(S)_残]$$
$$重稀土含量 = 2.2[w(S)_原 - w(S)_残]$$

铁液净化后残留稀土元素对石墨起变质作用。要使石墨变质为蠕虫状，稀土元素残留量应在 0.045% ~0.075% 的范围内。当铸件壁厚等因素不同时，此值稍有差异。

纯稀土元素价格较高，蠕化处理时常常使用稀土合金。以稀土元素为主的蠕化剂可以分为五大类：混合稀土金属、稀土硅铁合金、稀土钙硅合金、稀土硅铁镁合金和稀土镁锌合金。

混合稀土合金分为低铈和高铈混合稀土金属，目前使用较多的是低铈混合稀土，稀土元素总量大于 99%，其中铈含量约 50%。采用这种蠕化剂比较容易得到蠕墨铸铁，其加入量视铁液硫含量而定，数据见表 5-2。

表 5-2　原铁液硫含量与混合稀土元素加入量的关系[4]　　　　（质量分数,%）

熔炼条件	硫含量	混合稀土元素加入量
冲天炉	0.003（CaC$_2$ 脱硫）	0.05
	0.063（CaC$_2$ 脱硫）	0.25
	0.076	0.67
感应炉	0.012	0.10
	0.132	1.05
	0.160	1.20

其余四种以稀土为主的蠕化剂都是含稀土合金，其成分和特点列于表 5-3。

表 5-3　含稀土合金蠕化剂的成分、特点与应用[2]

蠕化剂	化学成分（质量分数）/%	特　　点	应　　用
（1）稀土硅铁合金： FeSiRE21 FeSiRE24 FeSiRE27 FeSiRE30	RE 20~32 Mg<1 Ca<5 Si<45 Fe 余量	蠕化处理反应平稳，铁液无沸腾，稀土元素自扩散能力弱，需搅拌。回炉料无钛的污染，但白口倾向较大，合金加入量主要取决于合金中稀土含量、原铁液硫含量。 稀土硅铁合金（RE 21.5%）临界加入量为[20]： | w(S)/%	0.03	0.05	0.07	0.09	0.11
加入量/%	0.82	1.14	1.47	1.79	2.15	 一般稀土元素残留量为 0.045%~0.075%	在我国应用广泛，适用于冲天炉和电炉熔炼条件，生产中等和厚大铸件
（2）稀土钙硅铁合金： RECa13	RE 12~15 Ca 12~15 Mg<2 Si 40~50 Fe 余量	克服了稀土硅铁合金白口倾向大的缺点，但蠕化处理时合金表面易生成 CaO 薄膜，阻碍合金充分反应，剩余的往往漂浮到铁液表面卷入渣中，处理时需加氟石等助溶剂并搅拌铁液	最适用于电炉熔炼的高温低硫铁液制取薄、小蠕墨铸铁件，也有个别厂用于冲天炉铁液生产大中铸件

蠕化剂	化学成分 （质量分数)/%	特 点	应 用
（3）稀土硅铁镁合金	1) FeSiMg8RE7 合金： RE 6~8 Mg 7~9 Ca<4 Si 40~45 Fe 余量	有搅拌作用，但合金适宜加入量范围窄，若处理工艺不稳定易引起 Mg、RE 超过临界含量，影响蠕化效果的稳定性	国内有部分厂使用，也有的厂将该合金与稀土硅铁、稀土钙复合处理作引爆剂
	2) FeSiMg8RE18 合金： RE 17~19 Mg 7~9 Ca 3~4 Si 40~44 Fe 余量	有搅拌作用，蠕化效果稳定	日本商品名为 CVR-8，适于冲天炉高硫铁液
	3) FeSiMg3RE8 合金： RE 17~19 Mg 3~4 Ca 1.5~2.5 Si 43~47 Fe 余置	有搅拌作用，蠕化效果稳定	日本商品名为 CVR-3
（4）稀土镁锌合金[21]	14REMgZn3-3 合金： RE 13~15 Mg 3~4 Zn 3~4 Ca<5 Al 1~2 Si 40~44 Fe 余量	浮渣最少，有自沸腾能力，并且石墨球化倾向小，但适宜加入量的范围比稀土硅铁稍窄，且有烟雾	适用于冲天炉铁液，国内山东恒台蠕墨铸铁厂等使用

对铁液而言，稀土和镁都是强烈的变质元素。为了优化蠕化剂中稀土与镁的配比，有人仔细研究了两者不同配比时，对石墨形态的影响，其结果如图5-2所示[4]。

从图5-2中我们可以了解到，稀土和镁在比较宽的配比范围内，都可以得到蠕虫状石墨。但是，当稀土残留量较高而镁残留量较低时，镁含量的微小变动即可改变石墨的形态。同样，当镁残留量较高而稀土残留量较低时，稀土含量的微小变动也会影响石墨形态的稳定性。

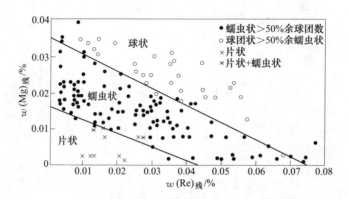

图 5-2　RE-Mg(Ti) 系蠕化剂变质处理的石墨形态与残留 RE、Mg 量的对应关系

5.2　蠕墨铸铁的化学成分

本节介绍蠕墨铸铁中五大常规元素、主要干扰元素、合金元素的作用及选择范围，关于蠕化元素镁和稀土的内容请参见蠕化剂一节。

5.2.1　五大常规元素

（1）碳、硅和碳当量。蠕墨铸铁的碳当量可以在一个比较宽的范围内变化，从亚共晶 $w(CE) = 3.7\%$ 到过共晶 $w(CE) = 4.7\%$。其中，碳含量为 $3.1\% \sim 4.0\%$，硅含量为 $1.7\% \sim 3.0\%$。为了使铁液有良好的铸造性能，一般常用的碳当量接近共晶或过共晶，即 $w(CE) = 4.3\% \sim 4.6\%$，$w(C) = 3.6\% \sim 4.1\%$，$w(Si) = 2.0\% \sim 3.0\%$（终硅）。碳和硅含量的确定可参考图 5-3。

提高碳当量，有助于减小白口倾向。但是碳当量提高会增加石墨数量，减少珠光体数量，从而使蠕墨铸铁的强度降低[13]。

（2）锰。锰在蠕墨铸铁中起稳定珠

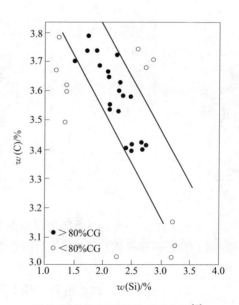

图 5-3　蠕墨铸铁最佳碳硅含量[3]

光体的作用，但是由于蠕墨铸铁中石墨分枝多，这种作用有所减弱。当 $w(\mathrm{Mn})<$ 1%时，对蠕墨铸铁的强度、硬度和石墨形态没有明显影响。一般生产铸态铁素体蠕墨铸铁时以 $w(\mathrm{Mn})<0.4\%$ 为宜。而生产高强度、高硬度蠕墨铸铁时，锰含量为 0.6~1.0%。对耐磨性有要求时，锰含量可高至 2.7%。

（3）磷。与灰铸铁及球墨铸铁相同，磷在蠕墨铸铁中由于增加磷共晶而降低蠕墨铸铁的韧性，提高脆性转变温度，因此，其含量应控制在 0.06% 以下。但是，磷元素以 $\mathrm{Fe_3P}$ 的形式在晶界析出可以提高铸件的耐磨性，因此，耐磨铸件中磷元素不能缺少[5]。

（4）硫。硫在蠕墨铸铁中大量消耗蠕化物元素，造成硫化物夹杂，当终硫含量大于 0.01% 时，蠕化效果很差。但同时硫的存在又在一定的范围内扩宽了蠕化剂的加入量范围。蠕墨铸铁生产中，要求硫含量低并保持稳定[6]。

5.2.2　常见干扰元素及合金元素[2,5,7]

（1）钛。钛是蠕墨铸铁中的球化干扰元素，抑制镁的球化作用，放宽镁的残留量，有助于稳定地获得蠕虫状石墨组织，同时可提高蠕墨铸铁的耐磨性。当用镁钛稀土合金处理铁液时，铁液中钛含量为 0.15%~0.5%，可获得蠕虫状石墨。钛的常用量为 0.1%~0.2%。

（2）铝。铝也是蠕墨铸铁中的球化干扰元素，其作用与钛相近。当铝含量为 0.3% 时，即使残留镁量为 0.05%，仍可得到蠕墨铸铁。在钛含量 0.06%~0.15% 和一定的残留镁的情况下，铝含量在 0.025%~0.09% 的范围内，可稳定地获得蠕墨铸铁。

（3）铜。在用镁铈处理的铸铁中，铜促成球状石墨。加入铜 1.0%，球状石墨含量约 60%。铜可增加和细化珠光体组织，降低白口倾向，提高蠕墨铸铁的强度、硬度和耐磨性。铜的常用量为 0.5%~1.5%。

（4）镍。镍可以改善蠕墨铸铁的铸态组织，细化和稳定珠光体，减小白口倾向，提高蠕墨铸铁铸态组织的均匀性。镍的加入量通常在 1.0%~1.5% 之间。

（5）锡。锡增加并稳定珠光体，加入量在 0.03%~0.05% 范围内，即可改善铸铁的综合性能。锡含量过高，铸铁的冲击韧性恶化。

5.3　蠕化处理工艺

5.3.1　蠕化处理方法

蠕墨铸铁的生产工艺与球墨铸铁相似，但是由于蠕化剂加入量过高或不足将引起过多的球状石墨或片状石墨，因此蠕化处理时工艺控制要求更为严格。在正确选择蠕化剂的前提下，合理选择蠕化处理工艺是保证蠕墨铸铁生产稳定的重要环节[14]。

原则上球化处理的工艺方法，如包底冲入法、盖包处理法、钟罩压入法等均可用于蠕墨铸铁的生产，这些方法详见第 4 章。我国蠕化处理主要采用以稀土元素为主的蠕化剂，使用这种蠕化剂的关键是如何使之迅速而均匀地被铁液吸收。针对这一问题，一些研究单位和工厂采用了以下处理方法[4]：

（1）用低沸点元素引爆：这种方法是在稀土硅铁合金中加入镁和锌各 3% 左右，利用镁和锌的气化沸腾搅拌铁液。镁和锌的用量根据铁液的温度确定，控制在 2.5~3.5min 内完成反应。铁液温度与镁锌总含量的关系为：1350~1370℃ 处理时为 8%，1380~1400℃ 处理时为 6%，温度更高时为 4%。这种方法的优点是可采用包底冲入法，操作工艺简单，吸收均匀，处理稳定；缺点是熔制合金比较麻烦[15]。

（2）炉内加入：当用电炉铁液生产蠕墨铸铁时，可将蠕化剂直接加入到炉内进行处理。这样既可使蠕化剂迅速熔化，又可在出铁时利用铁液的翻动完成搅拌。这种方法简便、稳定，但只适用于电炉熔化的生产条件。

（3）出铁槽随流加入法：当采用冲天炉熔炼铁液时，可以将稀土合金破碎成小于 7mm 的颗粒，在出铁过程中随流加到出铁槽中。这种方法操作简便、吸收率高，适用于冲天炉熔炼的生产条[16]。

（4）中间包处理：这种方法是在铁液流入包内前先与蠕化剂在中间包内混合，以加强铁液与蠕化剂的搅拌，促使变质元素迅速而均匀地被铁液吸收，如图 5-4 所示。

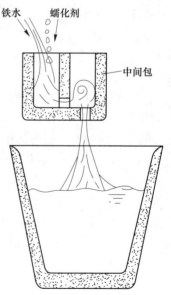

图 5-4　中间包处理
工艺示意图

这种方法吸收率高，处理效果稳定，但需要增加一个中间包，操作比较麻烦。

5.3.2　蠕化处理的炉前检验

与球墨铸铁相同，蠕墨铸铁的生产也要求炉前快速准确地判断蠕化效果，以便及时采取调整补救措施。

最常用也是最简单的炉前检验方法是浇铸三角试块。三角试块的尺寸见第 3 章。表 5-4 为三角试块的判断及调整措施[4]。值得注意的是，由于蠕化程度与冷却速度有关，而铸型条件一定时，铸件断面越厚，冷却速度越慢，因此三角试块不能完全反映铸件本体的蠕化情况。在实际生产中可以根据铸件的尺寸重新设计三角试块。

表 5-4 三角试块判断

断口颜色	侧面凹陷程度	蠕化情况	调整措施
银灰色	中等	良好	
银灰色	无	临界	补加蠕化剂
银灰色	严重	球过多	补加铁液
银灰色、白口大	无	不成	补加蠕化剂及孕育剂
黑灰色	无	不成	补加蠕化剂

在必要的时候可以用热分析法检验蠕化处理的效果，预测铸件的组织。图 5-5 为不同铸铁的冷却曲线。

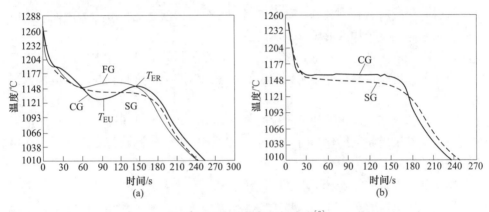

图 5-5 不同铸铁的冷却曲线[8]

(a) 亚共晶铸铁；(b) 过共晶铸铁

由图 5-5 (a) 可以看出，对于亚共晶铸铁，蠕墨铸铁的共晶转变温度 (T_{EU}) 低于球墨铸铁和灰铸铁，而共晶结束的温度 (T_{ER}) 介于灰铸铁和球墨铸铁之间。因此，判断球化效果的一个简单方法是考察 $\Delta T = T_{ER} - T_{EU}$。对于用稀土合金处理的蠕墨铸铁，$\Delta T$ 应为 25~30℃。对于用镁合金处理的蠕墨铸铁，ΔT 应大于 10℃[9]。

对于过共晶成分的铸铁，如图 5-5 (b) 所示，球墨铸铁和蠕墨铸铁的过冷度都比较大，此时不能用简单的方法区别这两种铸铁，而需要依靠计算机辅助微分热分析（CADTA），这方面的资料可参见相关文献[2]。

改进后的氧浓度差电池测氧技术也可用于测定蠕化效果[10]。将测头插入铁液后 10s 内即可测得铁液和参比电极之间氧浓度差电动势 E_0，根据 E_0 与蠕化率之间的良好对应关系，可以较为精确地预报蠕化率等级。在铁液成分和蠕化剂成分稳定的情况下，随着氧电动势 E_0 的增加，石墨组织蠕化率下降，而球化率上升。

铸铁的蠕化处理效果，还可以通过快速金相检验、断口分析、音频检测、超声波检测、缩前膨胀测定等方法检测。

5.3.3　影响蠕化处理效果的主要因素

影响蠕化处理效果的因素主要有以下四个方面:

(1) 原铁液硫含量;

(2) 处理温度;

(3) 蠕化剂的选择及加入量;

(4) 处理操作。

原铁液中的硫含量是影响蠕化效果的主要因素。硫与镁和稀土有很强的亲和力,当蠕化剂加入到铁液中时,它首先与铁液中的硫发生化学反应,形成硫化物,只有硫化反应后有剩余蠕化剂存在时,才会对铁液起变质作用。因此,铁液中硫含量越高,要求加入的蠕化剂就越多。

为了降低蠕化剂的加入量,熔炼硫含量较低的原铁液是十分重要的。在生产中,应尽量选择硫含量较低的生铁和焦炭。当原铁液中硫含量较高时,应采取预脱硫措施。

铁液处理温度对蠕化剂的吸收率有重要影响。铁液温度越高,蠕化剂的烧损越大。尤其是采用镁系蠕化剂时,铁液温度越高,镁的沸腾越强烈。因此,在保证处理后铁液充型能力的前提下,蠕化处理温度应尽可能低。

蠕化剂的选择和加入量不仅影响蠕化效果,而且影响蠕墨铸铁的铸态组织和力学性能。蠕化剂的选择和加入量既要考虑原铁液中硫等干扰元素的含量,又要考虑对蠕墨铸铁铸态组织和力学性能的要求。具体方法参见第 5.1 节。

处理操作对蠕化处理效果有直接影响。蠕化剂成分的均匀性、块度、覆盖情况、铁液的定量与扒渣等都影响蠕化处理效果。因此,蠕墨铸铁生产在操作上要求格外严格,没有严格的管理体制和操作监督制度是无法稳定生产蠕墨铸铁的。

5.4　蠕墨铸铁的铸造性能及铸造工艺特点

5.4.1　流动性

铁液的流动性主要取决于铁液中碳和硅的含量及浇铸温度。当铁液的化学成分一定时,其凝固特性对流动性起重要作用。图 5-6[3] 为同样化学成分的铁液在同样浇铸温度下得到灰口铸铁、蠕墨铸铁和球墨铸铁时,各种铸铁的流动性螺旋试样。

由图 5-6 可以看出,蠕墨铸铁的流动性与灰口铸铁相近,而远远好于球墨铸铁。由于实际生产中蠕墨铸铁的碳当量一般在共晶点附近甚至过共晶,因此其流动性实际上比灰口铸铁还要好。

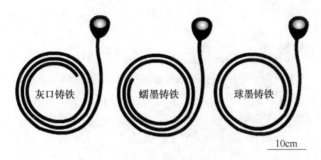

图5-6 灰口铸铁、蠕墨铸铁、球墨铸铁的螺旋流动试样

5.4.2 收缩性

铁液凝固过程中石墨析出的形态对铁液的缩前膨胀和体积收缩有重要影响，而这两者又直接决定了铸件的缩孔和缩松。各种铸铁的线收缩特性试验[4]表明，灰口铸铁的缩前膨胀值为0.15%～0.25%、蠕墨铸铁为0.3%～0.5%、球墨铸铁为0.5%～0.7%，各种铸铁共析转变后的收缩值基本相同，数值为0.8%～1.0%。

用黏土砂湿型浇铸直径为76mm的球体，测定其缩孔体积，结果（见图5-7）表明，蠕墨铸铁的缩孔体积与灰铸铁相近，而比球墨铸铁小得多。

对于砂型铸造共晶成分的铸铁，据报道灰口铸铁的体收缩为4.1%，蠕墨铸铁为4.8%，而球墨铸铁为7.0%[12]。

由于蠕墨铸铁的收缩特性与灰口铸铁相近，比球墨铸铁好得多，因此在蠕墨铸铁的生产中，要获得无缩孔的致密铸件比球墨铸铁容易得多，而比灰铸铁稍微困难一些。当灰铸铁件改为蠕铸铁件时，其浇铸和补缩系统基本上可以不变。

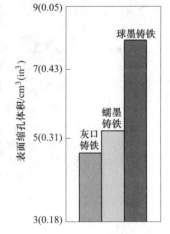

图5-7 灰口铸铁、蠕墨铸铁、球墨铸铁的缩孔比较[11]

5.4.3 铸造应力

蠕墨铸铁的铸造应力比灰口铸铁大得多，但比球墨铸铁小，其值与合金铸铁相近。因此用蠕墨铸铁生产铸件时，应重视消除应力退火。表5-5[4]是用应力框测定的各种铸铁的铸造应力，供参考。

表5-5 各种铸铁的铸造应力 （MPa）

材 质	灰口铸铁	合金铸铁	蠕墨铸铁	球墨铸铁
铸造应力	52.3	106.3	122.0～137.3	180.0

5.4.4　白口倾向

　　蠕墨铸铁的白口倾向比灰口铸铁大，比球墨铸铁小；增加碳当量和加强孕育，可减小白口倾向。而采用过多的蠕化剂也会增加白口倾向，其中以稀土元素为主的蠕化剂促进白口的能力较强，以镁为主的蠕化剂促进白口的倾向较小。因此，生产薄壁蠕墨铸铁件一定要控制蠕化剂的加入量，同时要加强孕育处理。

参 考 文 献

［1］梁敬凡. 低镧镁硅铁合金的蠕化处理特性研究［D］. 西安：西安理工大学，2018.

［2］中国铸造工程学会铸造专业学会. 铸造手册（第一卷　铸铁）［M］. 北京：机械工业出版社，1993：383-405.

［3］American Society for Metals. Casting Metals. Parle［M］. Metals Handbook，1988：667-691.

［4］黄惠松. 蠕墨铸铁［M］. 北京：清华大学出版社，1982.

［5］杨燕霞. 新型蠕铁制动鼓材料的制备及其性能研究［D］. 济南：山东大学，2016.

［6］康瑞. 稀土蠕化剂加入量对蠕墨铸铁组织和性能的影响［D］. 呼和浩特：内蒙古工业大学，2016.

［7］北京机械工程学会铸造专业学会. 铸造技术数据手册［M］. 北京：北京机械工程学会，1993：9.

［8］Stefanescu D M. Solidification of flake，compacted/vermicular and spheroidal graphite cast irons as revealed by thermal analysis and directional solidification experiments［M］. MRS Online Proceedings Library Archive，1984：34.

［9］Stefanscu D M，et al. Cooling Curve Strucure Analysis of Compacted/Vremicular Graphite Cast Irons Produced by Different Melt Treatments［J］. Trans AFS，1982，90：333.

［10］黄惠松，等. 固态电解质浓差测氧探头［P］. 中国专利，85200018-4.

［11］Sergeant G F，Evans E R. The Production and Properties of Compacted Graphite Irons［J］. Br Foundryman，1978，71：115.

［12］Stefanescu D，Dinescu L，Craciun S，et al. Production of vermicular graphite cast irons by operative control and correction of graphite shape［M］. 46th International Fountry Congress，Madrid，1979：37.

［13］江长. 蠕墨铸铁离合器压盘铸件残余应力的研究［D］. 合肥：合肥工业大学，2021.

［14］何帅伟，金伟，段素红，等. 蠕墨铸铁生产中蠕化处理工艺对比分析［J］. 现代铸铁，2021，41（6）：11-14.

［15］王峰，班云峰. 蠕墨铸铁的性能特点和生产控制［J］. 现代铸铁，2020，40（2）：19-24.

［16］林鹏. 稀土蠕墨铸铁蠕化处理及机理研究［D］. 镇江：江苏科技大学，2015.

［17］Girsovitch N G. Spravotchnik potchugunomu litja（Cast Iron Handbook）［J］. Mashinostrojenie，

1978.

[18] 布·刘克斯，等. 铸铁冶金学（中译本）[M]. 上海工业大学，等译. 北京：机械工业出版社，1983.

[19] Wetterfall S E，Fredriksson H，Hillert M. Solidification Process of Nodular Cast Iron [M]. Iron Steel Inst，1972.

[20] Lux B，Mollard E，Minkoff I. Formation of Envelopes Around Graphite in Cast Iron [C] // Proceedings of the Proc 2nd Internat Symposium on the Metallurgy of Cast Iron，1976：371-403.

[21] Peiyue Z，Rozeng S，Yanxiang L. Effect of Twin/Tilt on the Growth of Graphite [J]. North Holland：Proceedings of the Materials Research Society，1985，34：3-11.

6　合金元素在铸铁中的作用及合金铸铁

在铸铁中加入一定的合金元素可以改变铸铁的铸态或热处理后的组织，从而改变其物理性能和化学性能。我们把含有一定数量的合金元素，从而具有特定的物理或化学性能的铸铁称为合金铸铁。本章主要介绍合金铸铁中常见合金元素在铸铁中的作用，以及合金铸铁的组织与性能特点。

6.1　铬在铸铁中的作用及铬系耐磨铸铁

6.1.1　铬对铁碳相图的影响及含铬碳化物

为了更好地了解铬在铸铁中的作用，首先介绍有关相图。图 6-1 是 Fe-Cr 二元相图[1]。在 Fe-Cr 相图中，γ 相区接近于环弧状，与 Fe-C 相图的 γ 相区相比，

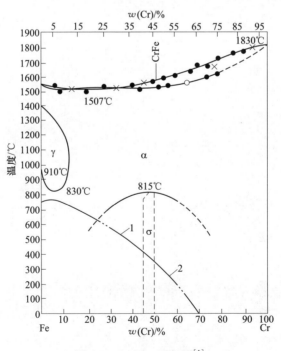

图 6-1　Fe-Cr 二元相图[1]

1—非平衡磁性转变线；2—平衡磁性转变线

其温度范围要小一些，而成分范围更大一些。在该相图中存在着 σ 相区，这种相为脆性相。

图 6-2 为杰克逊（Jackson）用热分析法得到的 Fe-C-Cr 三元相图的液相面投影图。

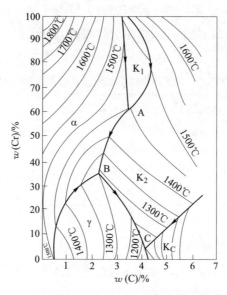

图 6-2　Fe-C-Cr 三元合金的液相面图[2]

图 6-2 表明，Fe-C-Cr 合金凝固时，随合金成分的不同，可以析出 α、γ、K_1、K_2、K_C 五种不同的相。在这五种相中，α 和 γ 是固溶体相，其余三种相为结构不同的碳化物相，它们分别为：

$$K_1 = (Cr, Fe)_{23}C_6$$
$$K_2 = (Cr, Fe)_7C_3$$
$$K_C = (Cr, Fe)_3C$$

按照杰克逊提出的相图，在准稳态时 Fe-Cr-C 三元合金有三个包共晶反应和一个包共析反应，即：

1449℃时，
$$L + K_1 \rightarrow \alpha + K_2$$
1292℃时，
$$L + \alpha \rightarrow \gamma + K_2$$
1184℃时，
$$L + K_2 \rightarrow \gamma + K_C$$
795℃时，
$$\gamma + K_2 \rightarrow \alpha + K_C$$

这三种碳化物的晶体结构类型及其溶解碳和铬的能力见表 6-1。由图 6-2 可以看出，铬对铁碳合金中碳化物的相结构有重要影响。当铬含量很低时，铁碳合金中的碳化物为 K_C；铬含量较高时，碳化物主要为 K_2；而只有当铬含量大于 60% 时，才可以在很窄的含碳量范围里析出 K_1 相。这些碳化物可以和 γ 相形成共晶体，如果合金是亚共晶成分，则凝固时先析出 γ 相，当铁液成分达到共晶成分时，析出 γ 相和碳化物共晶体；如果合金是过共晶成分，则先析出碳化物，然后析出共晶体。

表 6-1　Fe-C-Cr 中碳化物结构类型及其溶解碳和铬的能力[3,4]

碳化物类型	晶格结构	晶格常数/nm	密度/g·cm^{-3}	溶解 C、Cr 的能力
$(Cr,Fe)_3C$	斜方晶系	$a = 0.452$ $b = 0.509$ $c = 0.674$	7.67	6.67%C<20%Cr
$(Cr,Fe)_{23}C_6$	面心立方晶系	$c = 1.064$	6.97	5.6%C<59.0%Cr
$(Cr,Fe)_7C_3$	六方晶系	$a = 0.688$ $b = 0.454$	6.92	9%C，与 α 相平衡时，$w(Cr) = 26.6\% \sim 70\%$

通过 γ 三角区右边的斜线，可以大致估算出获得全共晶组织时铸铁中铬和碳含量的关系，结果见表 6-2[3]。

表 6-2　铸铁中全共晶组织时 Cr 和 C 含量的关系[3]　（质量分数,%）

Cr	C
15	3.6
20	3.2
25	3.0

图 6-3 为 Fe-C-Cr 三元相图中铬含量分别为 5%、13% 和 25% 的等铬量垂直截面图[5]，从中我们可以了解到不同成分的 Fe-C-Cr 合金冷却过程中的组织转变。

许多学者的研究表明，铬对 Fe-C 相图有以下影响：

（1）减小 γ 相区，并使共析点左移，γ 相中碳的最大溶解度降低，当铬含量达到 20% 时 γ 相区缩为一点，不再有单独的 γ 相存在。

（2）使 δ 相的稳定温度降低。

（3）使 α 相的稳定温度升高。

（4）随着铬含量的提高，碳化物由 $(Fe,Cr)_3C$ 型依次向 $(Fe,Cr)_7C_3$ 和 $(Fe,Cr)_{23}C_6$ 型转变。由于铬对铁碳合金组织的上述影响，使铬在耐磨铸铁中得到广泛应用。

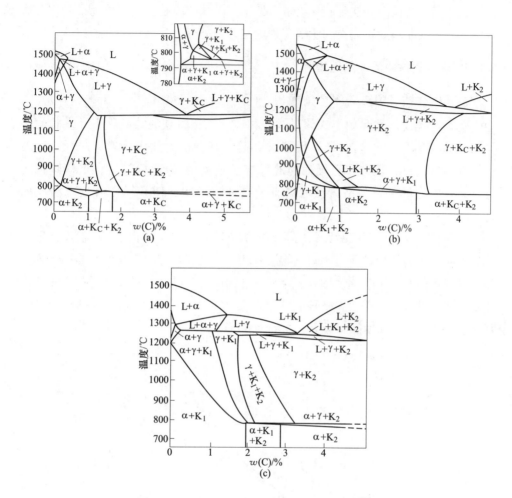

图 6-3 Fe-C-Cr 三元相图等铬量垂直截面图[5]

（a）Cr 5%；（b）Cr 13%；（c）Cr 25%

K₁—(Cr,Fe)₂₃C₆；K₂—(Cr,Fe)₇C₃；K_C—(Cr,Fe)₃C

6.1.2 含铬铸铁中的初生碳化物

T. 奥希德（T. Ohide）用碳含量为 4.3% 的过共晶铸铁研究了不同铬含量对铸铁中初生碳化物的影响[6]。结果表明，当铬含量为 2%～5% 时，铸铁中初生碳化物为（Fe,Cr）₃C 型，试样由外表向中心逐层凝固。随着铬含量的提高，试样体积凝固特征增强，当铬含量为 20%～30% 时，初生碳化物为（Fe,Cr）₇C₃ 型，试样具有明显的体积凝固特征。用扫描电镜观察初生碳化物的形貌，（Fe,Cr）₃C 型碳化物为表面带有沟槽的片状，而（Fe,Cr）₇C₃ 型为相互交织的六角形杆状。

在过共晶高铬铸铁中，初生碳化物常常处于共晶区的中心。由此可以推断，在这种条件下，共晶转变首先在初生碳化物周围开始进行。

6.1.3　含铬铸铁中的共晶组织

在莱氏体共晶中渗碳体是领先相。而对于高铬铸铁而言，在 $(Fe, Cr)_7C_3$ 型碳化物与奥氏体共晶中奥氏体是领先相[5]。高铬铸铁的共晶属于纤维状的小晶面（碳化物）-非小晶面（奥氏体）共晶，其特征是奥氏体连成一片，在奥氏体或其转变产物上分布着硬而脆的纤维状碳化物 $(Fe, Cr)_7C_3$，这些碳化物有许多是空心纤维，高铬铸铁所具有的这种组织特征使其韧性有一定程度的提高[6]。

共晶转变的温度区间对铸铁的共晶组织形貌有影响。当共晶转变温度区间较小时，共晶区的外形较平坦，碳化物尺寸较小，而且均匀。铬含量对高铬铸铁共晶转变温度区间有影响[7]。图 6-4 为实测铬含量与共晶转变温度区间的关系。从图 6-4 中可以看出，铬含量 30% 时共晶转变区间最小，只有 20℃ 左右；铬含量 15% 时，共晶转变温度区间最大，大约为 65℃。

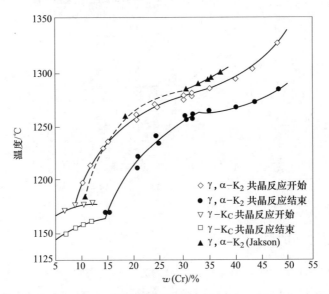

图 6-4　共晶转变温度与铬含量的关系[7]

6.1.4　铬系耐磨铸铁

按照含铬铸铁的组织结构和使用情况，铬系铸铁可以分为三大类[8]：

（1）具有良好高温性能的铬系白口铸铁：这种铸铁铬含量为33%，其组织多数为奥氏体和铁铬碳化物，有时也出现铁素体。这种合金除具有一定的耐磨性外，在温度不高于1050℃的工作条件下，具有良好的抗氧化性能，也适用于在低腐蚀条件下工作。

（2）具有良好耐磨性的铬白口铸铁（简称高铬铸铁）：这种铸铁中除含有12%~20%的铬外，还含有适量的钼。这类铸铁凝固后的组织为（Fe,Cr)$_7$C$_3$型碳化物和γ相。在随后的冷却过程中，γ相可部分或全部转变为马氏体。当基体全部为马氏体时，这种合金的耐磨性能最好。如果基体中存在部分残余奥氏体，则在载荷作用下，在磨损过程中仍会有一些残余奥氏体转变为马氏体。为了获得良好的耐磨性能，希望这种合金中的奥氏体全部转变为马氏体。但在铸态下，这种转变往往是不充分的，因此这种合金通常要进行热处理[9~12]。

（3）低铬合金白口铸铁：与普通白口铸铁相比，这种铸铁中碳化物的稳定性更好。这是因为在这种合金的凝固过程中，铬可以完全溶入碳化物中，而使凝固后得到的碳化物相稳定而不分解。

目前在高合金白口铸铁中使用最广泛的是高铬铸铁，下面详细介绍这种铸铁。

6.1.4.1　高铬铸铁的化学成分与组织

高铬铸铁中的主要合金元素是铬，铬含量在10%以上时才能可靠地得到(Fe,Cr)$_7$C$_3$型碳化物。铬除形成碳化物外，还有一部分固溶于γ相中，提高其淬透性。高铬铸铁的淬透性与铬和碳的含量有关，随铬碳比的增加，淬透性提高，高铬铸铁的铬碳比通常为4~8。

高铬铸铁的性能与其碳化物的含量有直接关系，提高碳化物含量，可以提高其抗磨性，但韧性和淬透性降低。高铬铸铁中碳化物的含量与其碳和铬的含量有关，其定量关系可由下式表示[13]：

$$w(K) = 11.3w(C) + 0.5w(Cr) - 13.4$$

由上式可见，提高碳和铬的含量，可提高碳化物的百分含量K，其中碳的作用比铬大得多。

为了提高高铬铸铁的淬透性，往往在高铬铸铁中加入一定的合金元素，这些元素通常是钼、镍、铜等。有时高铬铸铁中还含有少量的钒、硼等元素，其中钒可以使碳化物球化，并细化高铬铸铁的组织，从而使其韧性提高；硼可促进碳化物的形成，并固溶于金属基体中，提高其显微硬度。

美国Climax钼公司高铬铸铁的成分和硬度见表6-3。

表6-3　美国 Climax 钼公司高铬铸铁成分和硬度[14]

项目		15-3（Cr15%-Mo3%）				15-2-1（Cr15%-Mo2%-Cu1%）	20-2-1（Cr20%-Mo2%-Cu1%）
		超高碳	高碳	中碳	低碳		
化学成分（质量分数）/%	C	3.6~4.3	3.2~3.6	2.8~3.2	2.4~2.8	2.8~3.5	2.6~2.9
	Cr	14~16	14~16	14~16	14~16	14~16	18~21
	Mo	2.5~3	2.5~3	2.5~3	2.4~2.8	1.9~2.2	1.4~2.0
	Cu	—	—	—	—	0.5~1.2	0.5~1.2
	Mn	0.7~1.0	0.7~1.0	0.5~0.8	0.5~0.8	0.6~0.9	0.6~0.9
	Si	0.3~0.8	0.3~0.8	0.3~0.8	0.3~0.8	0.4~0.8	0.4~0.9
	S	<0.05	<0.05	<0.05	<0.05	<0.05	<0.05
	P	<0.10	<0.10	<0.10	<0.10	<0.06	<0.06
空冷时不析出珠光体的最大断面/mm		—	70	90	120	200①	>200
硬度（HRC）	铸态	—	51~56	50~54	44~48	50~55	50~54
	淬火	—	62~67	60~65	5~63	60~67	60~67
	退火	—	40~44	37~42	35~40	40~44	38~43

① 碳为下限时，大断面中可能出现贝氏体。

表6-3 中的 15-3 牌号中，高铬铸铁又按碳的高低分为四类，其中低碳的韧性好但硬度低，适合于冲击载荷比较大的工况；高碳的硬度高，但韧性相对较差，适合于冲击载荷较小的场合。

6.1.4.2　高铬铸铁的铸造性能

高铬铸铁的铸造性能较差。表6-4 为几种含铬铸铁的铸造性能，由于高铬铸铁的导热性低，塑性差，收缩大，其热裂和冷裂的倾向都比较大。

表6-4　几种含铬铸铁的铸造性能[13]

铸铁及其主要成分（质量分数）/%	温度/℃		密度/g·cm⁻³	收缩/%		流动性（1400℃）/mm	热裂倾向等级
	液相线	固相线		线收缩	体收缩		
Ni-Hard 2	1278~1235	1145~1150	7.72	1.9~2.2	8.9	310~500	1~2
高铬白口铸铁（C 2.8，Cr 28，Ni 2）	1290~1300	1255~1275	7.46	1.65~2.2	7.5	300~400	3~4
高铬白口铸铁（C 2.8，Cr 17，Ni 3，Mn 3）	1280~1300	1240~1265	7.55~7.63	1.9~2.2	7.5	370~500	3~4

铸铁及其主要成分（质量分数）/%	温度/℃		密度/g·cm⁻³	收缩/%		流动性（1400℃）/mm	热裂倾向等级
	液相线	固相线		线收缩	体收缩		
珠光体白口铸铁	1340~129	1145~115	7.66	1.8	7.75	230~260	<1
高铬白口铸铁（C 2.8，Cr 12，Mo 1）	1280~1295	1220~122	7.63	1.8~1.85	7.8	500~560	2~3
高铬白口铸铁（C 2.8，Cr 30，Mn 3）	1290~1300	1270~1280	—	1.7~1.9	—	375~400	—

6.1.4.3 高铬铸铁的热处理[13]

要获得具有理想的金相组织和良好的耐磨性的高铬铸铁，热处理是十分重要的环节。图 6-5 为一种高铬铸铁的等温转变曲线。

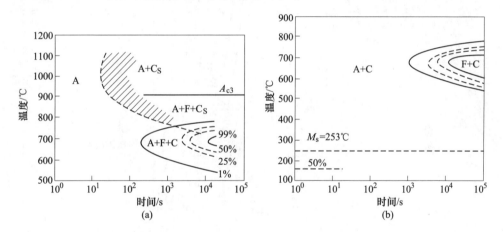

图 6-5 高铬铸铁等温转变曲线[13]

（a）未去稳定处理；（b）去稳定处理（1000℃/20min）

（高铬铸铁成分（质量分数）：C 2.45%，Cr 20.2%，Mo 1.52%）

图 6-5（b）中去稳处理是指升温至奥氏体化温度，析出二次碳化物，使奥氏体中的碳及其他合金元素含量有所降低，从而使奥氏体的稳定性也有所降低的处理过程。若把珠光体转变鼻子在时间轴上的位置称为珠光体时间，则珠光体转变时间（$\tau_珠$，s）与合金成分的关系可用下式计算：

$$\lg\tau_珠 = 2.61 - 0.51w(C) + 0.05w(Cr) + 0.37w(Mo)$$

此式适用于下述成分（质量分数）的合金：C 1.95%~4.31%，Cr 10.8%~25.8%，Mo 0.02%~3.80%。

对于连续冷却过程可以采用连续冷却转变曲线（CCT 曲线）。图 6-6 为一种高铬铸铁的连续冷却转变曲线[13]，由该图可以预计不出现珠光体的临界试棒尺寸。对于不同成分的高铬铸铁，不出现珠光体的临界试棒尺寸可用下式估算（D, mm）：

$$lgD = 0.32 + 0.158 \frac{w(Cr)}{w(C)} + 0.385 w(Mo)$$

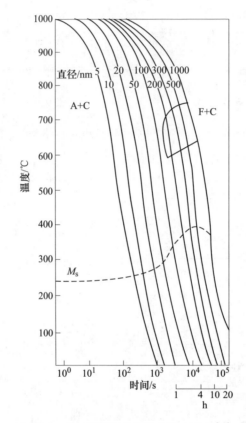

图 6-6　高铬铸铁的连续冷却转变曲线[13]

（高铬铸铁成分（质量分数）：C 2.45%，Cr 20.2%，Mo 1.52%，奥氏体化处理：1000℃/20min）

6.2　硅在铸铁中的作用及高硅铸铁

6.2.1　硅在铸铁中的作用

硅是铸铁中的常规元素之一，它在普通铸铁中的含量一般不超过 3%。硅对铁碳相图的影响已在第 1 章介绍。在普通铸铁中，硅的主要作用是促进铁液按稳定系转变，即促进石墨的析出。但是，当硅含量超过 3% 时，硅作为一种重要的合金元素，对铸铁的组织和性能产生重要影响。

　　当硅含量为 4%～6% 时，无论是灰口铸铁还是球墨铸铁，其基体组织通常为稳定的铁素体；由于此时铁素体在 900℃ 以下不会发生相变，因而这种铸铁具有良好的高温组织稳定性。同时，硅促进铸铁表面形成一种含有硅酸铁的致密氧化膜，降低铸铁在高温下的氧化速度。因此，这种成分范围的铸铁是成本低廉的良好的耐热材料[15]。

　　由于硅含量的增加会导致铸铁中铁素体含量的增加，因而其强度下降，伸长率和冲击韧性提高。值得注意的是，随着硅含量的增加，铁素体逐渐脆化。因此，当硅含量达到一定值时，硅含量继续提高将使球墨铸铁的抗拉强度、伸长率及冲击韧性均降低，如图 6-7 所示[13]。

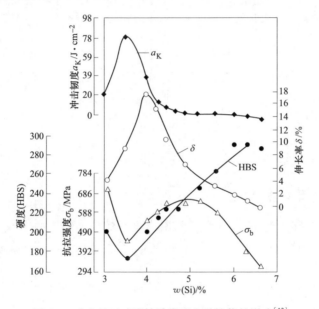

图 6-7　硅含量对球墨铸铁常温力学性能的影响[13]

　　进一步提高铸铁中的硅含量，铸铁的耐腐蚀性能提高。当硅含量超过 14% 时，其耐腐蚀性提高十分显著，这种高硅铸铁是一种良好的耐腐蚀材料。但是当硅含量超过 16% 时，铸铁明显变脆，并难以加工[16]。最常用的高硅铸铁的硅含量为 14%～16%。高硅铸铁之所以有高的耐腐蚀性，是因为在适当的介质条件下，高硅铸铁的表面形成了一层致密的二氧化硅保护膜。当硅含量低于 14% 时，铸铁的耐腐蚀性受氧化铁膜控制；当硅含量高于 14% 时，耐腐蚀性受二氧化硅膜控制。因此高硅耐蚀铸铁的硅含量一定要大于 14%[17]。

　　图 6-8 是 Fe-Si 二元相图[18]。从图 6-8 中可见，γ 相区是一个半弧形封闭区，其面积较 Fe-C 合金小得多。随着硅含量的提高，其组织由 α-Fe 开始依次为 α_2、α_1、Fe_2Si、Fe_5Si_3、$FeSi$、α-$FeSi_2$ 及 β-$FeSi_2$ 等高硅相。

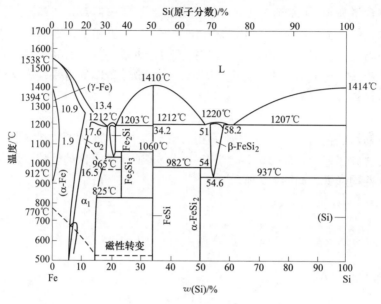

图 6-8　Fe-Si 二元相图[18]

6.2.2　硅系铸铁

6.2.2.1　硅系耐热铸铁

如前所述，硅含量 4%~6% 的铸铁具有良好的高温组织稳定性和高温抗氧化性，因此是良好的耐热材料。由于这种铸铁综合性能较好，成本低廉，因此得到了广泛的应用。

硅系耐热铸铁的牌号、化学成分、性能及金相组织见表 6-5，其高温短时抗拉强度、抗氧化抗生长性能分别见表 6-6~表 6-8[13]。

表 6-5　硅系耐热铸铁的牌号、成分及性能[13]

铸铁	化学成分（质量分数）/%						抗拉强度/MPa	伸长率/%	硬度 HBS	冲击韧性/J·cm⁻²	珠光体/%	渗碳体/%
	C	Si	Mn	P	S	Cr						
RTSi5	2.30~2.89	4.5~5.5	0.5~0.77	0.06~0.09	0.062~0.089	0.38~0.49	140~220	—	160~270	0.98~2.94	—	0
RQTSi4	2.32~3.35	3.5~4.5	0.17~0.69	0.06~0.12	0.012~0.028		510~755	6~18	187~269		35~50	0
RQTSi5	2.2~3.4	4.5~5.5	0.2~0.72	0.03~0.07	0.010~0.030		431~794	1~5	228~302		15~50	0
RQTSi4Mo	3.05~3.51	3.5~4.5	0.24~0.56	0.05~0.09	0.010~0.030	Mo 0.29~0.61	578~695	5~15	197~280	3.92~4.9	25~50	0

表6-6 硅系耐热铸铁的高温短时抗拉性能[13]

铸铁	化学成分（质量分数）/%			抗拉性能					
				600℃		700℃		800℃	
	C	Si	Mo	抗拉强度/MPa	伸长率/%	抗拉强度/MPa	伸长率/%	抗拉强度/MPa	伸长率/%
RTSi5	2.41	5.15	—	—	—	41	2.6	27	2.9
RQTSi5	2.65	4.94	—	—	—	67	74.0	30	98.9
RQTSi4	2.25	4.50	—	—	—	75	52.2	35	67.0
RQTSi4Mo	3.50	4.00	0.59	225.4	12.4	101	53.0	46	58.5

表6-7 硅系耐热灰铸铁的抗氧化抗生长性能[13]

铸铁	化学成分（质量分数）/%						抗氧化性能			抗生长性能		
	C	Si	Mn	P	S	Cr	试样温度/℃	保温时间/h	氧化平均速度/g·(m²·h)⁻¹	试样温度/℃	保温时间/h	生长率/%
RTSi5	2.84	4.62	0.44	0.058	0.037	0.64	700	500	0.619	700	150	0.31
							800	1000	1.568	800	150	0.63
	2.61	5.09	0.54	0.14	0.083	0.16	900	150	3.56	900	150	0.84

表6-8 硅系耐热球墨铸铁的抗氧化抗生长性能[13]

铸铁	化学成分（质量分数）/%							抗氧化性能			抗生长性能		
	C	Si	Mn	P	S	Mg	RE	试验温度/℃	保温时间/h	氧化平均速度/g·(m²·h)⁻¹	试验温度/℃	保温时间/h	生长率/%
RQTSi4	3.32	3.55	0.38	0.052	0.025	0.035	0.025	700	500	0.7081	700	150	0.08
											800	150	0.17
RQTSi5	2.34	4.40	0.27	0.035	0.020	0.055	0.070	700	500	0.4480	700	150	0.05
								800	500	0.4054	800	150	0.16
	2.65	4.94	0.20	0.048	0.025	0.041	0.055	900	500	1.7080	800	150	0.1
											900	150	0.44
	2.09	5.40	0.30	0.048	0.017	0.064	0.066	800	500	0.0352	—	—	—
								900	500	0.4872			
RQTSi4Mo（Mo 0.61）	3.41	3.57	0.52	0.076	0.019	0.039	0.037	700	500	0.5623	700	150	0.07

6.2.2.2 硅系耐蚀铸铁

硅系耐蚀铸铁的硅含量一般在 14% ~ 16% 之间，其碳含量一般为 1% 左右，其碳当量应当控制在共晶成分或共晶点附近的过共晶成分[19]。碳当量低于共晶成分，铁液的流动性降低，而且铸铁的硬度和脆性较高。碳当量过高，会析出粗大的石墨组织，加剧腐蚀；碳当量过低，引起严重的组织疏松。硅系耐蚀铸铁的化学成分及力学性能见表 6-9[17]。

表 6-9 硅系耐蚀铸铁的化学成分及力学性能[17]

| 牌 号 | 化学成分（质量分数）/% | | | | | | | | RE | σ_ω /MPa | f /mm | 硬度 HRC |
	C	Si	Mn	P	S	Cr	Cu	Mo				
STSi15R	≤1.00	14.25 ~ 15.75	≤0.50	≤0.10	≤0.10	—	—	—	≤0.10	140	≥0.66	≤48
STSi17R	≤0.80	16.00 ~ 18.00	≤0.50	≤0.10	≤0.10	—	—	—	≤0.10	130	≥0.66	≤48
STSi11CrCu2R	≤1.20	10.00 ~ 12.00	≤0.50	≤0.10	≤0.10	0.60 ~ 0.80	1.80 ~ 2.20	—	≤0.10	190	≥0.80	≤42
STSi15Mo3R	≤0.90	14.25 ~ 15.75	≤0.50	≤0.10	≤0.10	—	—	3.00 ~ 4.00	0.10	130	≥0.66	≤48
STSi15Cr4R	≤1.40	14.25 ~ 15.75	≤0.50	≤0.10	≤0.10	4.00 ~ 5.00	—	—	0.10	130	≥0.66	≤48

硅系耐蚀铸铁在如醋酸、磷酸、硝酸、硫酸、铬酸及温度不高的盐酸等大多数介质中具有良好的耐腐蚀性，表 6-10 给出了硅系耐蚀铸铁的一些腐蚀数据。

表 6-10 硅系耐蚀铸铁的一些腐蚀数据[17]

牌 号	介质及其浓度	温度/℃	腐蚀率/mm·a⁻¹
STSi15R	硫酸 10%	60	0.3152
	硫酸 10%	96	0.3742
	硫酸 80%	60	0.1482
	硫酸 80%	96	0.1627
	硝酸 50%	90	0.4278
	苛性钠 34%	90	0.1443
	醋酸 80%	100	0.0064
	醋酸 99%	100	0.0048
	醋酸 50%	沸腾	0.03
	硝酸 30%	沸腾	0.17
	硝酸 65%	80	0.0072
	硫酸 10%	沸腾	0.20
	氨液（现场）	40	0.0451
	链霉素酸液（现场）	80	0.1978

牌　号	介质及其浓度	温度/℃	腐蚀率/mm·a⁻¹
STSi11CrCu2R	硝酸 30%	20	0.0636
	硝酸 70%	20	0.0285
	硝酸 44%~46%（现场）	常温	0.0812
	硫酸 50%	20	0.0184
	硫酸 94%	110	0.0161
	硝酸 45%：硫酸 94%=1：2	110	0.1070
	硫酸 70%~73%（现场）	47	0.0296
	硫酸 92.5%（现场）	60~90	0.070
	氟化硅 9%~11%（现场）	40	1.3748
	硫酸 92.5%+苯磺酸（现场）	160~205	0.0310
	硫酸 60%~70%+饱和氧气（现场）	常温	0.0310

硅系耐蚀铸铁由于硅含量高，脆性较高，因此不能承受冲击载荷。向这种铸铁中加入稀土镁合金可以使石墨球化，提高其强度，同时由于提高了组织的致密性而进一步提高了其耐腐蚀性能。

6.3　铝在铸铁中的作用及铝系铸铁

6.3.1　铝在铸铁中的作用

铝对铸铁的组织和性能的影响随着其加入量的不同而不同，主要表现为：

（1）当铝含量小于 6% 时，铸铁的石墨组织仍为片状，基体组织为铁素体与珠光体的混合组织。

（2）当铝含量为 6%~20% 时，铁液按介稳定系转变，其碳化物为 Fe_3AlC_x（x 近似等于 0.65）。

（3）当铝含量为 20%~30% 时，铁液又按稳定系转变，石墨组织呈片状；与铝含量小于 6% 时不同的是，此时基体为铁素体组织。

图 6-9 为 Fe-Al 二元相图[18]，图中 γ 相区[3]很小，呈封闭的弧状。室温下铝在 α-Fe 中的溶解度小于 12%，随着铝含量的增加，Fe-Al 合金的室温组织依次为 α-Fe 相、$β_1$ 相（Fe_3Al）、$β_2$ 相（FeAl）。

图 6-10 为 Fe-C-Al 三元相图的一角[3]，图中各符号所对应的相依次为：$Σ_i$ 为液相；$M_α$ 为 C、Al 元素溶于 α 的固溶体；$M_γ$ 为 C、Al 元素溶于 γ 的固溶体；K 为 Fe_3AlC_x 三元碳化物；G 为石墨相。

在 Fe-C-Al 三元相图中，有三个零自由度的平衡点：

$$\Sigma_1 + M_{\alpha1} = M_{\gamma1} + K\,(1297℃)$$
$$\Sigma_2 + K = M_{\gamma2} + G\,(1280℃)$$
$$M_{\alpha3} + M_{\gamma3} = K + G\,(730℃)$$

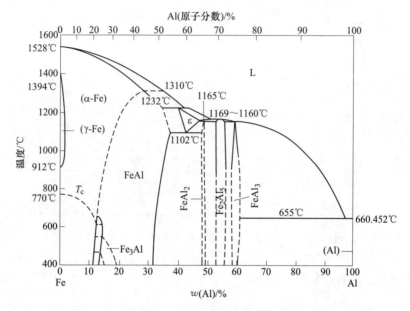

图 6-9　Fe-Al 二元相图[18]

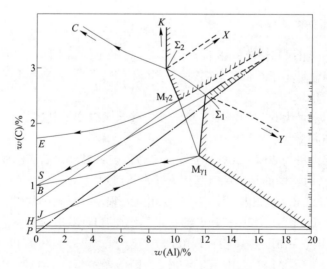

图 6-10　Fe-C-Al 三元相图一角[3]

上述三个平衡点，两个用阴影线表示，另一个 $M_{\alpha3}$ 和 $M_{\gamma3}$ 相大致与 Fe-C 侧的

P点和S点对应。上述三个反应式中的下标1、2、3分别表示不同反应温度（即1297℃、1280℃、730℃）下的相。图6-11为1000℃时Fe-C-Al三元相图的等温截面图。图6-11表明，随着铝含量的增加，生成相由$\gamma+G$相依次转变为$\alpha+\gamma$、$\gamma+K+G$、$\gamma+K$、$\alpha+\gamma+K$、$K+G$、$\alpha+K$、$\alpha+K+G$、$\alpha+G$。这里要注意碳的含量对其转变产物有影响。

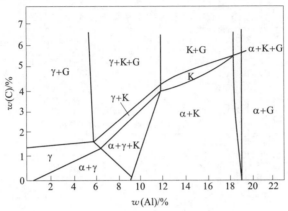

图6-11　Fe-C-Al三元相图1000℃等温截面图[3]

6.3.2　铝系铸铁

铝系铸铁的铝含量可以分为两大类，一类铝含量在4%~6%之间，另一类铝含量在20%以上。如前所述，前者的基体组织为铁素体+珠光体，后者的基体组织为铁素体。表6-11给出了铝系铸铁的化学成分及常温力学性能。

表6-11　铝系铸铁的化学成分及常温力学性能[13]

铸　铁	化学成分（质量分数）/%							抗拉强度/MPa	伸长率/%	硬度 HBS
	C	Si	Mn	P	S	Al	Mo			
低铝灰铸铁	3.70	0.34	0.49	—	0.015	3.26	—	180	—	225
低铝球墨铸铁	3.32	2.11	0.03	0.001	0.003	3.80	—	563	0.30	222
中铝灰铸铁	2.53	1.60	0.45	0.051	0.020	5.90	—	174	0.40	—
高铝灰铸铁	2.08	1.55	0.60	0.10	0.032	20.8	—	119	—	—
高铝球墨铸铁	2.00	1.32	0.52	0.05	0.006	23.9	—	353	0.86	360
铝硅球墨铸铁	2.67	4.03	0.29	—	—	4.29	—	383	—	341
铝钼球墨铸铁	3.26	3.94	0.36	—	—	2.01	0.63	699	0.5	296
铝铬铸铁	2.75	1.70	0.80	—	—	6.5	Cr2.3	156	—	290

铝系铸铁具有良好的抗氧化抗生长性能，同时对于碱性介质而言，也是良好

的耐腐蚀材料。这是因为铸铁中的铝一方面固溶于基体组织中，提高了基体的组织稳定性；另一方面其表面形成含 Al_2O_3 的保护膜，阻止了碱性介质的侵蚀。由于在提高铸铁的抗氧化抗生长及耐腐蚀性方面铝和硅有相同的作用，工业上也常常将铝和硅同时使用以进一步提高其性能[20]。表 6-12 给出了铝系铸铁的高温持久性能，铝系铸铁的耐腐蚀数据见表 6-13。

表 6-12　铝系铸铁的高温持久性能[17]

铸　铁	化学成分（质量分数）/%					试验温度 /℃	试验时间 /h	持久强度 /MPa
	C	Si	Mn	Al	Mo			
中铝灰铸铁	2.53	1.60	0.45	5.90	—	760	2496.8	6.9
						871	2090.2	2.8
						982	1221.9	1.0
高铝灰铸铁	2.10	1.06	0.40	20.45		871	3818.1	6.8
						982	1186.0	2.8
铝钼球墨铸铁	2.83	2.92	0.35	5.50	2.01	925	1000	3.1
高铝球墨铸铁	1.66	0.16	0.16	25.30		500	1000	125.4
						500	10000	72.5
低铝球墨铸铁	3.32	2.11	0.3	3.80	—	649	1654.8	26
						760	1605.1	9.7
						871	1205.5	4.6

表 6-13　铝含量 4%~6% 铝系铸铁的腐蚀数据[17]

介　质	温度/℃	腐蚀率/mm·a^{-1}
联碱氨母液	40	0.0749
20% 氯化氨溶液	<60	一般
砷碱液	<120	一般
碳酸氢铵母液	常温	0.082
碳酸氢铵母液	50~60	0.086
氢氧化钠 95~400g/L	60~110	一般
含氯化钠 310~320g/L 的粗盐水	<60	一般

6.4　镍在铸铁中的作用及含镍铸铁

6.4.1　镍在铸铁中的作用

镍对铸铁组织的作用主要表现在以下方面：

（1）镍是石墨化元素，在共晶转变时促进铁液按稳定系转变。

（2）镍扩大奥氏体区，增加奥氏体的稳定性。

（3）镍提高铸铁的淬透性，对于合金铸铁有助于获得以马氏体为主的基体组织。

（4）镍细化晶体组织。

图6-12为Fe-Ni二元平衡相图。图6-12表明，镍具有很强的扩大奥氏体区的作用。当铸铁中镍含量达到30%时，即使在室温下，铸铁的基体组织仍可保持为奥氏体。

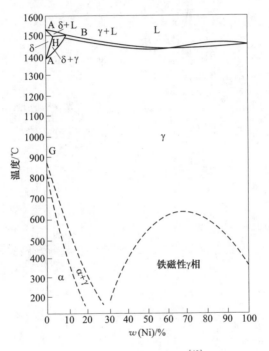

图6-12　Fe-Ni二元相图[12]

在Fe-C-Ni三元合金中，镍的主要作用在于减小共晶体的碳含量，增大铁液按稳定系转变和介稳定系转变的温度区间，从而抑制了共晶转变时碳化物的析出，有效地减小了铸铁的白口倾向。

镍对铸铁固态相变的作用主要表现在对C曲线的影响上。镍使铸铁固态转变的C曲线右移，延迟珠光体转变的时间，同时降低马氏体转变开始点的温度，如图6-13所示。

6.4.2　镍奥氏体铸铁

镍含量13.5%~36%的铸铁称为镍奥氏体铸铁。镍奥氏体铸铁的石墨组织可

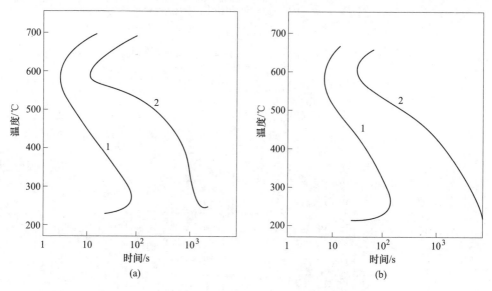

图 6-13　镍对铸铁固态转变 C 曲线的影响[12]

(a) 不含镍铸铁；(b) 含 2.03%镍铸铁

1—奥氏体转变开始；2—奥氏体转变终了

以是片状，也可以是球状。其基体组织为单一的奥氏体+很少量的碳化物。由于镍奥氏体铸铁的基体组织为稳定的奥氏体相，因此是一种良好的耐热、耐蚀材料，也被用作低热膨胀系数材料、非磁性材料和低温高韧性材料[21~23]。

　　为了充分发挥镍奥氏体铸铁的潜力，镍奥氏体铸铁中通常含有少量其他元素。比如，常常加入铬、钼、铜等以提高其耐蚀性和耐磨性，加入铌以改善其焊接性。镍奥氏体灰铸铁和镍奥氏体球墨铸铁的化学成分及力学性能分别列于表6-14 和表 6-15。

表 6-14　镍奥氏体灰铸铁的化学成分及力学性能[13]

型号	化学成分（质量分数）/%								抗拉强度 /MPa
	C	Si	Mn	Ni	Cu	Cr	S	P	
1	3.00	1.00~ 2.80	0.50~ 1.50	13.50~ 17.50	5.50~ 7.50	1.50~ 2.50	≥0.12	—	172.4~ 206.8
1b	3.00	1.00~ 2.80	0.50~ 1.50	13.50~ 17.50	5.50~ 7.50	2.50~ 3.50	≥0.12	—	206.8~ 241.3
2	3.00	1.00~ 2.80	0.50~ 1.50	18.00~ 22.00	—	1.50~ 2.50	≥0.12	—	172.4~ 206.8
2b	3.00	1.00~ 2.80	0.50~ 1.50	16.00~ 22.00	—	2.50~ 3.50	≥0.12	—	206.8~ 241.3

型号	化学成分（质量分数）/%								抗拉强度 /MPa
	C	Si	Mn	Ni	Cu	Cr	S	P	
3	2.60	1.00~ 2.00	0.50~ 1.50	28.00~ 32.00	—	2.50~ 3.50	≥0.12	—	172.4~ 206.8
4	2.60	5.00~ 6.00	0.50~ 1.50	28.00~ 32.00	—	4.50~ 5.50	≥0.12	—	172.4~ 206.8
5	2.40	1.00~ 2.00	0.50~ 1.50	34.10~ 36.00	≥0.50	≥0.10	≥0.12	—	137.9~ 172.4
6	3.00	1.50~ 2.50	0.80~ 1.50	18.00~ 22.00	3.50~ 5.50	1.00~ 2.00	≥0.12	Mo 1.00	—

表 6-15 镍奥氏体球墨铸铁的化学成分及力学性能[13]

型号	化学成分（质量分数）/%								抗拉强度 /MPa
	C	Si	Mn	Ni	Cu	Cr	S	P	
D-2	3.00	1.50~ 3.00	0.50~ 1.50	18.00~ 22.00	—	1.50~ 2.50	—	0.08	399.9~ 413.7
D-2B	3.00	1.50~ 3.00	0.50~ 1.50	18.00~ 22.00	—	2.50~ 3.50	—	0.04	399.9~ 482.6
D-2C	3.00	1.00~ 3.00	1.50~ 2.50	21.00~ 24.00	—	—	—	0.08	399.9~ 448.2
D-3	2.60	1.00~ 3.00	0.50~ 1.50	28.00~ 32.00	—	2.50~ 3.50	—	0.08	379.9~ 448.2
D-3A	2.60	1.00~ 3.00	0.50~ 1.50	28.00~ 32.00	—	1.00~ 1.50	—	0.08	379.9~ 448.2
D-4	2.60	5.00~ 6.00	0.50~ 1.50	28.00~ 32.00	—	4.50~ 5.50	—	0.08	413.7~ 482.6
D-5	2.40	1.00~ 3.00	0.50~ 1.50	34.00~ 36.00	—	—	—	0.08	379.2~ 413.7
D-5B	2.40	1.00~ 3.00	0.50~ 1.50	34.00~ 36.00	—	2.00~ 3.00	—	0.08	379.9~ 448.2

在表 6-14 中所列出的 6 种镍奥氏体灰铸铁中，1 型和 2 型最常用于腐蚀条件下，含铜的 1 型和 6 型在海水和硫酸中应用较普遍。对于不允许铜污染的食品行业，则采用 2 型。3 型和 4 型，除耐热外，还具有更高的耐蚀性。5 型具有低的热膨胀系数，这对抗应力腐蚀有利[13]。

镍奥氏体铸铁中的石墨球化以后，虽然对其耐腐蚀性影响不大，但是可以显著提高其抗磨蚀性。当腐蚀介质为悬浮固体颗粒时，选用 D-2 和 D-3 型镍奥氏体铸铁较为合适；当要求铸件具有抗热冲击性能时，应选择 D-2、D-3、D-4 型镍奥氏体铸铁；当需要高强度的同时也要求低的热膨胀系数时，以 D-5 型为宜。

6.4.3　镍硬白口铸铁

镍具有提高铸铁淬透性的作用，因此可以在含铬铸铁中加入镍以提高其淬透性，获得无珠光体、以马氏体为主要基体组织的白口铸铁。这种同时含有镍铬的铸铁称为镍硬铸铁。镍硬铸铁主要有以下两类：

（1）含镍 4%、含铬 2%左右，这种镍硬铸铁的金相组织由 M_3C 型碳化物和马氏体与奥氏体的混合基体组成。

（2）含镍 6%、含铬 9%左右，这种镍硬铸铁的碳化物主要是 M_7C_3 型。

在镍硬铸铁中，由于镍的作用，铸件在型内冷却的条件下即可获得以马氏体为主的基体组织。但是镍降低 M_s 点，镍含量过高会使基体组织中含有较多的奥氏体，使耐磨性下降。一般情况下，镍含量必须根据铸件的壁厚以及热处理工艺确定。

铬起抑制石墨化的作用，并影响碳化物的类型和形貌。

硅在铸铁的一次结晶中有助于石墨化，在随后的冷却过程中又影响淬透性，因此硅含量应尽量低。

锰是稳定奥氏体的元素，其含量也要有所限制。表 6-16 给出了镍硬铸铁的化学成分和力学性能，供参考。

表 6-16　镍硬铸铁的化学成分与力学性能[6]

项　目		型号 1-正规 （ASTMA5321-A）		型号 2-高强度 （ASTMA5321-B）		型号 3 （ASTMA5321-C）		型号 4 （ASTMA5321-D）	
化学成分（质量分数）/%	总碳量	3.0~3.6		最高 2.9		2.9~3.7		2.5~3.6	
	硅量	最高 0.8		最高 0.8		最高 0.8		1.0~2.2	
	锰量	最高 1.3		最高 1.3		最高 1.3		最高 1.3	
	硫量	最高 0.15		最高 0.15		最高 0.15		最高 0.15	
	磷量	最高 0.30		最高 0.30		最高 0.30		最高 0.10	
	镍量	3.3~5.0		3.3~5.0		2.7~4.0		5.0~7.0	
	铬量	1.4~4.0		1.4~4.0		1.1~1.5		7.0~11.0	
工程性能		砂型铸造	激冷铸造	砂型铸造	激冷铸造	砂型铸造	激冷铸造	砂型铸造	激冷铸造
布氏硬度（HB）		≥550	≥600	≥550	≥600	≥550	≥600	≥550	≥550
洛氏硬度（HRC）		≥53	≥56	≥53	≥56	≥53	≥56	≥53	≥53
抗拉强度（试样直径 30.5mm）/MN·m⁻²		274~343	343~412	309~377	412~515			513~583	549~755

项　目	型号 1-正规 （ASTMA5321-A）		型号 2-高强度 （ASTMA5321-B）		型号 3 （ASTMA5321-C）	型号 4 （ASTMA5321-D）	
弹性模量/GN · m^{-2}	165~178	165~178	165~178	165~178		165~178	165~178
冲击韧性（IzodAB） /J · cm^{-2}	27.0~ 40.6	33.8~ 54.1	33.8~ 47.3	47.3~ 74.4		47.3~ 60.9	47.3~ 60.9

参 考 文 献

[1] Hansen M. Consititution of Binary Alloys [C] // McGraw-Hioll, New York, 1958.

[2] Jackson R S. The Austenite Liquidus Surface and Constitutional Diagram for the Fe-Cr-C Metastable System [J]. J Iron Steel Inst, 1970, 208: 163.

[3] Minkoff I. The Physical Metalurgy of Cast Iron [M]. John Wiley and Sons, Chichester, 1983.

[4] Ohide T, Ohira G. Solidification of High Chromium Alloyed Cast Iron [J]. Br foundryman, 1983, 76 (1): 7-14.

[5] 苏俊义. 铬系耐磨白口铸铁 [M]. 北京：国防工业出版社, 1990.

[6] Pei Y, Song R, Zhang Y, et al. The relationship between fracture mechanism and substructures of primary M_7C_3 under the hot compression process of self-healing hypereutectic high chromium cast iron [J]. Materials Science and Engineering A, 2020, 779: 1-8.

[7] Ogi K, Matsubara Y, Matsuda K. Eutectic Solidification of High-Chromium Cast Iron-Mechanism of Eutectic Growth [J]. American Foundrymen's Society, Transactions, 1981, 89: 197-204.

[8] 苏华欣. 铸铁凝固及其质量控制 [J]. 北京：机械工业出版社, 1993: 162.

[9] 龚沛, 赵曜, 杨浩, 等. 碳、铬含量及热处理工艺对高铬铸铁力学性能的影响 [J]. 金属热处理, 2017, 42 (9): 137-142.

[10] 崔晓明, 王宁, 龚沛, 等. 碳、铬含量及热处理工艺对高铬铸铁组织及力学性能影响 [J]. 内蒙古工业大学学报（自然科学版）, 2016, 35 (4): 277-282.

[11] 欧阳海青, 蒋业华, 周荣. 合金化元素对高铬铸铁中碳化物的影响研究进展 [J]. 热加工工艺, 2016, 45 (8): 34-36.

[12] 陈哲, 王亮亮, 张晗, 等. 高铬铸铁初生碳化物细化的中外研究进展 [J]. 热加工工艺, 2013, 42 (11): 8-12.

[13] 中国机械工程学会铸造专业学会. 铸造手册（第一卷　铸铁）[M]. 北京：机械工业出版社, 1993.

[14] 西安交通大学耐磨课题组, 西安电力机械厂耐磨件试制组. 磨料磨损与耐磨合金（译文集）[M]. 北京：电力工业出版社, 1980.

[15] American Sosiety for Metals. Metals Handbook, Casting [M]. Metals Park, Ohio: ASM

Iternational，1987，15：699.

[16] American Society for Metals. Metals Handbook，Corrosion ［M］. Metals Park，Ohio：ASM Iternational，1987.

[17] 黄嘉琥，吴剑. 耐腐蚀铸锻材料应用手册 ［M］. 北京：机械工业出版社，1991.

[18] Hugh Baker A H. Alloy Phase Diagrams ［M］. Metals Park，Ohio：ASM International，1992：3.

[19] 周梦丽. 高硅铸铁组织与性能的研究 ［D］. 大连：大连理工大学，2016.

[20] 许帅领. 铝和铬对耐热球墨铸铁组织及性能的影响 ［D］. 郑州：郑州大学，2019.

[21] 谭自盟，王嘉诚，何奥平，等. 高镍奥氏体铸铁的组织和电化学性能研究 ［J］. 铸造技术，2018，39 (6)：1161-1164，1176.

[22] 刘玉珍，孙兰，李长案，等. 镍奥氏体铸铁耐腐蚀及磨损行为 ［J］. 中南大学学报（自然科学版），2012，43（10）：3826-3832.

[23] 孙兰，刘玉珍，王艳芬，等. 镍奥氏体铸铁的制备及磨粒磨损性能 ［J］. 四川大学学报（工程科学版），2012，44（2）：164-168.

7 铸铁中的微量元素

前面介绍了铸铁中的常规元素和常见合金元素。除此以外，铸铁中还含有一些微量元素。这些微量元素有的是人为加入的，有的则是由炉料或熔炼过程带入的。这些元素的一个共同特点是含量很低，一般在千分之一以下。在铸铁中，对其凝固过程、组织和性能影响较大的微量元素主要有稀土、氮、氢、氧、锑、铅、钒、钛、碲、铋、硼、锡、砷、铝等。这些元素虽然含量很低，但对铸铁的组织和性能往往有明显的影响，因此应给予必要的重视。

7.1 微量元素在铸铁溶液中溶解度的热力学计算

微量元素在铸铁溶液中的溶解度一般比较低，而其对铸铁的作用又随着它的存在状态不同而不同。尤其是氮、氢等气体元素，当其以分子状态存在时，会产生气孔缺陷。因此，用热力学理论计算微量元素在铸铁溶液中的溶解度是十分重要的。本节以氮为例介绍微量元素在铸铁溶液中溶解度的计算方法，其他微量元素溶解度的计算可参照进行。

将铸铁溶液保持在氮气氛中（$p_{N_2} = 0.1MPa$），一部分氮原子就会溶解在铸铁溶液中，其溶解反应为：

$$\frac{1}{2} N_2 = [N] \tag{7-1}$$

对铸铁溶液中的氮含量采用1%（质量百分浓度）为标准状态，则上述反应的标准自由能为：

$$\Delta G^{\ominus} = -RT\ln(f_N w[N_s]) \tag{7-2}$$

式中　$\Delta G^{\ominus}$——标准自由能变化，J/mol；

　　　f_N——氮在铸铁溶液中的活度系数；

　$w[N_s]$——氮在铸铁溶液中的溶解度，%；

　　　T——温度，K。

查找有关热力学资料，对于（7-1）式的反应有：

$$\Delta G^{\ominus}(1\%) = 10794.72 + 21.00T \quad (J/mol) \tag{7-3}$$

将式（7-3）代入式（7-2），可得：

$$\ln w[N_s] = -\frac{1298.4}{T} - 2.526 - \ln f_N \tag{7-4}$$

对于含有多种组元的铸铁溶液，氮的活度系数可表示为：

$$\ln f_N = e_N^N + \sum_j e_N^j w[j] \tag{7-5}$$

式中　e_N——j 组元对氮的相互作用系数。

根据式（7-5），如果已知某一温度下铸铁溶液中各元素对氮的相互作用系数及其含量，便可计算该温度下氮的溶解度。但是，目前有关铁碳合金的热力学数据大多是在钢的熔炼温度条件（1600℃）下测定的，不适合铸铁的熔化温度条件。为了利用 1600℃下的热力学数据来计算温度较低的铸铁溶液中氮的溶解度，可以近似地将铸铁溶液假设为规则溶液，则有：

$$\frac{\ln f_N(T_2 \text{温度})}{\ln f_N(T_1 \text{温度})} = \frac{T_1}{T_2} \tag{7-6}$$

因此，T 温度下的活度系数为：

$$\ln f_N = \frac{1873}{T} \ln f_{N_{1600℃}} \tag{7-7}$$

将式（7-7）、式（7-5）代入式（7-4）中，把铸铁溶液视为 Fe-C-Si-Mn 合金，由《实用无机物热力学数据手册》查得 1600℃下氮与碳、硅、锰的相互作用系数，即可得到任意温度下氮在铸铁溶液中的溶解度公式：

$$\ln w[N_S] = -\frac{1298.4}{T} - 2.526 - \frac{1873}{T} \times (0.235w[C] + 0.161w[Si] - 0.030w[Mn]) \tag{7-8}$$

由于钛与氮的相互作用系数较大，把钛的影响考虑进去，则有：

$$\ln w[N_S] = -\frac{1298.4}{T} - 2.526 - \frac{1873}{T} \times (0.235w[C] + \tag{7-9}$$
$$0.161w[Si] - 0.030w[Mn] - 2.139w[Ti])$$

采用 Fe-C3.27-Si2.15-Mn0.16、Fe-C3.45-Si2.15-Mn0.16 和 Fe-C3.45-Si2.15-Mn0.80 三种成分的铸铁溶液[1]，比较上述计算值和实测值，两者吻合良好，证实上述计算方法是可行的。

7.2　微量元素对铸铁溶液结晶温度的影响

微量元素对铸铁溶液结晶温度的影响表现在两个方面，一是对平衡结晶温度的影响，二是对非平衡结晶温度的影响。微量元素对铸铁溶液平衡结晶温度的影响，可以在铸铁升温熔化时采用差热分析的方法进行定量测定，也可以运用热力学参数进行定性的分析。微量元素对非平衡结晶温度的影响一般是在铸铁溶液冷却凝固过程中用差热分析或微分热分析的方法进行研究。本节着重运用热力学理论分析微量元素对铸铁溶液平衡结晶温度的影响。

对于含有多种元素的铸铁溶液，设铁为溶剂，记为组元 1；其他元素为溶质，其中所研究的微量元素记为组元 2，其他元素（如碳、硅、锰等）记为组元 3，4，…，k。由于结晶时组元 1 在液固两相中的偏摩尔自由能应相等，因此有：

$$\Delta G_{1,m}^{\ominus} = \Delta G_{1,L}^{\ominus} - \Delta G_{1,S}^{\ominus} = -RT\ln\left(\frac{x_{1,L}\gamma_{1,L}}{x_{1,S}\gamma_{1,S}}\right) \tag{7-10}$$

式中　$\Delta G_{1,m}^{\ominus}$——纯组元 1 的熔化自由能，J/mol；

　　$x_{1,L}$，$x_{1,S}$——液态和固态溶液中组元 1 的摩尔分数；

　　$\gamma_{1,L}$，$\gamma_{1,S}$——液态和固态溶液中组元 1 的活度系数。

由熔点时 $\Delta G_{1,m}^{\ominus} = 0$，可得：

$$\Delta G_{1,m}^{\ominus} = \Delta H_{1,m}^{\circ}\left(1 - \frac{T}{T_m}\right) \tag{7-11}$$

式中　$\Delta H_{1,m}^{\circ}$——纯组元 1 的熔化潜热；

　　T_m——纯组元 1 的熔点。

由以上两式可得：

$$\ln\left(\frac{x_{1,L}\gamma_{1,L}}{x_{1,S}\gamma_{1,S}}\right) = \frac{\Delta H_{1,m}^{\circ}}{R} \times \left(\frac{1}{T_m} - \frac{1}{T}\right) \tag{7-12}$$

设 $x_2 = 0$，x_3，x_4，…，x_k 分别为一定值时铸铁合金结晶温度是 T'_m；设 $x_2 \neq 0$，x_3，x_4，…，x_k 保持不变时铸铁溶液的结晶温度是 T''_m。由于组元 2 的含量很小，故在上述假设中可以认为组元 2 的变化不影响其他组元的浓度，则微量元素对铸铁溶液结晶温度的影响符合以下热力学关系：

$$\frac{\Delta H_{1,m}^{\circ}}{R} \times \left(\frac{1}{T'_m} - \frac{1}{T''_m}\right) = \ln\left(\frac{x''_{1,L}}{x'_{1,L}}\right) - \ln\left(\frac{x''_{1,S}}{x'_{1,S}}\right) + \ln\left(\frac{\gamma''_{1,L}}{\gamma'_{1,L}}\right) - \ln\left(\frac{\gamma''_{1,S}}{\gamma'_{1,S}}\right) \tag{7-13}$$

如果微量元素在铸铁溶液中的自相互作用系数等于零，如氮、氢、铌等元素，可以证明：

$$\ln\left(\frac{\gamma''_{1,L}}{\gamma'_{1,L}}\right) = \ln\left(\frac{\gamma''_{1,S}}{\gamma'_{1,S}}\right) = 0 \tag{7-14}$$

由

$$\frac{x''_{1,L}}{x'_{1,L}} = 1 - \frac{x_{2,L}}{1 - \sum_{i=3} x_{i,L}} \tag{7-15}$$

$$\frac{x''_{1,S}}{x'_{1,S}} = 1 - \frac{x_{2,S}}{1 - \sum_{i=3} x_{i,S}} \tag{7-16}$$

做泰勒展开，并忽略高次项，可得：

$$\ln\left(\frac{x''_{1,L}}{x'_{1,L}}\right) = -\frac{x_{2,L}}{1 - \sum_{i=3} x_{i,L}} \tag{7-17}$$

$$\ln\left(\frac{x''_{1,\,S}}{x'_{1,\,S}}\right) = -\frac{x_{2,\,S}}{1 - \sum_{i=3} x_{i,\,S}} \tag{7-18}$$

将式（7-14）、式（7-17）、式（7-18）代入式（7-13），并近似取：

$$1 - \sum_{i=3} x_{i,\,L} = x_{1,\,L} \tag{7-19}$$

$$1 - \sum_{i=3} x_{i,\,S} = x_{1,\,S} \tag{7-20}$$

同时考虑到 x_2 很小，T''_m 与 T'_m 比较接近，可得：

$$T''_m = T'_m - A x_{2,\,L} \tag{7-21}$$

其中

$$A = \frac{R T'^2_m}{\Delta H^\circ_{1,\,m} x_{1,\,m}} \times \left(1 - K_2 \frac{x_{1,\,L}}{x_{1,\,L}}\right) \tag{7-22}$$

$$K_2 = \frac{x_{2,\,S}}{x_{2,\,L}} \tag{7-23}$$

对于自相互作用系数为零的微量元素，如果已知它在铸铁中的分配系数 K_2，便可利用式（7-21）计算它对铸铁溶液平衡结晶温度的影响。

在条件具备时，也可用差热分析的方法测定微量元素对铸铁溶液结晶温度的影响。由于金属熔化时，没有形核过程，不需要过热，因此测定平衡结晶温度时必须在升温时测定其熔化温度。而当测定非平衡结晶温度时，在溶液冷却凝固过程中测定。这里需要注意的是，铸铁中其他元素的微小变化都可能对测定结果产生较大的影响，因此在用差热分析法测定微量元素对铸铁溶液的影响时必须确保材料成分的准确性。

图 7-1[2] 是采用差热分析法测得的氮对两种成分的铸铁溶液平衡结晶温度的影响。图 7-1 表明，氮使铸铁溶液的平衡结晶温度降低，并且两者近似呈线性关系，这与式（7-21）所反映的规律是一致的。

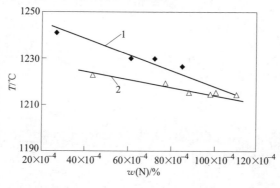

图 7-1　氮对两种成分铸铁溶液平衡结晶温度的影响
1—Fe-C3. 45-Si2. 15-Mn0. 16；2—Fe-C3. 45-Si2. 15-Mn0. 80

7.3 稀土元素在铸铁中的作用

稀土是元素周期表中原子序数从 57 到 71 的镧系 15 个元素，以及第三副族第四、第五周期的钪、钇共 17 个元素的总称。稀土元素的化学性质十分活泼，由于它们最外层的电子都是两个，因此彼此的化学性质极其相似。通常稀土分为轻稀土和重稀土。Gd 元素前的稀土称为轻稀土，Gd 元素后的稀土称为重稀土。工业上使用的稀土往往是其混合物，称为混合稀土。在铸造生产中，较多的是使用含有硅、钙、镁等元素的稀土合金。我国稀土资源丰富，储量居世界的首位，稀土元素在铸铁生产中的应用有很好的发展前景。

7.3.1 稀土和铸铁中常见元素的相互作用

稀土元素的 $4f$ 电子层未满，属碳化物元素。Ce-C 相图表明，Ce 与 C 能形成稳定的稀土金属碳化物 CeC 和 Ce_2C_3，其熔点比 Fe_3C 高得多。在 Ce-Si 系中，Ce 可与 Si 组成多种金属间化合物。在 Ce-Mn 系中，在 $595 \sim 620℃$ 之间 Ce 与 Mn 可形成共晶体。

稀土元素可以与氧、氢、氮、硫、锌、锡、锑、铋、砷等元素组成高熔点化合物。根据反应的标准自由能，稀土元素的脱氧能力高于镁，脱硫能力高于钙。因此，在铸铁溶液中，稀土元素具有净化铸铁溶液的作用。对于球墨铸铁，稀土元素还具有中和干扰球化元素的作用。

7.3.2 稀土元素对铸铁溶液石墨化能力的影响

稀土元素对铸铁石墨化能力有双重影响。稀土本身是反石墨化元素，它使铸铁的共晶点稍向右移，并降低铸铁的共晶转变温度，提高铸铁溶液共晶转变的过冷度，促使铁液按介稳定系结晶。铁液冷却速度越快，其反石墨化作用越强烈。

当铸铁中含有氧、硫等元素时，稀土元素可以与氧、硫反应形成稀土氧化物、稀土氧硫化物和稀土硫化物。这些稀土化合物可以作为石墨析出的异质核心，促使石墨的析出，从而增加铸铁溶液的石墨化能力并细化共晶团。

当稀土元素含量较低时，它表现出的是较强的孕育作用；而当稀土元素加入量较高时，则起反石墨化的作用。许多学者的研究证明了稀土元素的这种双重作用。在盛达等人的研究[2]中，随着稀土元素含量的增加，灰铸铁中共晶团数量增多，当达到一定值后，又逐渐降低；不加稀土时共晶团数为 228 个/cm^2，加入稀土后最高达到 702 个/cm^2。

7.3.3 稀土元素对铸铁中石墨形态的影响

由于稀土元素具有中和石墨 [0001] 面上活性元素的能力，因此随着稀土加入量的增加，石墨垂直于石墨晶体的基面按螺旋位错形式长大的趋势增强。杨平等人采用单向凝固的方法证明，随着稀土元素含量的连续增加，铸铁中的石墨可连续地由片状变为蠕虫状和球状。对于灰铸铁而言，适量的稀土可使石墨转变为介于片状和蠕虫状之间的过渡型，即片状石墨的厚度增大、长度减小、端部钝化。对于普通灰铸铁，加入微量的稀土，石墨会由 A 型过渡为 D、E 型，此时往往伴随有较多的铁素体出现。若稀土加入量超过某一临界值，石墨就会转变为蠕虫状和球状。

用放射性同位素研究稀土元素在铸铁中的分布[3]，发现在铁液中稀土元素分布均匀。而在固态铸铁中，当稀土元素含量较低时，它主要分布在石墨中；当稀土元素含量较高时，则主要分布在初生奥氏体枝晶或石墨共晶团边界的微区中。

7.3.4　稀土元素对铸铁基体组织的影响

稀土具有细化奥氏体组织的作用，可增加铸铁中奥氏体枝晶的数量，使二次臂间距变小，枝晶变细变密[4]。

共析转变时，稀土使共析转变过冷度增大，并使渗碳体和铁素体之间的界面能降低，从而使珠光体组织细化，珠光体片层间距减小。稀土对珠光体数量的影响与其含量有关。稀土是碳化物元素，一般情况下会使珠光体数量增加。但是，当稀土的加入使铸铁中出现 D、E 型石墨时，铁素体量将显著增加。

7.4　氮在灰铸铁中的作用

氮在铸铁中的含量很低，一般情况下其溶解度只有 0.01% 左右。1953 年道森（Dawson）等人首先报道了氮可以改善灰铸铁的石墨形态，强化基体组织，从而提高其力学性能，从此氮在铸铁中的作用引起了人们的重视。

7.4.1　氮对灰铸铁相变温度的影响

本书作者采用 Fe-C-Si-Mn 合金，加入纯氮，用差热分析和微分热分析方法测定了氮对灰铸铁平衡及非平衡相变温度的影响。图 7-2 为 Fe-C3.27-Si2.15-Mn0.16、Fe-C3.45-Si2.15-Mn0.16 和 Fe-C3.45-Si2.15-Mn0.80 三种成分灰铸铁溶液的一次相变温度与氮含量的关系，图中 T_L^i 表示升温时测定的平衡初生奥氏体转变温度，T_L^d 表示降温时测定的非平衡初生奥氏体转变温度，T_{E2}^e 和 T_{E1}^e 分别表示平衡共晶转变开始和终了温度，T_E^d 为非平衡共晶转变温度。结果表明，氮使铸铁溶液的平衡和非平衡一次结晶温度降低，结晶过冷度增大，共晶转变的温度区间增大。当铸铁中锰含量较高时，氮对共晶转变开始温度几乎没有影响[5]。

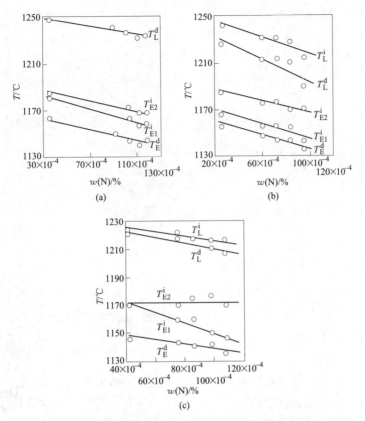

图 7-2　氮对灰铸铁一次结晶温度的影响

（a）Fe-C3.27-Si2.15-Mn0.16；（b）Fe-C3.45-Si2.15-Mn0.16；

（c）Fe-C3.45-Si2.15-Mn0.80

　　图 7-3 为上述三种成分铸铁的共析转变温度与氮含量的关系，图中 T_{P1} 和 T_{P2} 分别为共析转变的开始和终了温度。图 7-3 表明，氮使灰铸铁共析转变温度降低，转变的温度区间增大。氮对灰铸铁共析转变温度的影响程度与灰铸铁的碳含量有关，碳含量越高，氮的影响越显著。

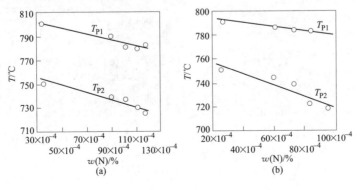

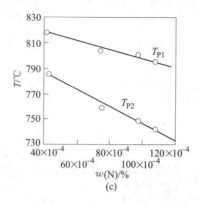

(c)

图 7-3　氮对灰铸铁共析转变温度的影响

(a) Fe-C3.27-Si2.15-Mn0.16；(b) Fe-C3.45-Si2.15-Mn0.16；(c) Fe-C3.45-Si2.15-Mn0.80

7.4.2　氮对铸铁中石墨组织的影响

　　氮对铸铁中石墨组织的形态、数量和分布都有显著影响。日本学者张博等人的研究表明[6]，在铸铁中吹入一定量的氮，可以在不加任何球化剂的条件下获得球墨铸铁。本书作者在采用单相凝固的方法研究纯 Fe-C-Si-Mn 合金中氮的作用时，也发现过球状石墨。

　　对于普通灰铸铁，氮使石墨片长度缩短，弯曲程度增加，端部钝化，长宽比减小。氮对石墨表面形貌的影响与铸铁中锰含量有关。当铸铁中锰含量较低时，氮对石墨表面形貌没有明显影响；当铸铁中含有一定量的锰时，加氮后石墨表面变粗糙，并出现明显的纹理，如图 7-4 所示[7]。

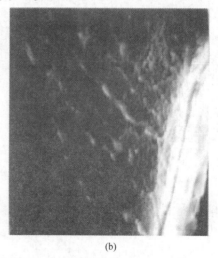

(a)　　　　　　　　　　　　　　　　　(b)

图 7-4　氮对石墨表面形貌的影响

(a) Fe-C-Si-Mn-0.0042%N；(b) Fe-C-Si-Mn-0.0110%N

7.4.3　氮对灰铸铁基体组织的影响

氮对灰铸铁基体组织有显著的作用。氮使初生奥氏体一次轴变短，二次臂间距减小，使共晶团细化、珠光体数量增多。对于高碳当量的灰铸铁，加入适量的氮可得到 100% 的珠光体基体组织[7,8]。

虽然有报道氮可以使珠光体片层间距减小，但是本书作者采用具有图像分析功能的扫描电镜仔细研究了加氮前后灰铸铁珠光体的片层间距，没有发现氮对珠光体片层间距有影响。

7.4.4　氮在灰铸铁中的分布及对灰铸铁组织的作用机制

由于氮在灰铸铁中含量很低和氮元素本身测试上的困难，定量测定氮在灰铸铁中的分布并进而揭示氮的作用机制目前还难以做到。本书作者采用纯 Fe-C-Si-Mn 合金，配合凝固控制技术，对氮在灰铸铁凝固过程中的分布和作用机制做了定性的探讨[7~9]。

波谱检测表明，在初生奥氏体析出过程中，氮在奥氏体和残留液相中的浓度没有明显差别。用俄歇谱仪测定共晶转变后石墨表面氮的浓度，发现共晶转变过程中石墨表面有几个原子层厚度的氮吸附层。波谱检测表明，石墨中氮的浓度明显高于基体。由此可见，氮在石墨表面的吸附阻碍了石墨的长大，从而细化了灰铸铁的共晶转变组织。在石墨长大过程中，吸附在石墨表面的氮原子固溶在石墨中，使石墨在长大过程中晶格产生畸变，晶体缺陷增多，导致石墨片产生弯曲和分枝倾向增大。铸铁中的锰加剧了氮在石墨表面的吸附，使石墨表面变粗糙。锰对氮的作用有重要影响，当铸铁中锰含量很低时，氮对灰铸铁的作用主要表现在对基体组织的作用上；而当铸铁中含有一定量的锰时，氮的作用主要表现在石墨组织上。

用 X 射线衍射法测定加氮前后灰铸铁中铁素体和渗碳体的晶格常数，发现加氮后铁素体和渗碳体的晶格常数均有比较明显的增大。这说明，尽管在基体组织中氮的浓度低于在石墨中的浓度，但无论是铁素体还是渗碳体中都含有氮，而且氮是作为间隙原子固溶在铁素体和渗碳体中的。氮原子固溶在铁素体和渗碳体中造成铁素体和渗碳体晶格产生畸变，提高了灰铸铁基体组织的显微硬度。

在灰铸铁中，氮和稀土有显著的交互作用，同时加入这两种元素可进一步提高其作用效果。

7.5　锑在铸铁中的作用

锑对铸铁的组织和性能有十分显著的影响，早在 20 世纪 60 年代西方和苏联等国就开展了锑在铸铁中应用的研究。我国锑资源丰富，储量居世界首位，近年来锑在铸铁生产中应用的研究也屡见报道。

7.5.1　锑对灰铸铁相变温度的影响

图 7-5 和图 7-6 分别为用差热分析法测定的不同锑含量时 Fe-C3.23-Si2.05-Mn0.82 合金平衡及非平衡共晶转变温度和冷却过程中的共析转变温度。

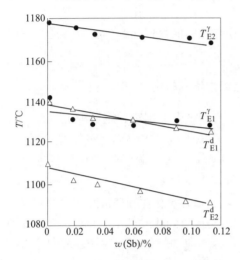

图 7-5　锑对灰铸铁共晶转变温度的影响　　　图 7-6　锑对灰铸铁共析转变温度的影响

7.5.2　锑对铸铁石墨组织的作用

在灰铸铁中，微量锑可以改善石墨片的形态和分布，使石墨片尺寸减小、数量减少、分枝增多。但是，当锑含量超过 0.036% 时，锑的增加会使石墨片变粗变长。

在球墨铸铁中，微量锑具有细化石墨球、促进石墨球化的作用[10]。在大断面球墨铸铁中，锑可防止石墨球畸变，并增加石墨球的数量。但是，当球墨铸铁中锑含量超过 0.064% 时，锑的增加会导致出现异常石墨[11]。

7.5.3　锑对铸铁基体组织的影响

朱玉龙采用单向凝固的方法研究了锑对灰铸铁初生奥氏体组织的影响，结果表明，微量锑使初生奥氏体组织细化，二次臂间距减小。当锑含量超过 0.036% 时，进一步提高锑含量，初生奥氏体二次臂间距增大。锑对铸铁的作用如下：

（1）适量的锑可以细化灰铸铁的共晶团组织。

（2）锑具有强烈的促进珠光体，抑制自由铁素体的作用。锑的加入可使珠光体细化，珠光体片层间距减小。

（3）锑的存在还可能在共析转变时造成局部过冷度很大，使奥氏体来不及完全转变为珠光体或索氏体而形成马氏体+贝氏体组织[12]。

7.5.4　锑在铸铁中的分布

锑虽然能很好地溶解在铁液中，但由于锑与铁的原子半径相差很大，当铁液凝固时锑溶入铁晶格中需要克服较大的畸变能。锑与石墨的润湿性和相容性很差，在石墨长大过程中很难溶入石墨中。因此，锑在铸铁中呈不均匀分布。俄歇谱仪测定表明，在球墨铸铁中，锑以很高的浓度偏析在与石墨接触的铸铁基体中，离子溅射剥离证明锑偏析层的厚度达 20 个原子层左右[13]。对蠕墨铸铁中锑分布的测定表明，锑在磷共晶边缘有富集，而在珠光体中呈弥散分布[14]。

适量的锑可以改善铸铁的石墨形态，强化基体组织，提高铸铁的力学性能。文献[15]采用锑和稀土复合处理碳当量（CE）为 4.17% 以上的灰铸铁，灰铸铁的抗拉强度提高 50~100MPa，抗弯强度提高 60~160MPa。但是，值得注意的是过量的锑会使铸铁的组织恶化，降低其力学性能，因此在应用锑生产高强度铸铁时应特别重视锑含量的控制，锑铸铁的回炉料也应单独管理。

7.6　钛、铋、铅、硼在铸铁中的作用

7.6.1　钛在铸铁中的作用

钛的化学性质活泼，与碳、氢、氮均有很强的亲和力，与硫的亲和力比铁与硫的亲和力强，可生成硫化钛[16]。钛是稳定碳化物元素，钛本身是反石墨化的。但是，在铸铁中钛可与氮等元素形成化合物，这些化合物可以作为石墨形核的异质核心，因此在实际生产中钛起促进石墨化的作用。在灰铸铁中，当钛含量较高时，会产生过冷石墨。在球墨铸铁中，钛使石墨变态，被认为是干扰元素。钛对石墨球化的干扰作用在蠕墨铸铁的生产中得到应用，以放宽蠕化剂的成分范围，避免出现球状石墨。

钛的氮化物也可以作为初生奥氏体的晶核，使其树枝晶细化，枝晶间距减小。由于钛的加入会产生过冷石墨，因此有助于铁素体的形成，并固溶在铁素体中，使铁素体强化。另外，由于钛与氮有很强的结合能力，灰铸铁中加入钛元素会消耗其中的氮元素，使氮元素对铸铁的积极作用减弱[16]。

在铸铁生产中，钛除在蠕墨铸铁的生产中被用作干扰元素外，当铸铁中由于氮含量过高而出现气孔或裂纹时，钛可用来中和氮的作用。当铸铁中钛含量过高时，可加入适量的稀土元素来中和钛的干扰作用。

7.6.2　铋在铸铁中的作用

铋在铸铁溶液中是表面活性元素。在铸铁凝固过程中铋具有拟制共晶团生

长，改善石墨形态的作用。在球墨铸铁，尤其是大断面球墨铸铁中，铋被用来增加石墨球数量，消除畸形石墨[18]。在可锻铸铁中，铋被用来控制白口及其退火性能。在灰铸铁中，铋增加铸铁凝固时的过冷度，加入稀土可中和铋的作用[16]。

7.6.3　铅在铸铁中的作用

铅是一种重金属元素，在灰铸铁中添加微量的铅会强烈地改变铸件的石墨形态、促进珠光体的生成、增加共晶团数，同时增加铸件的收缩率，增加白口倾向，并且随着铅含量的增加，铸件的力学性能严重恶化[18,19]。

7.6.4　硼在铸铁中的作用

硼在铸铁溶液中是强烈稳定碳化物，增大白口倾向的元素。铸铁中的硼含量一般不超过0.01%。硼可与碳和氮等形成化合物，作为石墨形核的异质核心，使石墨组织细化。基体组织中的硼化合物可提高铸铁的硬度。在耐磨铸铁中，加入硼以增加碳化物含量，提高铸铁的硬度[21]。稳定控制硼在铸铁的吸收率是应用硼的难题。一般情况下在出铁前加入硼铁，并需要严格控制加入的操作过程。

参 考 文 献

[1] 翟启杰，胡汉起. 氮在灰铸铁溶液中溶解度的热力学研究 [J]. 金属学报，1991，27 (4)：289-291.

[2] 盛达，黄惠松，柳葆铠，等. 微量稀土对灰铸铁组织和性能的影响 [J]. 现代铸铁，1984 (3)：1.

[3] 黄惠松. 蠕墨铸铁 [M]. 北京：清华大学出版社，1982.

[4] Zhang D, Li Z, Huang J. Effect of Rare Earth Alloy Modification on High Carbon Equivalent Gray Cast Iron of Automotive Brake Drum [J]. Journal of Wuhan University of Technology, 2012, 27 (4)：725-729.

[5] 翟启杰. 氮在铸铁中的作用及含氮高强度灰铸铁中的微量元素讲座之二 [J]. 现代铸铁，2001 (2)：27-32.

[6] 张博. 球墨铸铁 [M]. 任善之，译. 北京：机械工业出版社，1988.

[7] 翟启杰，胡汉起. 氮对灰铸铁中石墨组织的作用 [J]. 金属学报，1992，28 (10)：73-78.

[8] 翟启杰，胡汉起. 氮对灰铸铁基体组织的作用 [J]. 金属学报，1993，29 (5)：28-30.

[9] 翟启杰，胡汉起，张丽娟. 氮在灰铸铁中的分布 [J]. 机械工程学报，1993，29 (2)：104-1077.

[10] 谢庆智，夏凌涛，盛龙海. 钼锑合金化球墨铸铁在重型卡车刹车盘中的应用 [J]. 铸造设备与工艺，2016 (3)：41-43.

[11] 堀江皓，吴子胜，李勤考. 用铈中和与抑制锑对铸铁中石墨球化的有害作用 [J]. 现代铸铁，1984 (1)：51.

[12] 王春棋. 铸铁孕育理论与实践 [M]. 天津：天津大学出版社，1991.

[13] Kovacs B V. AFS Trans [J]. 1980, 118 (1)：80-96.

[14] 范本贤，吴海平. 锑对钒钛蠕墨铸铁组织及耐磨性能的影响 [J]. 铸造技术，1990 (6)：9-11.

[15] 郝远，朱平顺，董庚茂，等. 含锑高强度灰铸铁 [J]. 铸造，1991 (6)：10-14.

[16] 苏华欣. 铸铁凝固及其质量控制 [M]. 北京：机械工业出版社，1993.

[17] Gelfi M, Gorini D, Pola A, et al. Effect of Titanium on the Mechanical Properties and Microstructure of Gray Cast Iron for Automotive Applications [J]. Journal of Materials Engineering and Performance, 2016, 25 (9)：3896-3903.

[18] Branko Bauer, Ivana Mihalic Pokopec, Mitja Petri, et al. Effect of Bismuth on Preventing Chunky Graphite in High-Silicon Ductile Iron Castings [J]. International Journal of Metalcasting, 2020, 14 (4) 1052-1062.

[19] 王敏毅. 微量 Pb 对灰铸铁组织和性能的影响 [J]. 化学工程与装备，2018 (1)：8-15.

[20] 秦强波，王邦伦，朱协彬，等. 微量铅对灰铸铁组织与性能的影响 [J]. 热加工工艺，2019 (19)：73-75.

[21] 严继斌. 硼对高强度灰铸铁气缸套力学性能的影响 [J]. 武汉船舶职业技术学院学报，2018 (2)：47-49.

8　铸铁的热处理

一般情况下，铸铁也要经过热处理。按工艺目的不同，铸铁热处理主要可以分为以下几种：

（1）去应力退火热处理。

（2）石墨化热处理。

（3）改变基体组织热处理。

本章简要介绍上述热处理工艺的理论基础和工艺特点。

8.1　去应力退火热处理

去应力退火就是将铸件在一定的温度下保温，然后缓慢冷却，以消除铸件中的铸造残留应力[1]。对于灰口铸铁，去应力退火可以稳定铸件几何尺寸，减小切削加工后的变形。对于白口铸铁，去应力退火可以避免铸件在存放、运输和使用过程中受到振动或环境发生变化时产生变形甚至自行开裂。

8.1.1　铸造残留应力的产生

铸件在凝固和以后的冷却过程中要发生体积收缩或膨胀，这种体积变化往往受到外界和铸件各部分之间的约束而不能自由地进行，于是便产生了铸造应力。如果产生应力的原因消除后，铸造应力随之消除，这种应力叫做临时铸造应力。如果产生应力的原因消除后铸造应力仍然存在，这种应力叫做铸造残留应力。

铸件在凝固和随后的冷却过程中，由于壁厚不同、冷却条件不同，其各部分的温度和相变程度都会有所不同，因而造成铸件各部分体积变化量不同。如果此时铸造合金已经处于弹性状态，铸件各部分之间便会产生相互制约。铸造残留应力往往是这种由于温度不同和相变程度不同而产生的应力[2]。

8.1.2　去应力退火的理论基础

研究表明，铸造残留应力与铸件冷却过程中各部分的温差及铸造合金的弹性模量成正比。过去很长的时期里，人们认为铸造合金在冷却过程中存在着弹塑性转变温度，并认为铸铁的弹塑性转变温度为 400℃左右。基于这种认识，去应力退火的加热温度应该是 400℃。但是，实践证明这个加热温度并不理想。近期的研究表明，合金材料不存在弹塑性转变温度，即使处于固液共存状态的合金仍具有弹性[2]。

为了正确选择去应力退火的加热温度，首先应了解铸铁在冷却过程中应力的变化情况。图 8-1 是用应力框测定的灰铸铁冷却过程中粗杆内应力的变化曲线。

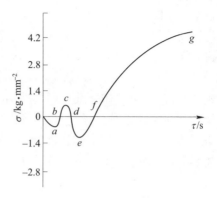

图 8-1 灰铸铁应力变化曲线

在 a 点前灰铸铁细杆已凝固完毕，粗杆处于共晶转变期，粗杆石墨化所产生的膨胀受到细杆的阻碍，产生压应力；到达 a 点时，粗杆的共晶转变结束，应力达到极大值。

从 a 点开始，粗杆冷却速度超过细杆，两者温差逐渐减小，应力随之减小，到达 b 点时应力降为零。此后由于粗杆的线收缩仍然大于细杆，加上细杆进入共析转变后石墨析出引起的膨胀，粗杆中的应力转变为拉应力。

到达 c 点时粗杆共析转变开始，细杆共析转变结束，两杆温差再次增大，粗杆受到的拉应力减小。

到达 d 点时，粗杆受到的拉应力降为零，粗杆所受的应力又开始转变为压应力。

从 e 点开始，粗杆的冷却速度再次大于细杆，两杆的温差再次减小，粗杆受到的压应力开始减小。

到达 f 点时，应力再次为零。此时两杆仍然存在温差，粗杆的收缩速度仍然大于细杆，在随后的冷却过程中，粗杆受到的拉应力继续增大。

从上述分析可以看出，灰铸铁在冷却过程中有三次完全卸载（应力等于零）状态。如果在其最后一次完全卸载（f 点）时，对铸件保温，消除两杆的温差，然后使其缓慢冷却，就会使两杆间的应力降到最小。对灰铸铁冷却过程中的应力测定表明，灰铸铁最后一次完全卸载温度在 550~600℃，这与实际生产中灰铸铁的去应力退火温度相近。

8.1.3 去应力退火工艺

为了提高去应力退火的实际效果，加热温度最好能达到铸件最后一次完全卸载温度。在低于最后一次完全卸载温度时，加热温度越高，应力消除越充分。但是，加热温度过高，会引起铸件组织发生变化，从而影响铸件的性能。对于灰铸铁件，加热温度过高，会使共析渗碳体石墨化，使铸件强度和硬度降低。对于白口铸铁件，加热温度过高，也会使共析渗碳体分解，使铸件的硬度和耐磨性大幅度降低。

普通灰铸铁去应力退火的加热温度为 550℃。当铸铁中含有稳定基体组织的合金元素时，可适当提高去应力退火温度。低合金灰口铸铁为 600℃，高合金灰口铸铁可提高到 650℃，加热速度一般为 60~100℃/h。保温时间可按以下经验公式计算：

$$H = 铸件厚度 /25 + H'$$

式中，铸件厚度的单位是 mm，保温时间的单位是 h，H' 在 2~8h 范围里选择。形状复杂和要求充分消除应力的铸件应取较大的 H' 值。随炉冷却速度应控制在 30℃/h 以下，一般铸件冷至 150~200℃ 出炉，形状复杂的铸件冷至 100℃ 出炉。表 8-1 为一些灰铸铁件的去应力退火规范，供参考。

表 8-1　一些灰铸铁件的去应力退火规范[3]

铸件类别	铸件质量 /t	铸件厚度 /mm	热处理规范					
			装炉温度 /℃	加热速度 /℃·h⁻¹	退火温度 /℃	保温时间 /h	冷却速度 /℃·h⁻¹	出炉温度 /℃
鼓风机机架等具有复杂外形并要求精确尺寸的铸件	>1.5	>70	200	75	500~550	9~10	20~30	<200
		40~70	200	70	450~500	8~9	20~30	<200
		<40	150	60	420~450	5~6	30~40	<200
机床床身等类似铸件	>2.0	20~80	<150	30~60	500~550	3~10	30~40	180~200
较小型机床铸件	<1.0	<60	200	100~150	500~550	3~5	20~30	150~200
筒形结构简单铸件	<0.30	10~40	90~300	100~150	550~600	2~3	40~50	<200
纺织机械等小型铸件	<0.05	<15	150	50~70	500~550	1.5	30~40	150

普通白口铸铁去应力退火的加热温度不应超过 500℃，高合金白口铸铁由于其共析渗碳体稳定性好及铸造应力大，加热温度一般远远高于普通白口铸铁，可达 800~900℃。表 8-2 给出了两种高合金白口铸铁的去应力退火规范，供参考。

表 8-2　两种高合金白口铸铁的去应力退火规范[3]

铸铁种类和成分(质量分数)/%	加热速度	退火温度/℃	保温时间/h	冷却速度
高硅耐蚀铸铁： C 0.5~0.8, Si 14.5~16, Mn 0.3~0.8, S≤0.07, P≤0.1 或 Si 16~18	形状简单的中、小件 ≤ 100℃/h	850~900	2~4	随炉缓慢冷却 (30~50℃/h)
	形状复杂件：浇铸凝固后，700℃ 出型入炉	780~850	2~4	随炉缓慢冷却 (30~50℃/h)

续表 8-2

铸铁种类和成分（质量分数）/%	加热速度	退火温度/℃	保温时间/h	冷却速度
高铬铸铁： C 0.5~1.0, Si 0.5~1.3, Mn 0.5~0.8, Cr 26~30, S≤0.08, P≤0.1 或 C 1.5~2.2, Si 1.3~1.7, Mn 0.5~0.8, Cr 32~36, S≤0.1, P≤0.1)	500℃以下：20~30℃/h 500℃以上：50℃/h	820~850	$H = \dfrac{铸件壁厚}{25}$	随炉缓慢冷却 （20~40℃/h） 至 100~150℃ 出炉空冷

8.2　石墨化退火热处理

石墨化退火的目的是使铸铁中渗碳体分解为石墨和铁素体，这种热处理工艺是可锻铸铁件生产的必要环节。在灰铸铁生产中，为降低铸件硬度，便于切削加工，有时也采用这种工艺方法。在球墨铸铁生产中常用这种处理方法获得高韧性铁素体球墨铸铁。

8.2.1　石墨化退火的理论基础

根据相稳定的自由能计算，铸铁中渗碳体是介稳定相，石墨是稳定相，渗碳体在低温时的稳定性低于高温。因此从热力学的角度看，渗碳体在任一温度下都可以分解为石墨和铁碳固溶体，而且在低温下渗碳体分解更容易。

但是，石墨化过程能否进行，还取决于石墨的形核及碳的扩散能力等动力学因素。对于固态相变，原子的扩散对相变能否进行起重要作用。由于温度较高时，原子的扩散比较容易，因此实际上渗碳体在高温时分解比较容易。尤其是自由渗碳体和共晶渗碳体分解时，由于要求原子做远距离扩散，只有在温度较高时才有可能进行。

8.2.1.1　石墨的形核

对于可锻铸铁，渗碳体的分解首先要求形成石墨核心。

在固相基体中，石墨形核既要克服新相形成所引起的界面能的增加，同时又要克服石墨形核时体积膨胀所受到的外界阻碍，因此其形核比在液态时要困难得多。由于在渗碳体与其周围固溶体的界面上存在有大量的空位等晶体缺陷，石墨晶核首先在这里形成。

在渗碳体内，尽管也可能存在有晶体缺陷，但是由于石墨形核会引起较大的体积膨胀，而渗碳体硬度高，体积容让性差，必然会对此产生巨大的阻力，从而阻碍石墨核心在其内部形成。

在实际生产中，铸铁内往往存在多种氧化物、硫化物等夹杂物。其中一些夹杂物与石墨有良好的晶格对应关系，可以作为石墨形核的基底，减小了由于石墨形核所造成的界面能的增加。因此在实际条件下，石墨形核要比理想状态容易些。

对于灰铸铁和球墨铸铁，石墨化过程不需要石墨重新形核。

8.2.1.2　高温石墨化过程

高温石墨化的主要目的是使自由渗碳体和共晶渗碳体分解。如果把含有渗碳体的铸铁加热到奥氏体温度区域，石墨的形核则发生在奥氏体与渗碳体的界面上。石墨形核后，随着渗碳体的分解，借助于碳原子向石墨核心的扩散不断长大，最终完成石墨化过程。

需要指出的是，对于可锻铸铁而言，其铸态组织是按亚稳定系凝固而成，其中奥氏体相对于稳定系奥氏体呈碳过饱和状态，石墨化后，奥氏体中碳浓度也要发生变化。石墨化完成后，铸铁的平衡组织为奥氏体+石墨。如果此时将铸铁缓慢冷却，奥氏体将发生稳定系共析转变，其转变产物是铁素体和二次石墨，铸铁的最终平衡组织为铁素体+石墨。

8.2.1.3　低温石墨化过程

低温石墨化是指在 A_1 温度（720~750℃）以下保温的石墨化过程，可分为两种情况：

（1）铸铁经过高温奥氏体化后再进行低温石墨化处理。

（2）铸铁不经过高温奥氏体化，而仅加热到 A_1 温度以下进行低温石墨化。

前者的目的是使奥氏体在共析转变时按稳定系转变为铁素体和石墨；后者不形成奥氏体，共析渗碳体直接分解为铁素体+石墨。

如前所述，从热力学条件看，在低温下石墨化是可能的，此时关键的问题是碳原子的扩散。在低温下，碳原子本身的扩散能力很低，加之铁素体溶解碳的能力很小，碳原子的扩散比较困难，主要通过晶粒边界和晶体内部缺陷进行。因此，要提高低温石墨化的速度，关键是减小碳原子的扩散距离。细化铸态组织，增加晶界，增加石墨核心是减小碳原子扩散距离的有效措施。

8.2.2　石墨化退火工艺

8.2.2.1　铁素体（黑心）可锻铸铁的石墨化退火工艺

如图 8-2 所示，铁素体可锻铸铁的石墨化有五个阶段：

（1）升温；

（2）第一阶段石墨化；

（3）中间阶段冷却；

（4）第二阶段石墨化；

（5）出炉冷却。

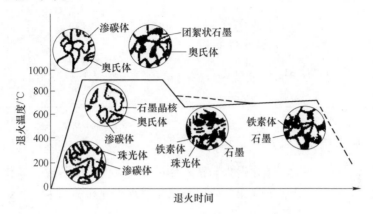

图 8-2　铁素体可锻铸铁退火工艺

表 8-3 为一些典型可锻铸铁件石墨化退火实例，供参考。

表 8-3　铁素体可锻铸铁石墨化退火实例

产品名称	铸铁牌号	化学成分（质量分数）/%	孕育剂/%	退火炉	退火规范
汽车底盘零件	KTH350-10	C 2.5~2.7 Si 1.3~1.6 Mn 0.35~0.5 P 0.05~0.07 S<0.15	B 0.002 Bi 0.006 Al 0.008	25t 升降式电炉	
汽车、拖拉机、铁道等零件	KTH350-10 KTH370-12	C 2.3~2.6 Si 1.5~2.0 Mn 0.4~0.6 P<0.12 S 0.15~0.20	Al 0.008 Bi 0.006~0.01	连续式火焰隧道炉	
阀门、手扶拖拉机零件	KTH350-10	C 2.3~2.7 Si 1.14~1.36 Mn 0.3~0.4 P<0.1 S 0.07~0.09	Al 0.015		

续表 8-3

产品名称	铸铁牌号	化学成分(质量分数)/%	孕育剂/%	退火炉	退火规范
	σ_b = 330~400MPa，伸长率 = 8%~20%，硬度 HB120~163	C 2.65~2.80 Si 1.5~1.7 Mn 0.40~0.60 P<0.1 S≤0.20 Cr<0.06		锌气氛燃煤炉	温度/℃：920(4~5.5)—720—660；时间/h：13~14，3，8

8.2.2.2　珠光体可锻铸铁石墨化退火工艺[4]

珠光体可锻铸铁的石墨化退火与铁素体可锻铸铁的第一阶段石墨化相同，但不进行第二阶段石墨化，或在第一阶段石墨化后淬火并高温回火。其热处理实例见表 8-4[4]。

表 8-4　珠光体可锻铸铁石墨化退火实例

产品名称	铸铁牌号	化学成分(质量分数)/%	孕育剂/%	退火炉	退火规范	基体组织
手扶拖拉机轴承座、插销等	KTZ450-06 KTZ550-04	C 2.4~2.6 Si 1.3~1.5 Mn 0.4~0.8 P<0.1 S<0.2		室温煤粉炉	温度/℃：920~930，炉冷 870~890，空冷 690，空冷；时间/h：18，10	片状珠光体
台车车轮、拖拉机履带板、农机具零件	KTZ450-06 KTZ550-04	C 2.4~2.8 Si 1.0~1.3 Mn 0.85~1.2 P<0.1 S≤0.15		室温煤粉炉	温度/℃：940~960 风冷 690—670—600，空冷；时间/h：26~30，16~20，2，24~28	粒状珠光体
汽车曲轴	KTZ650-02 KTZ700-02	C 2.4~2.6 Si 1.3~1.5 Mn 0.4~0.5 P<0.07 S<0.15	Bi 0.01 B 0.003 Cu 1.0	电炉	温度/℃：920~950 油淬 870~890—670，空冷；时间/h：15，6~8	细粒状索氏体

8.2.2.3　灰口铸铁和球墨铸铁的石墨化退火

灰口铸铁和球墨铸铁的石墨化退火又称为软化退火。当铸件中共晶渗碳体不多时，石墨化退火的目的是使共析渗碳体分解，此时可选用低温石墨化退火。当铸件中含有自由渗碳体或共晶渗碳体时石墨化退火的目的是消除自由渗碳体和共晶渗碳体，此时必须进行高温石墨化退火。其退火工艺见表8-5。

表8-5 灰口铸铁和球墨铸铁的石墨化退火工艺

退火类型	铸件类型	加热温度/℃	保温时间/h	出炉温度/℃
低温 石墨化	灰口铸铁	650~750	1~4	<300
	球墨铸铁	720~760	2+铸件厚度/25	<600
高温 石墨化	灰口铸铁	900~950	2+铸件厚度/25	100~300
	球墨铸铁	880~980	1+铸件厚度/25	<600

8.3 改变基体组织的热处理

8.3.1 改变基体组织热处理的理论基础

8.3.1.1 过冷奥氏体的转变及其产物

如果将奥氏体化后的铸铁冷却到A_1温度以下（此时的奥氏体称为过冷奥氏体），奥氏体就会发生转变，其转变可以是珠光体转变、贝氏体转变或马氏体转变。究竟发生何种转变，一方面取决于各种转变生成相在不同温度下的自由能，另一方面与各种转变所要求的动力学条件有关。

对于铁碳合金，珠光体转变发生在A_1以下至550℃左右。在此温度下，原子可以充分扩散，转变产物为珠光体。在一般情况下，珠光体内的铁素体和渗碳体呈片状相间分布，其片层厚度与珠光体转变温度有关。转变温度越低，所形成的珠光体分散度越高，片层间距越小，其力学性能越高。随着转变温度的降低，其转变产物依次为粗大珠光体或称为珠光体、细珠光体或称为索氏体、极细珠光体或称为屈氏体（托氏体）。

如果奥氏体冷却到220~550℃进行转变，由于温度较低，原子的扩散不能充分进行，奥氏体分解为介稳定的过饱和α-Fe与碳化物（或渗碳体）的混合物，这种转变产物称为贝氏体。贝氏体分为上贝氏体和下贝氏体。在接近珠光体转变温度（550℃稍下）所形成的贝氏体称为上贝氏体，由平行的α-Fe相和其间分布的碳化物所组成；在金相显微镜下，上贝氏体呈羽毛状，因此又叫做羽毛状贝氏体。在靠近马氏体转变温度（220℃稍上）所形成的贝氏体称为下贝氏体，由针状过饱和α-Fe及其上分散的微细碳化物所组成，又叫做针状贝氏体。

如果奥氏体冷却到更低的温度进行转变，原子的扩散已无法进行，奥氏体只能以非扩散的形式转变为马氏体。奥氏体只有冷却到某一温度以下才可以发生马氏体转变，这个温度称为马氏体转变开始点，简称马氏体点。马氏体转变的特点是在转变过程中铁、碳原子都不发生扩散，所生成的马氏体与原来的奥氏体成分相同。从晶体结构上看，马氏体仍是碳在 α-Fe 中的过饱和固溶体。高碳马氏体在金相显微镜下呈针状。

8.3.1.2　过冷奥氏体等温转变动力学曲线（C 曲线）

过冷奥氏体等温转变动力学曲线是表示不同温度下过冷奥氏体转变量与转变时间关系的曲线。由于通常不需要了解某时刻转变量的多少，而比较注重转变的开始和结束时间，因此常常将这种曲线绘制成温度-时间曲线，简称 C 曲线，如图 8-3 所示。

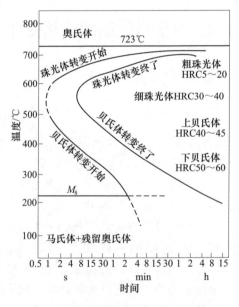

图 8-3　共析成分奥氏体的 C 曲线

C 曲线的左边一条线表示转变开始时间，称为孕育期。孕育期的长短取决于过冷奥氏体在该温度下的稳定性，它与该温度下过冷奥氏体与形成新相之间的能量差和碳原子的扩散能力有关。如图 8-4 所示，温度越低，过冷度越大，自由能差越大，转变驱动力越大；但同时，温度的降低又使原子的扩散能力降低。因此过冷奥氏体在某一特定温度下转变的孕育期最短，温度过高和过低都不利。

对于铸铁，其奥氏体成分一般是过共析的，C 曲线上多出一条表示先共析渗碳体（或石墨）析出的曲线，如图 8-5 所示。奥氏体的成分偏离共析点越远，这条先共析相析出线距离珠光体转变开始线也越远。铸铁成分不同，其过冷奥氏体转变的 C 曲线不同。根据不同成分铸铁过冷奥氏体转变的 C 曲线，可以容易地预测该成分铸铁不同温度下奥氏体等温转变的产物，从而制订合理的等温转变热处理工艺。

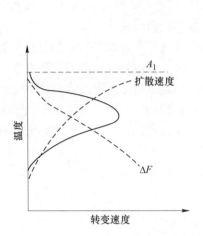 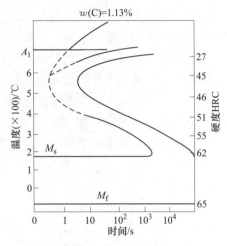

图 8-4　过冷奥氏体的转变速度与温度的关系　　图 8-5　过共析奥氏体等温转变曲线

8.3.1.3　过冷奥氏体的连续冷却转变曲线（CCT 曲线）

在实际热处理中，等温热处理工艺对设备有特殊的要求，因而较多的是采用连续冷却热处理。在连续冷却过程中，奥氏体是在不断降温过程中发生转变的。

为简便起见，可以将铸铁的冷却曲线绘制到 C 曲线上，以定性地分析在连续冷却条件下过冷奥氏体的转变。如图 8-6 所示，当冷却速度为 v_1 时，冷却曲线与 C 曲线有两个交点，a_1 点表示珠光体转变开始，b_1 点表示珠光体转变结束。将冷却速度提高到 v_2，转变开始时间和结束时间缩短，转变温度降低。如果将冷却速

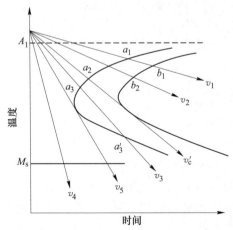

图 8-6　应用 C 曲线分析不同冷却速度下过冷奥氏体转变示意图

度提高到临界冷却速度 v'_c 以上（比如 v_3），则冷却曲线不与转变终了线相交，这表明只有一部分奥氏体转变为珠光体，而其余部分被过冷到 M_s 点以下转变为马氏体。在此范围里，冷却速度越大，奥氏体转变为珠光体的量越少，而马氏体量越多。如果冷却速度大于 v_5，则奥氏体全部转变为马氏体。

虽然应用 C 曲线可以定性地分析过冷奥氏体连续冷却转变，但是由于连续冷却时奥氏体转变的孕育期与等温转变有所不同，上述分析在数值上存在着一定的偏差。因此，在分析过冷奥氏体连续冷却时比较多的是采用过冷奥氏体的连续冷却转变曲线（CCT 曲线）。图 8-7 是共析成分奥氏体连续冷却转变曲线，为便于对比，图中还画出了 C 曲线。与其 C 曲线相比，连续冷却时转变开始时间和开始温度降低。

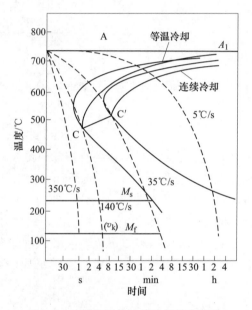

图 8-7　共析奥氏体连续冷却转变曲线

连续冷却速度很小时，转变的过冷度很小，转变开始和终了的时间很长。如果提高冷却速度，则转变温度降低，转变的开始和终了时间缩短，转变所经历的温度区间增大。图中 CC′ 线为转变中止线，表示冷却曲线与此线相交时转变并未完成，但奥氏体分解停止，剩余部分被冷却到更低的温度下转变为马氏体。如果冷却速度很大，奥氏体将全部转变为马氏体。

化学成分、加热速度、奥氏体化温度都对奥氏体连续冷却转变曲线有影响。因此，实际铸铁的连续冷却转变曲线与图 8-7 有比较大的出入。图 8-8 是一种球墨铸铁连续冷却转变曲线（供参考），冷却曲线下端圆圈内的数据为硬度（HV）。

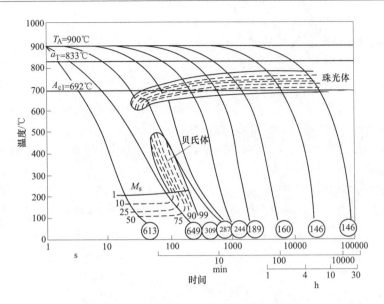

图 8-8　一种球墨铸铁的连续冷却转变曲线

（球墨铸铁的化学成分（质量分数）：C 3.59%，Si 2.71%，Mn 0.29%，Cr 0.04%，Ni 0.03%，Mo 0.022%）

8.3.1.4　珠光体、马氏体、贝氏体相变特点

珠光体、马氏体和贝氏体相变机制在有关金属学及钢的热处理教材中都有详细介绍，限于篇幅，这里不再赘述。表 8-6 给出了上述三种转变的特点，供参考。表 8-6 中所注温度是针对铁碳合金的，对于铸铁，则视硅、锰含量而有所不同。

表 8-6　珠光体、马氏体、贝氏体的相变特点

相变类型 主要异同点	珠光体相变	贝氏体相变	马氏体相变
转变温度范围	高温转变（$A_{r1} \sim 550℃$）	中温转变（$500℃ \sim M_s$）	低温转变（M_s 以下）
扩散性	具有铁原子与碳原子的扩散	碳原子扩散，而铁原子不扩散	无扩散
生核、长大与领先相	生核、长大，一般以渗碳体为领先相	生核、长大，一般以铁素体为领先相	生核、长大
共格性	无共格性	具有共格性，产生表面浮凸现象	具有共格性，产生表面浮凸现象
组成相	两相组织：$\gamma\text{-Fe(C)} \rightarrow \alpha\text{-Fe}+\text{Fe}_3\text{C}$	两相组织：$\gamma\text{-Fe(C)} \rightarrow \alpha\text{-Fe(C)}+\text{Fe}_3\text{C}$（约350℃以上）$\gamma\text{-Fe(C)} \rightarrow \alpha\text{-Fe(C)} + \text{Fe}_x\text{C}$（约350℃以下）	单相组织：$\gamma\text{-Fe(C)} \rightarrow \alpha\text{-Fe(C)}$
合金元素的分布	合金元素扩散重新分布	合金元素不扩散	合金元素不扩散

8.3.2　改变基体组织的热处理及其工艺

8.3.2.1　正火

　　铸铁的正火处理主要用于球墨铸铁、蠕墨铸铁和灰铸铁，其目的是使基体组织中珠光体含量增多，提高铸铁的耐磨性和强度。

　　对于球墨铸铁而言，根据加热时是否保留部分铁素体，正火可分为完全奥氏体化正火和部分奥氏体化正火。

　　（1）灰口铸铁的正火工艺。灰口铸铁共晶渗碳体较少时，正火含加热温度一般为 850~900℃；共晶渗碳体较多时，加热温度一般为 900~950℃。加热温度高，可提高奥氏体的碳含量，使冷却后珠光体含量提高。保温时间为 1~3h。保温后在空气中冷却，或采用风冷和喷雾冷却，以提高珠光体含量，并使其细化。

　　（2）球墨铸铁的正火处理。球墨铸铁的热处理主要有高温奥氏体化正火、两阶段正火、部分奥氏体化正火和高温不保温正火，这些正火工艺的目的、工艺规范及所得到的基体组织见表 8-7。

表 8-7　球墨铸铁常用正火工艺

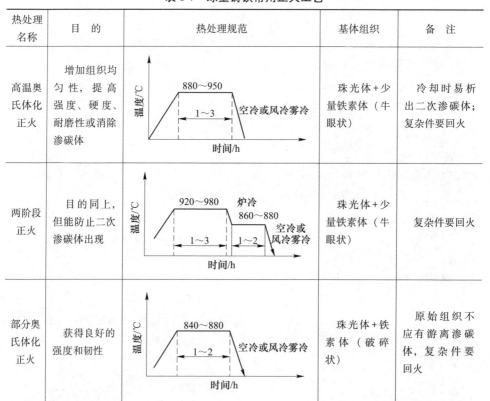

热处理名称	目　的	热处理规范	基体组织	备　注
高温奥氏体化正火	增加组织均匀性，提高强度、硬度、耐磨性或消除渗碳体	880~950；1~3；空冷或风冷雾冷（温度/℃ — 时间/h）	珠光体+少量铁素体（牛眼状）	冷却时易析出二次渗碳体；复杂件要回火
两阶段正火	目的同上，但能防止二次渗碳体出现	920~980 炉冷 860~880；1~3；1~2；空冷或风冷雾冷（温度/℃ — 时间/h）	珠光体+少量铁素体（牛眼状）	复杂件要回火
部分奥氏体化正火	获得良好的强度和韧性	840~880；1~2；空冷或风冷雾冷（温度/℃ — 时间/h）	珠光体+铁素体（破碎状）	原始组织不应有游离渗碳体，复杂件要回火

热处理名称	目 的	热处理规范	基体组织	备 注
高温不保温正火	获得良好的强度和韧性	温度/℃：740~760，1~1.5，900~940，空冷或风冷雾冷，时间/h	珠光体+少量铁素体（破碎状）	原始组织没有游离渗碳体，复杂件要回火

8.3.2.2 淬火和回火

淬火的目的是获得普通冷却条件下不能得到的急冷组织，以提高铸件的硬度、耐磨性和综合力学性能。回火则是淬火处理的一种后处理工序，其目的是减小淬火中产生的应力。

（1）抗磨白口铸铁的淬火及回火工艺。表 8-8 给出了一些抗磨白口铸铁的热处理规范，供参考。

表 8-8　一些白口铸铁的热处理参考规范[4]

牌　号	转化退火工艺	淬火工艺	回火工艺	最大断面尺寸/mm
KmTBCr9Ni5Si2	—	750~825 ℃保温 4~10h，出炉空冷	250~300℃保温 4~16h，出炉空冷	300
KmTBCr2Mo1Cu1	940~960℃保温 1~6h，缓冷至 760~780℃保温 4~6h，缓冷至 600℃以下出炉空冷	960~1000℃保温 1~6h，出炉空冷	200~300℃保温 4~6h，出炉空冷	100
KmTBCr15Mo2-DT	920~960℃保温 1~8h，缓冷至 700~750℃保温 4~8h，缓冷至 600℃以下出炉空冷	920~1000℃保温 2~6h，出炉空冷	200~300℃保温 2~8h，出炉空冷	120
KmTBCr15Mo2-GT				75
KmTBCr20Mo2Cu1	920~960℃保温 1~8h，缓冷至 700~750℃保温 4~10h，缓冷至 600℃以下出炉空冷	920~1020℃保温 2~6h，出炉空冷	200~300℃保温 2~8h，出炉空冷	300
KmTBCr26		920~1060℃保温 2~6h，出炉空冷		200

（2）球墨铸铁的淬火及回火工艺。球墨铸铁的淬火及回火工艺见表 8-9。

表 8-9　球墨铸铁的淬火及回火工艺[4]

工序	说　　明
淬火	（1）完全奥氏体化后淬火。一般加热到 A_{c1}（加热时共析转变温度）上限以上 30~50℃，普通球墨铸铁 850~880℃，淬火后为马氏体组织，再回火；HRC>50，$a_k = 10~20J/cm^2$。 （2）部分奥氏体化后淬火。加热到共析转变范围内（加热时共析转变的上、下限之间），淬火后为马氏体和少量分散分布的铁素体，再回火；HB270~350，$a_k = 20~40J/cm^2$
回火	（1）低温回火（140~250℃）。马氏体开始分解，析出碳化物微粒，成为回火马氏体（含碳量比淬火马氏体少的马氏体），终组织为细针状回火马氏体+残余奥氏体+球墨，降低残余应力和脆性，保持高硬度和耐磨性。 （2）中温回火（350~500℃）。马氏体分解终了形成铁素体与细小弥散渗碳体质点的混合组织，称为回火屈氏体或托氏体；弹性高，韧度好，仅用于废气涡轮的球墨铸铁密封环，其他应用很少。 （3）高温回火（500~600℃，一般为 550~600℃）。马氏体析出的渗碳体显著地聚集长大，称为回火索氏体或索氏体。调质（淬火+高温回火）后，综合性能良好（高塑性、高韧度、高强度），应用较多。 铜钼球铁淬火马氏体，在不同温度回火时，组织变化为： （下表）

回火温度/℃	组织与性能
550~560	索氏体，保留淬火马氏体痕迹，针状均布；强度高，脆性大
570~580	针状组织与针叶马氏体分解物（碳化物），颗粒粗化，均布；综合性能较理想
600 左右	由于渗碳体过热分解，使索氏体严重粗化，针叶间仅残留极少而近消失的细小点状渗碳体粒
≥600	马氏体充分分解，针状组织消失，变成铁素体+石墨

8.3.2.3　等温淬火

等温淬火的目的是使材料具有高强度和高硬度的同时也具有较高的塑性和韧性，是目前有效发挥材料最大潜力的一种热处理方法。在白口铸铁生产中，等温淬火可用于犁铧、粉碎机锤头、抛丸机叶片及衬板等铸件的热处理；其工艺是将白口铸铁在 900℃奥氏体化，然后根据不同成分铸铁的过冷奥氏体等温转变曲线确定等温转变温度，在该温度下等温 1~1.5h 后空冷。

在球墨铸铁、蠕墨铸铁和灰铸铁生产中，等温淬火工艺主要用来获得贝氏体+残余奥氏体基体组织；其工艺是将铸铁加热到奥氏体化温度，保温后进行等温淬火。提高奥氏体化温度，会增加奥氏体的碳含量，使形成上贝氏体的下限温度降低，有利于形成上贝氏体组织。增加奥氏体化保温时间，会提高奥氏体的稳定性，有利于保留一定数量的残留奥氏体，从而改善材料的韧性。等温淬火温度要根据 C 曲线确定。等温淬火时间过长会析出碳化物，降低材料的韧性；过短则贝氏体含量不足。加入一定的合金元素，如 Mo、Cu、Ni 可提高淬透性。图 8-9 和图 8-10 分别是球墨铸铁上贝氏体和下贝氏体等温淬火工艺，供参考。

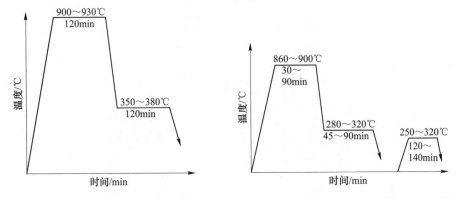

图 8-9　球墨铸铁上贝氏体等温淬火工艺[5]　　　图 8-10　球墨铸铁下贝氏体等温淬火工艺[5]

参 考 文 献

[1] 袁鸿志，冯晓宇. 去应力退火工艺参数的研究 [J]. 热处理技术与装备，2014，35（2）：48-50.

[2] 安阁英. 铸件形成理论 [M]. 北京：机械工业出版社，1990.

[3] 中国机械工程学会热处理专业学会《热处理手册》编委会. 热处理手册（第一卷　工艺基础）[M]. 北京：机械工业出版社，1991.

[4] 北京机械工程学会铸造专业学会. 铸造技术数据手册 [M]. 北京：机械工业出版社，1993.

[5] 中国机械工程学会铸造专业学会. 铸造手册（第一卷　铸铁）[M]. 北京：机械工业出版社，1993.

第 2 篇
铌在铸铁中的作用与应用

⑨ 铌在铸铁中的热力学基础

    金属元素铌，原子序数 41，相对原子质量 92.9064，原子半径 1.43×10^{-10}m，体心立方晶型，最近原子间距 2.859×10^{-10}m，密度为 8.6g/cm^3，熔点为 2468℃，在元素周期表中属ⅤB族。

    根据元素的物理化学性质、资源、开发、生产、应用等情况，铌被划为稀有难熔（熔点在 1700℃以上）金属元素。

    铌具有较高的熔点、热导率和高温强度，在 1000℃以上仍具有足够的强度、塑性和导热性。

    铌的发现已经有两百多年的历史（1801~2022 年），但作为钢铁工业的微量合金元素使用只是最近四十多年的事情。随着材料科学技术的进步和人们对金属材料性能要求的日益提高，铌在金属材料领域得到了广泛的应用。

    研究表明[1]，铌在金属结构材料中的作用来源于两个方面：一是铌可使金属晶粒细化、组织均匀；二是铌可析出精细稳定的硬相质点，这些质点均匀分布于金属基体中，起弥散强化抵抗变形的作用。

    对于铸铁而言，铌的强化机制主要有以下几方面：

    （1）固溶强化。从晶体结构来看，铌与铸铁中的铁素体结构类型相同，具备形成无限固溶的必要条件。铌与奥氏体的结构类型不相同，组元间的溶解度只能是有限的。无论从晶体结构、原子尺寸还是电负性因素来看，铌可在钢铁材料中形成一定的固溶量，进而起到固溶强化作用[2]。铌的原子半径比常用的合金元素中任何一个都大，所以它有最大的固溶强化作用。铌使铸铁中渗碳体的显微硬度显著提高，使莱氏体和珠光体硬度略有提高，表明铌可以固溶到渗碳体、珠光体和莱氏体组织中，但铌的强化作用次于镍[3]。

    （2）铌是最有效细化晶粒的微合金化元素之一，铌对基体组织的作用主要在于细化奥氏体组织。当铌固溶于奥氏体时，在晶界处极易产生内吸附，当凝固时奥氏体晶界处的铌偏聚，阻碍了晶粒界面的推移，从而抑制了奥氏体的长大。另外，当铌含量提高到超过固溶度以后，又会在晶界处形成偏聚析出铌的碳化物 NbC，这部分铌碳化物尽管尺寸极其细小，但是可以起到促进形核的作用，故能有效抑制奥氏体的长大[4,5]。概括来说，Nb 在铸铁中细化晶粒的主要方式为：1）固溶 Nb 原子的拖曳作用能推迟再结晶和推迟 $\gamma\rightarrow\alpha$ 的扩散相变，使相变温度降低，从而细化晶粒；2）析出碳氮化物，起到阻止晶粒长大、再结晶和析出强化等作用[6~9]。

（3）铌可以细化铸铁中的石墨、珠光体和磷共晶，并且珠光体和磷共晶的显微硬度随铌含量的增加略有增加。虽然加入铌的铸铁中石墨的形态变化不大，但是容易析出一些方形、菱形或不规则的棒形特殊析出物，这些析出物主要是 MC 型碳化物或碳氮化合物 $Nb(C,N)$，它们的显微硬度 HV 可达到 2300~2500，且其数量随铌含量的增加而增多[10~16]。铸铁铁液中氮含量一般为（20~80）× 10^{-6} 之间[17]，这些氮在铸铁凝固后以游离态存在于共晶团晶界处，使共晶团相互间的结合力变弱，影响铸铁的强度和韧性[18]。铸铁中加入铌，其中的铌在凝固初期即能与铁液中的氮、碳化合生成固态的 $Nb(C,N)$ 质点，从而固定了氮，减少了共晶凝固时共晶团晶界处的游离氮，净化了晶界，提高了共晶团之间的结合力，提高了铸铁的强度，改善了韧性[19,20]。

（4）位错强化。位错强化是钢铁材料中目前最有效的强化方式，铌的化合物 NbN 可"钉扎"位错并与位错纠缠产生强化效应，可形成高位错密度的组织[21,22]。

（5）在溶解状态下，铌元素与碳氮之间的高亲和力，引起基体中的第二相析出，主要以 $Nb(C,N)$ 小质点的形式均匀弥散分布于基体中作为强化相，对铸铁起到明显的弥散强化作用。虽然这些小质点本身硬度很高，但尺寸很小，因而对铸铁的宏观硬度影响不大[23,24]。

（6）在镍铬基和钴基高温合金钢中，铌可以提高高温稳定性和高温强度[25]。在铸造热强钢中，Nb 可以提高再结晶温度，具有固溶强化作用，从而提高钢的抗蠕变能力；铌可以和钢中的碳、氮形成稳定的化合物（NbC）或 $Nb(C,N)$，这些化合物弥散分布于基体中，能够提高钢的热强性[26,27]。铌与化学元素周期表中相邻的元素，在铸铁中具有相似的作用。除了和相邻的钒、钛、铬、钼、锆、铪、钽、钨元素一样，具有熔点高的特点外，铌也和相邻的钼元素一样，可以提高铸铁的高温组织稳定性[26~28]。

9.1 铌对铁碳相图的影响

铁碳合金是铁与碳组成的合金，在合金中当碳含量超过固溶体的溶解限度后，剩余的碳以两种方式存在：渗碳体 Fe_3C 和石墨。在通常情况下，铁碳合金是按 $Fe\text{-}Fe_3C$ 系进行转变。但在极为缓慢冷却或加入促进石墨化元素的条件下碳才以石墨的形式存在，Fe-石墨系被称为平衡系的状态。因此铁碳相图通常表示为 $Fe\text{-}Fe_3C$ 和 Fe-石墨双重相图。

常亮、翟启杰等[29]采用 Thermo-Calc 软件计算铌对铁碳相图（平衡系）的影响，铌对球墨铸铁中的主要合金元素碳、硅、锰、铜和钼在铁中固溶度的影响，并计算了不同铌含量下铌在铁中的固溶度曲线；同时利用热分析方法测量了球墨铸铁的共晶温度，研究了不同铌含量对其共晶温度的影响。

图 9-1 是通过 Thermo-Calc 软件计算的 Fe-C-Nb 相图，即 Fe-石墨-Nb 相图[29]。

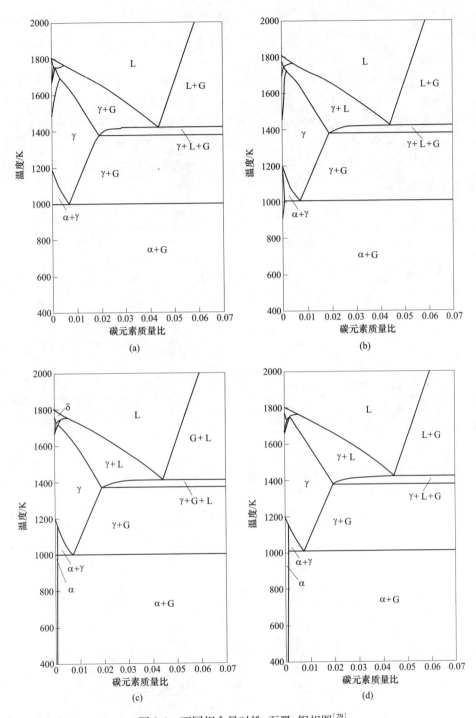

图 9-1 不同铌含量时铁-石墨-铌相图[29]

(a) $w(\text{Nb}) = 0.2\%$; (b) $w(\text{Nb}) = 0.4\%$; (c) $w(\text{Nb}) = 0.6\%$; (d) $w(\text{Nb}) = 0.8\%$

从图 9-1 中可以看出，由于铌元素的加入相图中的共晶转变温度不再恒定，而是变成了一个三相共存的温度区间，其共晶温度区间为 1383~1425K。对于稳定系，共晶三相区由铁液、石墨及奥氏体组成。

通过 Thermo-Calc 软件计算得出的铌对铁碳相图中主要特征点的温度和碳含量的影响见表 9-1。由表 9-1 可以看出，随着铌含量的增加，共晶点 C' 右移，说明铌的加入会抑制石墨从液相中析出，降低石墨析出温度，同时使得奥氏体的析出温度上升。另外，共晶点右移也会使石墨数量降低，奥氏体数量增加。共析点 S' 右移，从而 A_3 温度线上移，说明奥氏体更容易向铁素体转化，同时使生成的铁素体含量增加。

表 9-1　不同铌含量对铁碳相图的影响[29]

$w(Nb)/\%$	共晶温度 /K	共析温度 /K	E' 点 $w(C)/\%$	共晶点 C' $w(C)/\%$	共析点 S' $w(C)/\%$
0	1427	1011	2.08	4.26	0.68
0.01	1383~1425	1007	1.94	4.33	0.68
0.03	1383~1425	1007	1.88	4.33	0.69
0.05	1383~1425	1007	1.87	4.34	0.69
0.07	1383~1425	1007	1.88	4.35	0.69
0.09	1383~1425	1007	1.89	4.36	0.69
0.1	1383~1425	1007	1.89	4.36	0.69
0.2	1383~1425	1007	1.90	4.37	0.71
0.3	1383~1425	1007	1.91	4.38	0.72
0.4	1383~1425	1007	1.92	4.41	0.73
0.5	1383~1425	1007	1.93	4.42	0.74
0.6	1383~1425	1007	1.94	4.46	0.75
0.7	1383~1425	1007	1.95	4.47	0.77
0.8	1383~1425	1007	1.97	4.49	0.78
0.9	1383~1425	1007	1.98	4.51	0.79
1.0	1383~1425	1007	1.99	4.54	0.80
1.2	1383~1425	1007	2.00	4.57	0.83
1.4	1383~1425	1007	2.03	4.62	0.86
1.6	1383~1425	1007	2.05	4.65	0.88
1.8	1383~1425	1007	2.08	4.69	0.90
2.0	1383~1425	1007	2.10	4.74	0.93

此外，随着铌含量的增加，E' 点先左移后右移，在铌含量为 0.05% 左右时达

到最左端。当铌含量小于 0.05% 时，E' 点的碳含量随着铌含量的增加而减少；当铌含量大于 0.05% 时，E' 点的碳含量则随着铌含量的增加而增加。这说明碳在奥氏体中最大的固溶度是先减小后增加的，但是影响较小。

由以上计算结果（见表 9-1）可以看出，铌的加入使稳定系共晶温度以及共析温度均有所下降，但不随铌含量的变化而变化。

9.1.1　铌对碳在铁中固溶度的影响

与铁元素相比，碳元素的原子半径较小，在 α-Fe 中进入铁原子间的八面体间隙中形成间隙固溶体。碳在铁中为有限固溶，特别是在 α-Fe 中的固溶度很低，平衡状态下最大固溶量为 0.0218%，室温下小于 0.00005%。由于碳的原子半径比铁原子的八面体的间隙半径大，所以进入八面体间隙后引起晶格畸变，从而起到固溶强化作用。如果碳在 α-Fe 中的极限固溶度增加，则固溶强化作用就会增大，从而达到增强固溶强化的目的。

如图 9-2 所示，随着铌含量的增加，铁碳铌准二元相图中 α 相区明显增大，即碳在 α-Fe 中的溶解度逐渐增加。当铌含量为 0.5% 时，碳在 α-Fe 中的固溶度比不含铌时增加了 5~6 倍；到 1.0% 时，增加了 8~10 倍。铌在铁中以置换固溶形式存在，且铌的原子半径比铁的大，因此铌的添加可以引起较大的晶格畸变，使得铁原子的八面体间隙增大，从而使碳更容易进入铁原子的八面体间隙。同时，铌是亲碳元素，随着铌含量的增加，铁基体中铌的固溶量也随之增加，所以更多的碳原子被吸引进入铌附近的铁原子的八面体间隙中，也使得碳在铁中的固溶度增加。

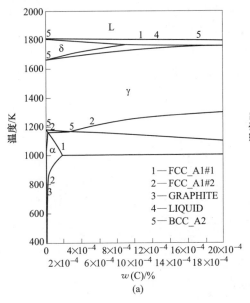

(a)

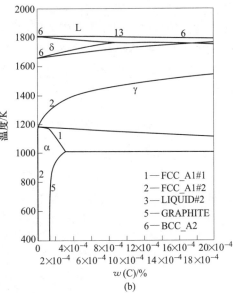

(b)

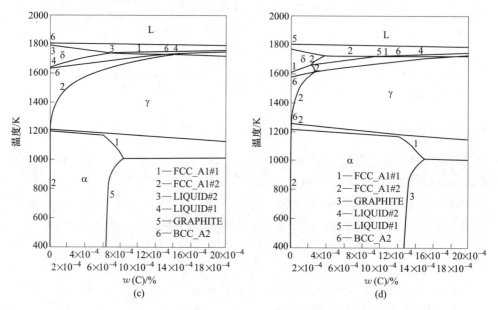

图 9-2　碳在铁中的固溶度曲线图[30]

(a) $w(Nb) = 0.01\%$；(b) $w(Nb) = 0.1\%$；(c) $w(Nb) = 0.5\%$；(d)$w(Nb) = 1.0\%$

9.1.2　铌对铸铁中常见合金元素固溶度的影响

如图 9-3（a）所示，随着铌含量的增加硅在 α-Fe 中的固溶度曲线几乎没有移动，也就是说铌对硅在 α-Fe 中的固溶度几乎没有影响。这是因为硅在 α-Fe 中的固溶是以置换固溶为主，而铌同样是以置换固溶的形式存在，所以铌的添加引起铁基体的晶格畸变几乎不影响硅在 α-Fe 中固溶。

锰、钼、铜在铁中也以置换固溶形式存在，因此铌含量对锰、钼、铜在 α-Fe 的固溶度同样几乎没有影响。这与 Thermo-Calc 软件的计算结果相符合，如图 9-3（c）~（h）所示。

9.1.3　铌在铁中的固溶度曲线

铌的原子半径比铁的原子半径（1.17×10^{-10}m）大，从晶体结构看，铌与铁素体的结构类型相同，具备形成无限固溶的必要条件[29]。与奥氏体结构类型不相同，因此，铌在奥氏体中的溶解度只能是有限的。无论从晶体结构、原子尺寸还是电负性因素来看，铌可在铁中形成一定的固溶量，进而起到固溶强化作用[2]。

图 9-4 是通过 Thermo-Calc 软件计算的不同碳和铌含量下铌元素在铁素体中的固溶度曲线。可以看出，随着铌含量的增加，铌在铁中的固溶度也增加，但增

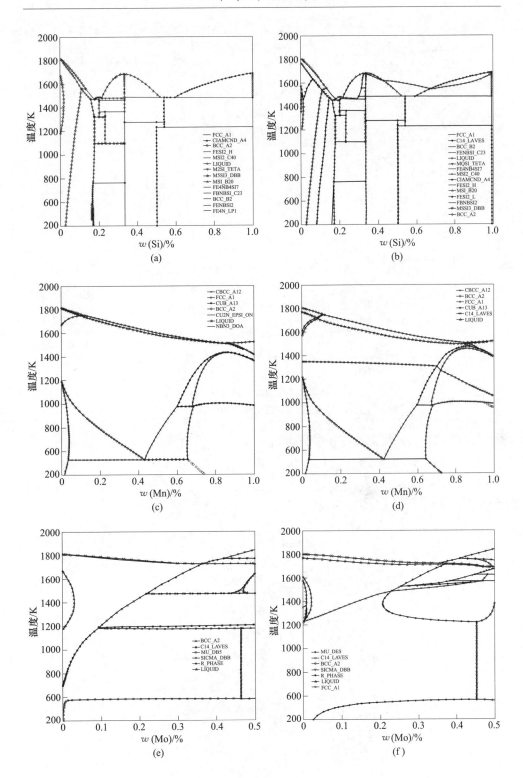

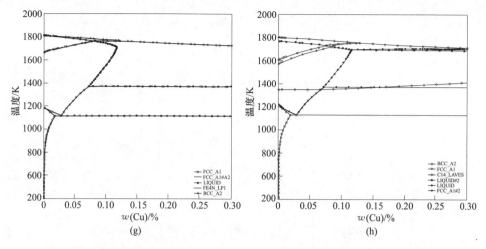

扫一扫
看彩图

图 9-3　铌对硅、锰、钼、铜在铁中的固溶度的影响[29]

（a）铌含量 0%时硅在铁中的固溶度曲线图；
（b）铌含量 1.0%时硅在铁中的固溶度曲线图；
（c）铌含量 0%时锰在铁中的固溶度曲线图；
（d）铌含量 1.0%时锰在铁中的固溶度曲线图；
（e）铌含量 0%时钼在铁中的固溶度曲线图；
（f）铌含量 1.0%时钼在铁中的固溶度曲线图；
（g）铌含量 0%时铜在铁中的固溶度曲线图；
（h）铌含量 1.0%时铜在铁中的固溶度曲线图

加的幅度不大，尤其是在碳含量比较高的情况下。碳含量为 4.0%的情况下，铌含量为 0.2%的极限固溶度为 $1.8×10^{-5}$；铌含量增加到 0.69%时，铌在铁中的固溶度只是达到了 $5×10^{-5}$ 左右，增加了将近 3 倍，但是在这么小的数量级下讨论铌的固溶对铁的固溶强化意义不大。

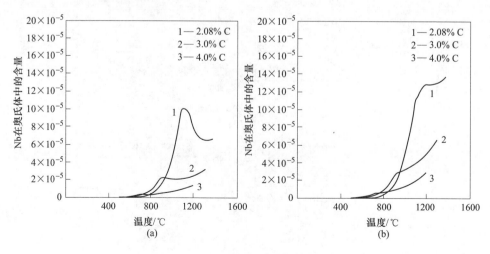

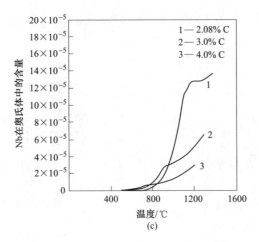

图 9-4　铌在铁素体中的固溶度曲线[30]

（a）0.2%Nb；（b）0.42%Nb；（c）0.69%Nb

9.1.4　铸铁凝固过程中铌的析出相

如前所述，从晶体学上看，Nb 原子在 Fe 原子晶体中是可以无限固溶的[29]。另外，Nb 是一种很活泼的金属，铸铁中主要含有碳、氮、氧等非金属元素，相关研究表明[31]，Nb 在铁液中可以形成 NbC、NbN、NbO$_2$，Nb$_2$O$_5$ 和 NbO 等稳定化合物。

周文彬、翟启杰等[32,56]计算了铌在铸铁中形成的各类化合物的生成吉布斯自由能和不同铌含量对碳化铌形成温度的影响。

9.1.4.1　铌形成各类化合物的生成吉布斯自由能

对于反应：

$$[\,\mathrm{Nb}\,] + x[\,\mathrm{M}\,] \Longrightarrow \mathrm{NbM}_x(\mathrm{s})$$

$$\Delta G_{\mathrm{NbM}_x}(\mathrm{s}) = \Delta G_{\mathrm{NbM}_x}^{\ominus}(\mathrm{s}) + RT\ln\frac{1}{a_{[\mathrm{Nb}]} \times (a_{[\mathrm{M}]})^x} \tag{9-1}$$

$$\Delta G_{\mathrm{NbM}_x}(\mathrm{s}) = \Delta G_{\mathrm{NbM}_x}^{\ominus}(\mathrm{s}) - RT[\,(\ln f_{\mathrm{Nb}} + \ln w[\,\mathrm{Nb}\,]) + x(\ln f_{\mathrm{M}} + \ln w[\,\mathrm{M}\,])\,] \tag{9-2}$$

在 1600℃时，查得 1873K 的铸铁溶液中各组元的相互作用系数见表 9-2[33]，所采用的合金成分见表 9-3。

表 9-2　铁液中不同溶质的活度相互作用系数（1600℃）[33]

e_i^j	C	Si	Mn	S	P	O	N	Nb
C	0.14	0.08	-0.012	0.046	0.051	-0.34	0.11	-0.06
N	0.13	0.047	-0.02	0.007	0.045	0.05	-0.042	-0.06
O	-0.45	-0.20	-0.021	-0.133	0.07	-0.20	0.057	-0.14
Nb	-0.49	0.63	0.11	-0.047	-0.045	-0.85	-0.042	-0.22

表 9-3　热力学计算的合金成分　　　　　　（质量分数,%）

C	Si	Mn	S	P	O	N	Nb	Fe
3.81	2.01	0.73	0.07	0.08	0.005	0.025	0.1	余量

对于多组元理想溶液,某一组元的活度系数[34]可表示为:

$$\lg f_i = e_i^i w[i] + \sum_j e_i^j w[j]$$

式中　e_i^j——组元 j 对组元 i 的活度相互作用系数;

　　　f_i——组元 i 在溶液中的活度系数。

对 C 来说:

$$\lg f_C = e_C^C w[C] + e_C^{Si} w[Si] + e_C^{Mn} w[Mn] + e_C^S w[S] + e_C^P w[P] + e_C^O w[O] + \\ e_C^N w[N] + e_C^{Nb} w[Nb]$$

代入数据得:

$$\lg f_C = 0.68779$$

同理可得:

$$\lg f_N = 0.57246$$

$$\lg f_O = -2.14912$$

$$\lg f_{Nb} = -0.55449$$

由 $\ln f = 2.3\lg f$ 且 $\dfrac{\ln f_{(1873K)}}{\ln f_{(T)}} = \dfrac{T}{1873}$, 得:

$$\ln f_C(T) = \frac{2962.93}{T}$$

$$\ln f_N(T) = \frac{2466.10}{T}$$

$$\ln f_O(T) = -\frac{9258.19}{T}$$

$$\ln f_{Nb}(T) = -\frac{2388.69}{T}$$

按此原理,可计算得出铌在铁液中各种化合物的生成吉布斯自由能 ΔG。

(1) NbC:

$$[Nb] \Longrightarrow Nb(s)　　\Delta G_1^\ominus = -23000 + 52.3T$$

$$[C] \Longrightarrow C(g)　　\Delta G_2^\ominus = -22590 + 42.26T$$

$$C(g) + Nb(s) \Longrightarrow NbC(s)　　\Delta G_3^\ominus = -136900 + 2.43T$$

将上面三式相加得:

$$[Nb] + [C] \Longrightarrow NbC(s)　　\Delta G_{NbC}^\ominus = \Delta G_1^\ominus + \Delta G_2^\ominus + \Delta G_3^\ominus = -182490 + 96.99T$$

计算得:

$$\Delta G_{NbC} = \Delta G_{NbC}^{\ominus} + RT\ln \frac{1}{a_{[C]} \times a_{[Nb]}}$$

$$= \Delta G_{NbC}^{\ominus} - RT[\ln f_C + \ln f_{Nb} + \ln(w[C]w[Nb])]$$

$$\Delta G_{NbC} = -187258.99 + 105.01T$$

（2）NbN：

$$[Nb] = Nb(s) \qquad \Delta G_1^{\ominus} = -23000 + 52.3T$$

$$[N] = \frac{1}{2}N_2(g) \qquad \Delta G_2^{\ominus} = -3600 - 23.89T$$

$$\frac{1}{2}N_2(g) + Nb(s) = NbN(s) \qquad \Delta G_3^{\ominus} = -230100 + 77.8T$$

将上面三式相加得：

$$[Nb] + [N] = NbN(s) \quad \Delta G_{NbN}^{\ominus} = \Delta G_1^{\ominus} + \Delta G_2^{\ominus} + \Delta G_3^{\ominus} = -256700 + 106.21T$$

计算得：

$$\Delta G_{NbN} = \Delta G_{NbN}^{\ominus} + RT\ln \frac{1}{a_{[N]} \times a_{[Nb]}}$$

$$\Delta G_{NbN} = -257343.59 + 156.02T$$

（3）Nb_2O_5：

$$[Nb] = Nb(s) \qquad \Delta G_1^{\ominus} = -23000 + 52.3T$$

$$\frac{5}{2}[O] = \frac{5}{4}O_2(g) \qquad \Delta G_2^{\ominus} = 292875 + 7.225T$$

$$\frac{5}{4}O_2(g) + Nb(s) = NbO_{\frac{5}{2}}(s) \qquad \Delta G_3^{\ominus} = -944100 + 209.85T$$

将上面三式相加得：

$$[Nb] + \frac{5}{2}[O] = NbO_{\frac{5}{2}}(s)$$

$$\Delta G_{NbO_{\frac{5}{2}}}^{\ominus} = \Delta G_1^{\ominus} + \Delta G_2^{\ominus} + \Delta G_3^{\ominus} = -674225 + 269.375T$$

计算得：

$$\Delta G_{NbO_{\frac{5}{2}}} = \Delta G_{NbO_{\frac{5}{2}}}^{\ominus} + RT\ln \frac{1}{(a_{[O]})^{\frac{5}{2}} \times a_{[Nb]}} = \Delta G_{NbO_{\frac{5}{2}}}^{\ominus} - RT\left(\frac{5}{2}\ln a_{[O]} + \ln a_{[Nb]}\right)$$

$$\Delta G_{NbO_{\frac{5}{2}}} = -461933.95 + 398.68T$$

（4）NbO：

$$[Nb] = Nb(s) \qquad \Delta G_1^{\ominus} = -23000 + 52.3T$$

$$[O] = \frac{1}{2}O_2(g) \qquad \Delta G_2^{\ominus} = 117150 + 2.89T$$

$$\frac{1}{2}O_2(g) + Nb(s) = NbO(s) \qquad \Delta G_3^{\ominus} = -414200 + 86.6T$$

将上面三式相加得：

$$[Nb] + [O] \Longrightarrow NbO(s) \qquad \Delta G_{NbO}^{\ominus} = \Delta G_1^{\ominus} + \Delta G_2^{\ominus} + \Delta G_3^{\ominus} = -320050 + 141.79T$$

计算得：

$$\Delta G_{NbO} = \Delta G_{NbO}^{\ominus} + RT\ln \frac{1}{a_{[O]} \times a_{[Nb]}} = \Delta G_{NbO}^{\ominus} - RT(\ln a_{[O]} + \ln a_{[Nb]})$$

$$\Delta G_{NbO} = -223217.84 + 204.98T$$

（5）NbO_2：

$$[Nb] \Longrightarrow Nb(s) \qquad \Delta G_1^{\ominus} = -23000 + 52.3T$$

$$2[O] \Longrightarrow O_2(g) \qquad \Delta G_2^{\ominus} = 234300 + 5.78T$$

$$O_2(g) + Nb(s) \Longrightarrow NbO_2(s) \qquad \Delta G_3^{\ominus} = -738700 + 166.9T$$

将上面三式相加得：

$$[Nb] + 2[O] \Longrightarrow NbO_2(s)$$

$$\Delta G_{NbO_2}^{\ominus} = \Delta G_1^{\ominus} + \Delta G_2^{\ominus} + \Delta G_3^{\ominus} = -572400 + 224.98T$$

计算得：

$$\Delta G_{NbO_2} = \Delta G_{NbO_2}^{\ominus} + RT\ln \frac{1}{(a_{[O]})^2 \times a_{[Nb]}} = \Delta G_{NbO_2}^{\ominus} - RT(2\ln a_{[O]} + \ln a_{[Nb]})$$

$$\Delta G_{NbO_2} = -398595.25 + 331.27T$$

由以上计算，各种可能生成物的 ΔG：

$$\Delta G_{NbC} = -187258.99 + 105.01T \tag{9-3}$$

$$\Delta G_{NbN} = -257343.59 + 156.02T \tag{9-4}$$

$$\Delta G_{Nb_2O_5} = -461933.95 + 398.68T \tag{9-5}$$

$$\Delta G_{NbO} = -223217.84 + 204.98T \tag{9-6}$$

$$\Delta G_{NbO_2} = -398595.25 + 331.27T \tag{9-7}$$

利用式（9-3）~式（9-7），可以计算当 $\Delta G = 0$ 时，各化合物所对应的热力学形成温度，见表9-4。此温度意义为：当铁液冷却时，该温度为铌的各种化合物的热力学析出温度。

表 9-4　各化合物的热力学形成温度[32]

化合物种类	NbC	NbN	Nb_2O_5	NbO	NbO_2
温度/K	1783	1649	1159	1089	1203

Nb 作为一种强碳化物形成元素[34,35]，在铸铁中极容易形成碳氮化物。而铌的碳氮化物的形成会影响铸铁的组织和力学性能。因此，通过铌析出物的热力学计算，探究碳氮化物在灰铸铁中的形成温度和过程具有重要意义。从表 9-4 可见，NbC、NbN 的理论形成温度分别是 1783K、1649K，高于理论共晶温度（1427K）。而 Nb_2O_5、NbO 和 NbO_2 的理论形成温度分别为 1159K、1089K 和

1203K，低于共晶温度。因此，从热力学角度上说，当铸铁从高温冷却时，铌首先与碳、氮元素反应，形成 NbC、NbN；而且铸铁铁液中氮元素的含量很少，一般为 $0.010\% \sim 0.013\%$[7]，即在灰铸铁中形成的 NbN 较少。因此，铌在铸铁中的主要存在形态为 NbC。

9.1.4.2 NbC 形成温度

当铌含量未知时，

$$\lg f_{Nb} = \frac{-0.53249 - 0.22w[Nb]}{T}$$

$$\ln f_{Nb}(T) = -\frac{2293.91 + 947.74w[Nb]}{T}$$

式中 $w[Nb]$——铌含量，%。

由于

$$\Delta G_{NbC} = 188052.23 - 7879.51w[Nb] + 85.87T - 8.314Tlnw[Nb]$$

当 $\Delta G_{NbC} = 0$ 时，即

$$188052.23 - 7879.51w[Nb] + 85.87T - 8.314Tlnw[Nb] = 0$$

计算得：

$$T = \frac{188052.23 - 7879.51w[Nb]}{85.87 - 8.314lnw[Nb]} \tag{9-8}$$

式中 T——NbC 的热力学理论形成温度。

式（9-8）表示了 NbC 形成温度与 $w[Nb]$ 之间的关系。表 9-5 为利用式（9-8）计算的在不同铌含量条件下，NbC 的形成温度。按照式（9-8），在 Fe-C 二元系的共晶温度为 1427K 时，当 $w[Nb] = 0.005\%$ 时，从热力学角度来讲，就会形成 NbC。Nb 含量为 0.1% 时，NbC 在铁液中理论热力学析出温度为 1782.23K，且随着 Nb 含量的增加，理论热力学析出温度增高。Nb 含量为 0.2% 和 0.3% 时，NbC 的析出温度分别为 1879K 和 1932K，此热力学析出温度均高于 Fe-C 二元系共晶温度（1427K）。因此，从热力学上看，在熔炼过程中 NbC 在铁液中就可以形成了。NbC 属于面心立方结构晶体[36,37]，相关文献的 NbC 和石墨片的晶格错配度计算表明，铁液中形成的 NbC 可以为初生石墨的形核提供核心[3,30,38,39]，进而使石墨片的数量增加，对晶粒和石墨片的细化具有重要作用。同时细小弥散分布的 NbC 颗粒还可以很好地起到弥散强化的作用，改善灰铸铁的力学性能[37]。

表 9-5 不同铌含量所对应的 NbC 形成温度[32,56]

$w[Nb]/\%$	0.001	0.005	0.01	0.05	0.08	0.1	0.2	0.3
T/K	1312	1447	1514	1694	1754	1783	1879	1932

9.2　铌在灰铸铁中的存在形态及对灰铸铁相变的影响

9.2.1　铌在灰铸铁中的存在形态

　　研究铌在灰铸铁中的存在形式是探讨铌在灰铸铁中作用的前提。通过前面的热力学计算，可以得出，铌在灰铸铁中的主要存在形态是 NbC，并含有少量 NbN。

　　李少南等[41]的研究表明，固溶于基体中的铌原子提高了基体的显微硬度。然而，根据热力学计算，在液相线以上，铌就会与碳反应形成碳化铌。

　　朱洪波、翟启杰等[40]研究了铌在 HT300 中的存在形式。如图 9-5 所示，添加到灰铸铁材料中形成的含铌析出相离散分布在基体中，少量含 Nb 析出相形成于片层石墨上，其主要形貌为规则块状、条状、放射状及不规则形状。块状含 Nb 析出相主要在铁液中形成，最大尺寸为 6~8μm。条状、放射状及不规则状含 Nb 析出相可能在凝固过程中在奥氏体晶界处产生。

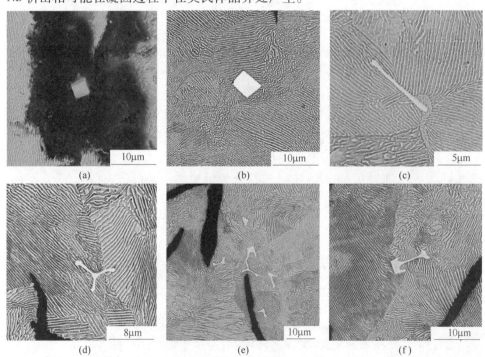

图 9-5　铌在 HT300 中的存在形式[40]

（a）石墨上的块状含 Nb 析出相；（b）基体中块状含 Nb 析出相；（c）条状含 Nb 析出相；
（d）Y 型含 Nb 析出相；（e），（f）不规则形貌含 Nb 析出相陈湘茹、翟启杰等[41]采用扫描电镜观察含铌相的三维形貌，如图9-6所示。由图9-6可以看出，块状的含 Nb 析出相在基体中为规则的立方形貌，而在二维形貌下为条状、Y 型、不规则状形貌的含 Nb 析出相，在三维形貌下可以看出主要为片状和棱角分明的不规则组织。

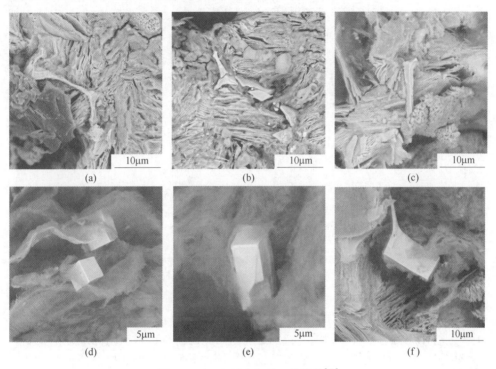

图 9-6　含 Nb 析出相的三维形貌[41]

（a）~（c）条状含 Nb 析出相；（d），（e）六面体型含 Nb 析出相；（f）不规则形貌含 Nb 析出相

9.2.2　铌在铸铁中的异质形核作用

对于过共晶铸铁来说，当铁液冷却到液相线时，在一定的过冷度下便会析出石墨的晶核。然而，在铁液中，或多或少的存在着一些外来的固体粒子，因此凝固时铁液常常依附在这些固体粒子的表面形核。依附于母相中某种界面上的形核过程称为非均质形核。根据相关研究，非均质形核的效用主要取决于基底（母相）与形核相之间的界面能，界面能越小越有利于非均质形核。然而，影响界面能的因素非常复杂，包括基底与形核相的化学性质，基底与形核相的表面形态，基底与形核相之间的静电势，以及基底与形核相之间的点阵错配度[39]。

Turnbull[42]早在 1952 年就指出，基底与结晶相的点阵错配度是影响界面自由能的主要因素，并提出了错配度计算公式：

$$\delta = \frac{\Delta a_0}{a_0} \tag{9-9}$$

式中　Δa_0——基底和结晶相低指数面间的晶格常数差；

　　　a_0——结晶相的晶格常数。

但式（9-9）仅适合于原子排列相似的低指数面。当 $\delta > 0.20$ 时，可以认为基底不具有形核能力。而 Bramfitt[31] 在 1969 年通过大量实验，对 Turnbull 的公式进行了修正，提出了一个更具说服力、应用性更强的三维晶格错配度公式：

$$\delta_{(hkl)_n}^{(hkl)_s} = \frac{1}{3} \sum_{i=1}^{3} \frac{\left| (d_{[uvw]_s^i} \cos\theta) - d_{[uvw]_n^i} \right|}{d_{[uvw]_n^i}} \times 100\% \tag{9-10}$$

式中　$(hkl)_s$——基底的一个低指数面；

　　　$(hkl)_n$——结晶相上的一个低指数面；

　　　$[uvw]_s^i$——$(hkl)_s$ 上的一个低指数晶向；

　　　$[uvw]_n^i$——$(hkl)_n$ 上的一个低指数晶向；

　　　$d_{[uvw]_s^i}$——基底沿着 $[uvw]_s^i$ 方向的原子间距；

　　　$d_{[uvw]_n^i}$——结晶相沿着 $[uvw]_n^i$ 方向的原子间距；

　　　θ——$[uvw]_s^i$ 晶向和 $[uvw]_n^i$ 晶向的夹角。

当 $\delta < 12\%$ 时，基底有较强的形核能力；反之，则较弱。

含 Nb 析出相碳化铌在铸铁中主要起两个作用：强化相和异质晶核。一般铸铁中，铌的加入量不高，强化作用并不显著，如能够作为异质晶核，细化晶粒，则产生的作用更为显著。铸铁，特别是高碳当量的铸铁，一次结晶过程主要是共晶反应：L→γ-Fe+石墨。碳化铌作为铁液凝固的异质晶核的必要条件是其与奥氏体或石墨具有共格对应关系。

碳化铌为面心立方结构[37]，与 γ-Fe 相同，但两者的点阵常数不同。1500℃时，γ-Fe 的点阵常数为 0.36810nm，碳化铌为 0.45185nm，两者的失配度 $\delta = 22.75\%$[39]。根据经典理论，失配度 δ 大于 25% 就失去促进异质形核的作用，因此碳化铌对 γ-Fe 的形核作用很微弱。

在铸铁的共晶反应中，石墨往往是领先相，石墨的细化即意味共晶团细化，对铸铁的性能提高意义更大。石墨为六方晶格，a 向的晶格常数为 0.1421nm，c 向的晶格常数为 0.3354nm[44]。c 向的晶格常数与碳化铌的晶格常数相比，失配度大于 25%；a 向的晶格常数与碳化铌的晶格常数相比差距更大，但考虑到 a 向的晶格常数比较小，可以与碳化铌晶格常数形成较强的比例共格对应关系。

碳化铌的三个低指数晶面（100）、（110）和（111）与石墨（0001）面的对应关系如图 9-7 所示[40,52]。由每个晶面的三个低指数晶向的碳化铌和石墨的原子间距计算二维错配度。

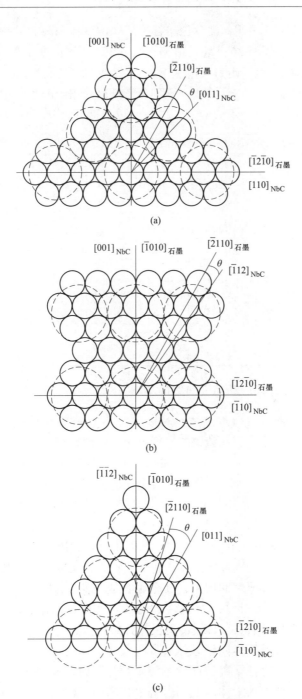

图 9-7 碳化铌低指数晶面与石墨密排面的晶格对应关系[40,52]

（虚线环为碳化铌，实线环为石墨碳）

（a）（100）$_{NbC}$//（0001）$_{石墨}$；（b）（110）$_{NbC}$//（0001）$_{石墨}$；（c）（111）$_{NbC}$//（0001）$_{石墨}$

　　表 9-6 的计算结果表明：碳化铌与石墨的错配度比与 γ-Fe 的错配度小得多，更容易成为石墨的异质晶核衬底。根据文献［39］，错配度小于 8%，非均质形核效果显著。文献［30］认为：错配度在 7.5% ~ 12.6% 附近，有中等程度的非均质形核效果。因此，可以认为铌元素细化铸铁凝固组织的主要机理是碳化铌成为初生石墨的异质晶核。

表 9-6　碳化铌和石墨不同晶向的晶格常数、夹角和错配度[40,52]

类型	$[hkl]_{NbC}$	$[hkl]_{石墨}$	d_{NbC}/nm	$d_{石墨}/nm$	$\theta/(°)$	$\delta/\%$
	[010]	[1210]	0.447	0.426	0	
a	[011]	[2110]	0.316	0.284	15	7.19
	[001]	[1010]	0.447	0.492	0	
	[110]	[1210]	0.316	0.284	0	
b	[112]	[2110]	0.547	0.568	5.3	8.17
	[001]	[1010]	0.447	0.492	0	
	[110]	[1210]	0.316	0.284	0	
c	[011]	[2110]	0.316	0.284	0	11.24
	[112]	[1010]	0.547	0.492	0	

9.2.3　铌对灰铸铁连续冷却转变曲线的影响

　　连续冷却转变曲线（CCT 曲线）反映了在不同冷却速度下过冷奥氏体的转变产物和转变量的变化，因此铸铁的过冷奥氏体连续冷却转变曲线是制定合理热处理工艺必不可少的依据。通过 CCT 曲线还可以对各种合金元素对奥氏体转变特性的影响进行研究，这对于铸铁的微合金化研究有特殊的意义[48]。

　　朱洪波等[40]测定了铌微合金化灰铸铁连续冷却转变曲线，并对比分析了铌对不同冷却速度下灰铸铁的组织、硬度及共析温度的影响规律。不同铌含量下灰铸铁的 CCT 曲线如图 9-8 和图 9-9 所示，从图中可以看出，灰铸铁 CCT 曲线基本分为两个转变区，分别为高温转变区、转变产物为珠光体和低温转变区、转变产物为马氏体。随着冷却速度的增大，过冷度增大，推迟了相变的发生，珠光体转变点温度明显的降低，并且在一定的冷却速度下只发生低温转变。随着铌含量的增加，CCT 曲线发生了右移，即过冷奥氏体开始转变温度降低了，这意味着铌推迟了转变的开始。在奥氏体向铁素体转变过程中，Nb 在奥氏体晶界偏析，降低了奥氏体的晶界能，降低了奥氏体的不稳定性。同时，Nb 是一种强烈的碳化物形成元素。在奥氏体向铁素体转变的过程中，Nb 对碳具有很强的吸引力，增加了碳原子移动的阻力，降低了碳原子的扩散系数，即具有拖曳作用。

　　图 9-10 和图 9-11 为 0.019%Nb 和 0.097%Nb 试样在不同冷却速度下所得到的金相组织。

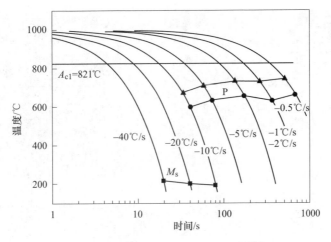

图 9-8　0.019%Nb 试样的 CCT 曲线[40]

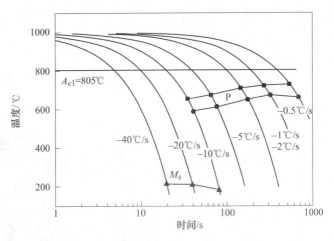

图 9-9　0.097%Nb 试样的 CCT 曲线[40]

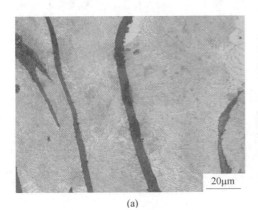

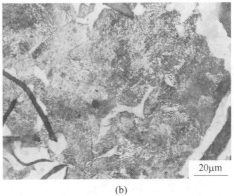

(a)　　　　　　　　　　　　　　　　(b)

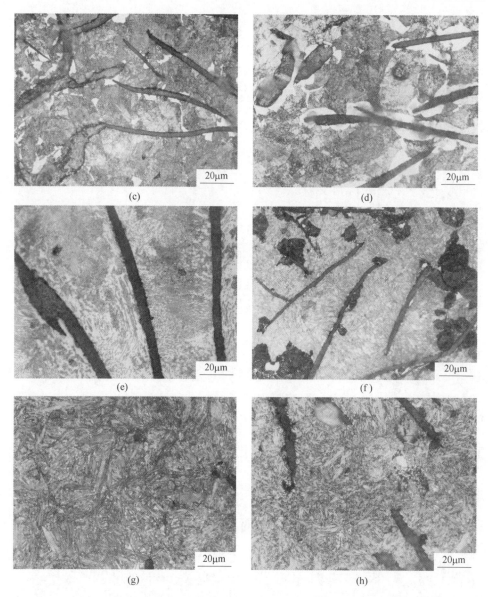

图 9-10　0.019%Nb 试样在不同冷却速度下的组织及原始组织[40]

(a) 原始试样；(b) 0.5℃/s；(c) 1℃/s；(d) 2℃/s；(e) 5℃/s；

(f) 10℃/s；(g) 20℃/s；(h) 40℃/s

　　在较低的冷却速度下（0.5℃/s，1℃/s，2℃/s），转变产物主要是少量先共析铁素体和珠光体，如图 9-10（b）~（d）和图 9-11（b）~（d）所示。对比图 9-10（b）和图 9-11（b）可以发现，在添加铌以后，先共析铁素体含量有所增加，先共析铁素体主要是沿着石墨两侧分布。

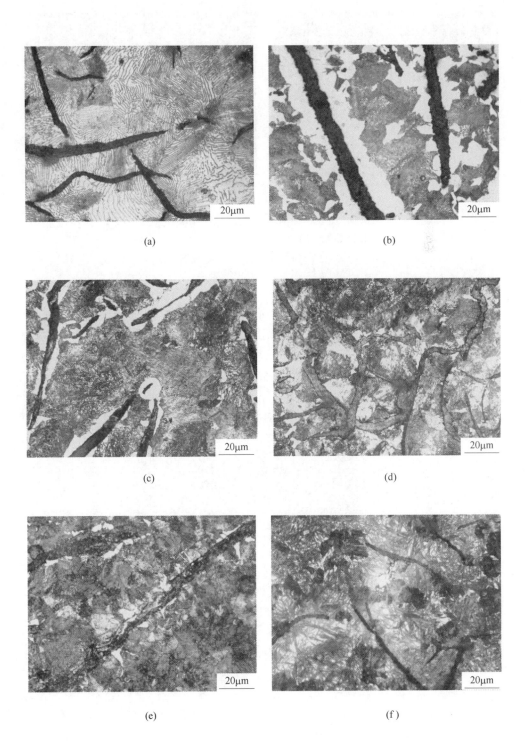

(a)

(b)

(c)

(d)

(e)

(f)

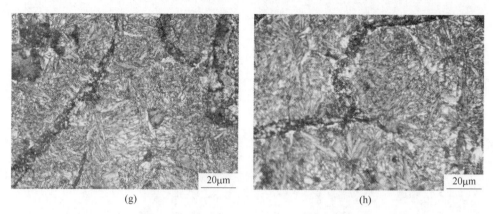

(g)　　　　　　　　　　　　　　　　　　　(h)

图 9-11　0.097%Nb 试样在不同冷却速度下的组织及原始组织[40]

(a) 原始试样；(b) 0.5℃/s；(c) 1℃/s；(d) 2℃/s；

(e) 5℃/s；(f) 10℃/s；(g) 20℃/s；(h) 40℃/s

在中等冷却速度下（5℃/s，10℃/s），转变产物先共析铁素体减少、珠光体增多。不过此时的珠光体由于片间距很细，光学金相显微镜已经无法分辨，如图 9-10（e）、(f) 和图 9-11（e）、(f) 所示，需借助于分辨率更高的扫描电镜，如图 9-12 所示。从图 9-12 中可以看出，珠光体片间距在 100nm 左右，属于索氏体。珠光体的片间距大小主要取决于其形成温度。在连续冷却条件下，冷却速度越大，珠光体的形成温度越低，即过冷度越大，相应的片间距就越小。因此，5℃/s、10℃/s 下形成的珠光体片间距大于 0.5℃/s、1℃/s、2℃/s 下形成的珠光体片间距。

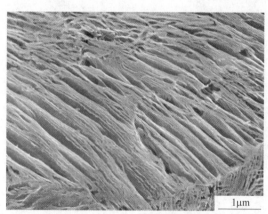

图 9-12　高倍下的珠光体形态[40]

（0.097%Nb 试样，冷却速度 5℃/s）

在更高的冷却速度（20℃/s，40℃/s）下，由于高温转变被抑制，只能进行低温转变即马氏体相变，因而转变产物只有马氏体，如图 9-10（g）、(f) 和图

9-11（g）、（f）所示。图 9-13 为高倍下的马氏体组织，呈典型的片状。

图 9-13　高倍下的马氏体形态[40]

（0.097%Nb 试样，冷却速度 20℃/s）

不同冷却速度下所得试样的显微硬度见表 9-7，从表中可以看出，冷却速度由 5℃/s 增加到 10℃/s 时，硬度急剧增大。结合金相照片分析表明，冷却速度由 5℃/s 增大到 10℃/s 的条件下，试样的转变产物由以珠光体为主的组织转变为以马氏体为主的组织。在灰铸铁中加入铌，由于铌在铸铁中形成 NbC，产生析出强化作用，使基体的显微硬度增加，这在 10℃/s 以前的试样中体现的很明显。当冷却速度大于 10℃/s 以后，由于本身基体组织马氏体的硬度就很大，所以铌所产生的作用不是很大，对基体组织的硬度提高的作用有待进一步研究。

表 9-7　显微硬度 （HV）[40]

冷却速度/℃·s⁻¹	0.5	1	2	5	10	20	40
0.019%Nb	330	375	391	476	824	854	843
0.097%Nb	376	416	420	490	825	877	846

9.2.4　铌对灰铸铁共析温度的影响

图 9-14 是灰铸铁加热时发生的奥氏体转变膨胀曲线。图 9-14 中，AB 段上试样基体组织以珠光体为主，其膨胀率随着温度的升高呈线性关系。到达 B 点时，出现一个很明显的拐点，此时发生了 α→γ 相转变。相对于 α 相的 bcc 点阵结构，γ 相具有 fcc 的点阵结构，因而具有更高的晶格致密度。因此，膨胀量随着温度的上升反而下降。而到 C 点时，α→γ 相转变基本结束，BC 段下降的趋势终止。到最后的 CD 段，试样基体组织以奥氏体为主，膨胀量依然是随着温度的升高而增大。

当铌含量为 0.037%时，B 点发生奥氏体转变，即发生 α→γ 相转变的开始温度为 779℃，转变结束温度为 791℃。而当铌含量增加到 0.11%时，奥氏体转变

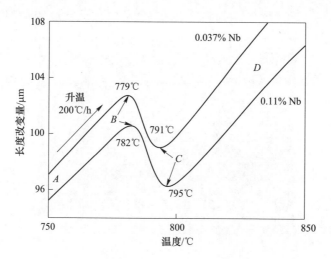

图 9-14   不同铌含量灰铸铁试样的升温膨胀曲线[40]

的开始和结束温度分别为 782℃ 和 795℃，分别比 0.037% 铌含量试样推迟了 3℃ 和 4℃。所以，铌在加热时 Nb 元素能够推迟 α→γ 反应的发生，提高灰铸铁的组织稳定性。

图 9-15 是灰铸铁降温时发生的珠光体转变膨胀曲线，在 DC 段上，试样基体组织以奥氏体为主，其尺寸随着温度的下降而收缩。到达 C 点时，出现一个很明显的拐点，试样发生膨胀，此时发生了 γ→α 相转变。而到 B 点时，γ→α 相转变基本结束。到最后的 BA 段，试样再次以珠光体形式存在，膨胀量与温度呈线性关系。

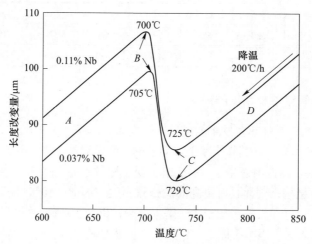

图 9-15   不同铌含量灰铸铁试样的降温膨胀曲线[40]

当铌含量为 0.037% 时，其珠光体相转变开始和结束温度分别是 729℃ 和 705℃，而当铌含量增加到 0.11% 时，珠光体相转变开始和结束温度分别为 725℃ 和 700℃，分别比铌含量为 0.037% 的试样降低了 4℃ 和 5℃。所以，在降温过程中，铌元素会推迟共析反应的进行。

铌在灰铸铁中主要存在形式是含 Nb 析出相。所以，铌对相变温度的影响主要取决于铌所形成的 NbC 对相变的作用，相变过程包括形核和长大两个阶段。加热时，珠光体向奥氏体转变，奥氏体晶核容易形成于铁素体和渗碳体的相界面上，因为相界面具有碳含量分布不均匀、原子排列不规则等特点。而在加入铌以后，形成的 NbC 组织对周围的碳有很强的吸引力，极大地阻碍了碳原子的扩散，抑制了奥氏体晶核的形成。而铌元素对奥氏体长大过程同样也影响很大，奥氏体晶粒长大一般是通过渗碳体的溶解、碳在奥氏体和铁素体中的扩散和铁素体向奥氏体转变而进行的。所以，铌原子对碳原子扩散的减缓作用同样抑制了相变的进行，而且部分含 Nb 析出相与珠光体组织相连。NbC 的熔点很高（3480℃），不容易分解，导致了渗碳体溶解速度的降低。

另外，在降温阶段，奥氏体转变为珠光体，由于 Nb 在奥氏体晶界的偏析，降低了奥氏体的晶界能，即提高了奥氏体的稳定性。同时，Nb 是一种强烈的碳化物形成元素，在奥氏体向铁素体转变的过程中，Nb 对碳具有很强的吸引力，增加了碳原子移动的阻力起到拖曳作用，从而降低了碳原子的扩散系数。这两种作用都能阻碍珠光体相变的进行，进而提高了含铌灰铸铁的高温组织稳定性。

9.3 铌对球墨铸铁相变温度的影响及存在形态

9.3.1 铌含量对球墨铸铁平衡相图的影响

杨超、陈湘茹等[51]采用 Thermal-Calc 热力学软件计算了不同铌含量球墨铸铁的平衡相图。计算成分以珠光体球墨铸铁化学成分为标准，数据见表 9-8。其中，球墨铸铁中碳、硅、锰、铜、镍和磷含量分别为 3.8%、1.8%、0.25%、0.4%、0.6% 和 0.01%；铌含量则分别为 0%、0.03%、0.06% 和 0.09%。图 9-16（a）~（d）分别为不加铌和加入 0.03%Nb、0.06%Nb、0.09%Nb 球墨铸铁的平衡相图。

表 9-8 球墨铸铁平衡相图化学成分　　　　　　（质量分数,%）

试样	C	Si	Mn	Cu	Ni	P	Nb
1	3.80	1.80	0.25	0.40	0.60	0.01	0
2	3.80	1.80	0.25	0.40	0.60	0.01	0.03
3	3.80	1.80	0.25	0.40	0.60	0.01	0.06
4	3.80	1.80	0.25	0.40	0.60	0.01	0.09

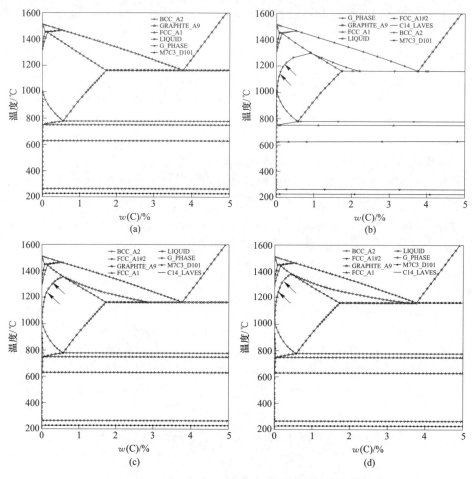

图 9-16　不同铌含量对球墨铸铁平衡相图的影响[51]

(a) 不加铌；(b) 0.03%Nb；(c) 0.06%Nb；(d) 0.09%Nb

与不添加铌元素的球墨铸铁平衡相图相比，可以看出，添加铌以后的球墨铸铁平衡相图有 NbC 析出，并且随着球墨铸铁中铌含量的增加，NbC 的析出温度逐渐升高（如图 9-16 中的箭头所指）。这表明在该成分的球墨铸铁材料中，随着铌加入量的增加，NbC 的析出数量可能会更多一些，而 NbC 析出量的不同必然会对球墨铸铁的组织和力学性能产生影响。此外，对加铌前后平衡相图的共析点和共晶点分析发现，少量铌的加入对平衡相图中共析点、共晶温度、共晶点和共析线几乎不产生影响。

9.3.2　铌对球墨铸铁共晶温度的影响

球墨铸铁在共晶反应阶段生成的是石墨+奥氏体共晶晶粒。在球墨铸铁共晶体中，熔点高并且在固液界面上有改变方向的相往往作为先析出相析出，引导共晶晶粒生长。所以，在球墨铸铁共晶体中的石墨是领先相，随着石墨球的长大，奥氏体于石墨球的外围形核并封闭石墨球，从而形成由奥氏体包围石墨球的凝固组织——共晶团模型。

常亮、翟启杰等[29]通过测定球墨铸铁的凝固冷却曲线，研究铌对球墨铸铁共晶温度的影响。如图 9-17 所示，由于铁液的热扩散作用，铁液的温度快速下降。由于实验用铸铁为过共晶铸铁，因此当铁液温度下降到液相线附近时，开始有先共晶石墨的形核和长大，并释放结晶潜热，铁液的温度有少量回升并出现结晶平台。平台对应球墨铸铁共晶温度。

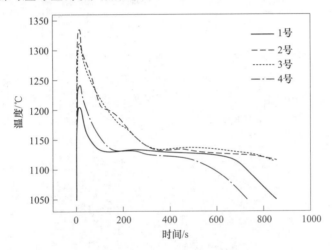

图 9-17 不同铌含量球墨铸铁的凝固冷却曲线[29]

表 9-9 中，未添加铌元素的球墨铸铁的共晶温度为 1133℃，随着铌含量增加，共晶温度先增加后降低，但是变化幅度不大，说明铌对球墨铸铁共晶温度影响不明显。这是由于在铌含量较低时，铌在铁液中与碳结合形成碳化铌，可成为石墨相的异质形核核心[47]，促进石墨生成，从而使结晶温度升高；铌含量较高时，NbC 相析出消耗铁液中的碳元素增加，使初生石墨数量减少，推迟球墨铸铁共晶反应，降低共晶温度。

表 9-9 不同铌含量球墨铸铁的共晶温度[29]

编 号	1 号	2 号	3 号	4 号
共晶温度/℃	1133	1134	1137	1132

9.3.3 含铌析出相在球墨铸铁中的存在形式

分析铌元素在球墨铸铁中的不同赋存形式，对于研究铌元素对球墨铸铁的组

织和性能的影响有着非常重要的意义。有关研究表明,当铌含量低于 0.037% 时,
铌在灰铸铁中的主要存在形态是固溶形式,但也可能有少量的纳米级 NbC 颗粒;
当铌含量增加到 0.1% 左右时,基体中出现了一些大尺寸的 NbC[53,54]。

　　铌在球墨铸铁中除了固溶于基体、起到固溶强化的作用外,铌在球墨铸铁中
的主要存在形态为 NbC。孙小亮、翟启杰等[55] 通过 NbC 析出平衡温度的计
算(公式详见 9.1.4 节)见表 9-10,NbC 形成在液相线以上,且随着铌含量的增
加,NbC 析出平衡温度增加,并用扫描电镜对比分析了球墨铸铁中不同铌含量对
含 Nb 析出相的形态及分布的影响规律。

表 9-10　不同含铌量形成 NbC 的平衡温度[55]

$w[Nb]/\%$	0.21	0.55	0.68	1.06
T/K	1427	1512	1527	1548

　　当铌含量为 0.21% 时,NbC 析出的平衡温度为 1427K,高出共晶温度 27K,
由于 NbC 析出的平衡温度与共晶温度之间的温差较小,使得 NbC 相的析出比较
困难。如图 9-18 所示,此时基体中出现 $1 \sim 2\mu m$ 的颗粒状含 Nb 析出相,尺寸较
小,数量也很少。

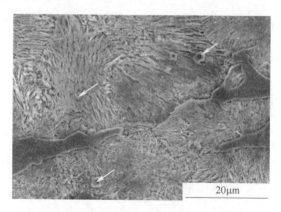

图 9-18　0.21%Nb 试样析出相的形貌[55]

　　当铌含量增加到 0.55% 时,NbC 析出的平衡温度增高到 1512K,高出共晶温
度 112K,NbC 容易析出。如图 9-19 所示,在基体中和类渗碳体 $(Fe,Mn)_3C$ 周
围出现 $3 \sim 4\mu m$ 的块状含 Nb 析出相。随着铌含量的进一步增加,NbC 析出的平
衡温度更高,如图 9-20 所示,在铌含量为 0.68% 时,基体中出现尺寸大小不一
的含 Nb 析出相且数量较多,小的含 Nb 析出相尺寸在 $2\mu m$ 左右、大尺寸的在
$5\mu m$ 左右,并且有一定程度的聚集。含 Nb 析出相尺寸不一的原因,可能是由于
在液相中 NbC 形成温度不同造成的,先析出的 NbC 相尺寸大;随着 NbC 的析出,
铁液中的铌减少,含量降低后析出的含 Nb 析出相尺寸较小。

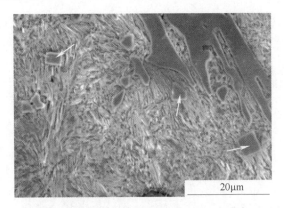

图 9-19　0.55%Nb 试样析出相的形貌[55]

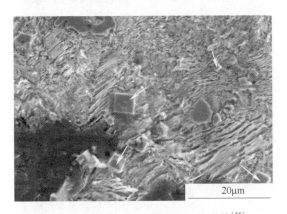

图 9-20　0.68%Nb 试样析出相的形貌[55]

　　当铌含量达到 1.06% 时，NbC 析出的平衡温度为 1548K，略低于铁液的浇铸温度，这时的铁液刚刚浇铸，型壁具有一定的激冷作用，冷却速度较大，液相的过冷度也比较大，有利于含 Nb 析出相的形核和长大。如图 9-21 所示，含 Nb 析

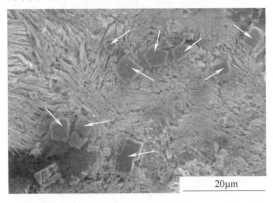

图 9-21　1.06%Nb 试样析出相的形貌[55]

出相的数量较多，尺寸也明显偏大，为 5~8μm，且聚集程度严重。含 Nb 析出相的形状以方块状为主，但也有很少尺寸较小的颗粒状含 Nb 析出相。

在球墨铸铁中形成的均为方块状的含 Nb 析出相，这说明含 Nb 析出相在液相线以上形成。由于球墨铸铁中的含碳量比较高，含 Nb 析出相可以在液相中自由生长，因此形成的含 Nb 析出相为方块状。

参 考 文 献

[1] Devecili A O, Yakut R. The Effect of Nb Supplement on Material Characteristics of Iron with Lamellar Graphite [J]. Advances in Materials Science and Engineering, 2014 (4): 1-5.

[2] 胡赓祥. 材料科学基础 [M]. 上海：上海交通大学出版社，2004.

[3] 翟启杰. 铌在铸铁中的作用及含铌铸铁-铸铁中的微量元素讲座之三 [J]. 现代铸铁. 2001 (3): 8-13.

[4] Mohrbacher H. 铌在铸铁中的应用及其作用情况介绍 [J]. 现代铸铁，2011 (2): 28-33.

[5] 杨跃辉，张晓娟，褚祥治，等. 合金元素对高 Cr 铸铁组织和性能的影 [J]. 唐山学院学报，2013，26 (6): 26-29.

[6] 智小慧，韩彦军，邢建东. 铌细化过共晶高铬铸铁的研究 [J]. 稀有金属材料与工程，2011，40 (S2): 169-171.

[7] 马鸣图，吴宝榕. 双相钢-物理和力学冶金 [M]. 2 版. 北京：冶金工业出版社，2009.

[8] 东涛，傅俊岩. 微铌处理钢的物理冶金 [C]//全国低合金钢非调质钢学术年会，2002.

[9] 王科强，刘仁东，王旭，等. 汽车结构用 590MPa 级高屈服强度钢的研制 [J]. 金属热处理，2015，40 (1): 156-160.

[10] Li Q, Zhang Y, Zhang Y, et al. Influence of Sn and Nb additions on the microstructure and wear characteristics of a gray cast iron [J]. Applied Physics A-Materials Science & Processing, 2020, 126 (282): 1-8.

[11] 王珏环，符莉. 普通灰铁和过冷灰铁中铌的应用与研究 [J]. 热加工工艺，1998 (3): 42-43.

[12] 朱洪波，闫永生，孙小亮，等. Nb 对灰铸铁热疲劳性能的影响 [J]. 现代铸铁，2011 (2): 41-44.

[13] 周文彬. 铌在高碳当量灰铸铁中的作用及在制动盘生产中的应用 [D]. 上海：上海大学，2010.

[14] Bin Z W, Bo Z H, Dengke Z. Niobium alloying effect in high carbon equivalent grey cast iron [J]. China Foundry, 2011, 8 (1): 44-48.

[15] 雍岐龙，孙新军，张正延，等. Nb 在铸铁中的物理冶金学作用原理 [J]. 现代铸铁，2011 (2): 15-21.

[16] 郝石坚. 现代铸铁学 [M]. 2 版. 北京：冶金工业出版社，2009.

[17] 曹建春，雍岐龙，刘清友，等. 含铌钼钢中微合金碳氮化物沉淀析出及其强化机制[J].

材料热处理学报，2006（5）：51-55.

[18] 侯豁然，杨雄飞，付俊岩. 铌微合金化技术在薄板坯连铸连轧生产线上的应用 [J]. 酒钢科技，2004（2）：51-54.

[19] 李庆春. 铸件形成理论基础 [M]. 北京：机械工业出版社，1982.

[20] 孟繁茂，付俊岩. 现代铌钢长条材 [M]. 北京：冶金工业出版社，2006.

[21] Zhi X, Han Y, Xing J. Refining Effect of Nb on Hypereutectic High-Chromium Cast Iron [J]. Rare Metal Materials and Engineering, 2011, 40：169-171.

[22] 齐俊杰，黄运华，张跃. 微合金化钢 [M]. 北京：冶金工业出版社，2006.

[23] Liu S, Shi Z, Xing X, et al. Effect of Nb additive on wear resistance and tensile properties of the hypereutectic Fe-Cr-C hardfacing alloy [J]. Materials Today Communications, 2020, 24（101232）：1-8.

[24] DeArdo A J. The basic principle of physical metallurgy with Niobium in steel. Niobium·Science and Technology [C]//Proceeding of the International Symposium Niobium, Orlando, USA. 2001：271-313.

[25] Meyer L. History of niobium as microalloying element. Niobium·Science and Technology [C]//Proceeding of the International Symposium Niobium, Orlando, USA. 2001：231-242.

[26] 翟启杰，张立波. 铌在铸铁生产中应用研究与展望 [J]. 铸造，1998（10）：41-46.

[27] 傅恒志. 铸钢和铸造高温合金及其熔炼 [M]. 西安：西北工业大学出版社，1985.

[28] Ding Xian, Li Fei, et al. Effect of Mo addition on as-cast microstructures and properties of grey cast irons [J]. Materials Science & Engineering A, 2018, 718：483-491.

[29] DeArdo. Niobium in modern steels [J]. International Materials Reviews, 2003, 48（6）：371-402.

[30] 常亮. 含铌贝氏体球墨铸铁生产技术基础研究 [D]. 上海：上海大学，2015.

[31] Bramfitt B L. The effect of carbide and nitride additions on the heterogeneous nucleation behavior of liquid iron [J]. Metallurgical Transactions, 1970, 1（7）：1987-1995.

[32] 周文彬. 铌在高碳当量灰铸铁中的作用及在制动盘生产中的应用 [D]. 上海：上海大学，2010.

[33] 梁英教，车荫昌. 无机物热力学数据手册 [M]. 沈阳：东北大学出版社，2003.

[34] 翟启杰. 铸铁中微量元素的热力学问题 [J]. 现代铸铁，2001, 1：19-23.

[35] Yuan X Q, Liu Z Y, Jiao S H, et al. The onset temperatures of gamma to alpha-phase transformation in hot deformed and non-deformed Nb micro-alloyed steels [J]. ISIJ International, 2006, 46（4）：579-585.

[36] Poths R M, Higginson R L, Palmiere E J. Complex precipitation behaviour in a microalloyed plate steel [J]. Scripta Materialia, 2001, 44（1）：147-151.

[37] 雍岐龙，裴和中. 铌在钢中的物理冶金学基础数据 [J]. 钢铁研究学报，1998, 10（2）：66-69.

[38] 雍岐龙. 钢铁材料中的第二相 [M]. 北京：冶金工业出版社，2006：4-18.

[39] 潘宁，宋波，翟启杰. 钢液非均质形核触媒效用的点阵错配度理论 [J]. 北京科技大学学报，2010, 32（2）：179-182, 90.

[40] 朱洪波. 铌对灰铸铁热稳定性的影响及其在汽车制动盘中的应用 [D]. 上海：上海大学，2011.

[41] 李少南. 铌对灰铸铁耐磨性的影响 [J]. 铸造技术，1998 (4)：3-5.

[42] Li H，Chao Y，Zhang W，et al. Morphology and Distribution of Nb Inich Phase and Graphite in Nb Micro Alloyed Ductile Iron [M]. The Minerals，Metals & Materials Society，2015.

[43] Turnbull D，Vonnegut B. Nucleation catalysis [J]. Industrial Engineering Chemistry，1958，44：1292-1298.

[44] Nordberg H A B. Solubility of Niobium Carbide in Austenite [J]. JISI，1968 (12)：1263-1266.

[45] 中国机械工程学会铸造专业学会. 铸造手册铸铁 [M]. 北京：机械工业出版社，1993.

[46] 林怀涛，赵四勇，陈和兴，等. 含铌高铬铸铁的研究与应用 [C]//第二届全国青年摩擦学学术会议论文专辑，1993.

[47] Coelho G，Golczewski J，Fischmeister H. Thermodynamic calculations for Nb-containing high-speed steels and white-cast-iron alloys [J]. Metallurgical Materials Transactions A，2003，34 (9)：1749-1758.

[48] Zhi X，Xing J，Fu H，et al. Effect of niobium on the as-cast microstructure of hypereutectic high chromium cast iron [J]. Materials Letters，2008，62 (6-7)：857-860.

[49] 张世中. 钢的过冷奥氏体转变曲线图集 [M]. 北京：冶金工业出版社，1993.

[50] 雍岐龙. 钢铁材料中的第二相 [M]. 北京：冶金工业出版社，2006：4-18

[51] 杨超. 含铌铸态球墨铸铁组织和力学性能研究 [D]. 上海：上海大学，2016.

[52] 闫永生，朱洪波，孙小亮，等. Nb 强化铸铁机理的基础研究 [J]. 现代铸铁，2011，31 (2)：24-27.

[53] Courtois E，Epicier T，Scott C. EELS study of niobium carbo-nitride nano-precipitates in ferrite [J]. Micron，2006，37 (5)：492-502.

[54] Hong S，Kang K，Park C. Strain-induced precipitation of NbC in Nb and Nb-Ti microalloyed HSLA Steels [J]. Scripta materialia，2002，46 (2)：163-168.

[55] 孙小亮. 含铌贝氏体球墨铸铁的研究 [D]. 上海：上海大学，2012.

[56] Zhou W，Zhu H，Zheng D，et al. Effect of niobium on solidification structure of gray cast iron [C]//TMS 2010 139th annual meeting & exhibition-supplemental proceedings，vol 3：general paper selections，817-828.

10　铌在灰铸铁材料中的应用

灰铸铁是一种工程中常见的钢铁材料，因其成本低、可加工性好、导热性优异和良好的阻尼能力而得到广泛的应用[1]，汽车的制动盘和飞轮，发动机缸体、缸盖及缸套、钢锭模、机床床身及导轨、旋转压缩机气缸和活塞环等大多由灰铸铁制造[2,3]。随着科技的发展，许多新材料逐渐涌现，但灰铸铁仍在工程材料中占有重要的地位。与此同时，人们对灰铸铁性能的要求也越来越高，因此如何提高灰铸铁性能成为研究的重点之一。

Nb 在灰铸铁中不仅可以改善其凝固组织，还可以提高材料的强度和抗热疲劳等力学性能。与此同时，随着全球范围内铌铁价格的稳定和资源的大量发现，Nb 在灰铸铁中的应用越来越广泛。综合各种因素考虑，通过铌作为合金元素加入到灰铸铁中提高材料的力学性能具有可行性[4~6]。

10.1　铌对灰铸铁中含铌析出相的影响

周文彬、翟启杰等[7,56,59]系统研究了不同铌含量对含铌析出相在灰铸铁中存在的形态、元素组成，铌元素对灰铸铁共晶转变温度、共晶团组织、石墨和基体组织、力学性能和耐磨性能的影响规律，并在此基础上开发了含铌灰铸铁制动盘。

研究发现，当铌含量为 0.11% 时，灰铸铁中开始出现方块状的含 Nb 析出相和一些不规则的含 Nb 析出相形态（X 型、V 型等），如图 10-1 所示（白色箭头所指）。图 10-1（a）中为块状含 Nb 析出相，尺寸在 6μm 左右，其中 A 点的能谱分析结果如图 10-2（a）所示。图 10-2（b）为图 10-1（c）中 V 型含 Nb 析出相的 B 点的能谱分析结果。由图 10-2 的能谱分析结果可知，含 Nb 析出相的成分基本相同，主要含有铌、碳、氮、钛、铁等元素，其中铌为主要元素。

值得注意的是，图 10-1（a）中，含 Nb 析出相镶嵌在基体上，与周围珠光体取向一致，为同一个珠光体团，这种含 Nb 析出相可能形成于液相线温度以上。因为液相线温度以上 NbC 的形成自由，故形成的含 Nb 析出相尺寸较大。而图 10-1（b）和（c）的条棒状含 Nb 析出相的周围的珠光体取向相差较大，有些甚至出现了 3 个以上的珠光体取向。不同的珠光体取向对应着共晶凝固时不同的奥氏体晶粒。这类含 Nb 析出相可能形成于凝固时期，此时奥氏体晶粒已经形成，所以 NbC 只能在奥氏体的一些晶界处长大，因而尺寸较小，大多呈修长的条棒状。

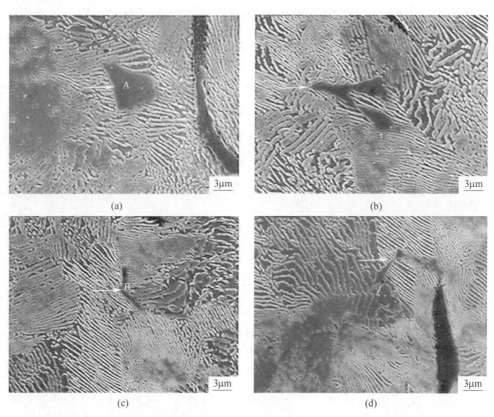

图 10-1　试样的铌含量为 0.11% 时含 Nb 析出相的形态[7,56]

（a）块状含 Nb 析出相；（b）~（d）条棒状含 Nb 析出相

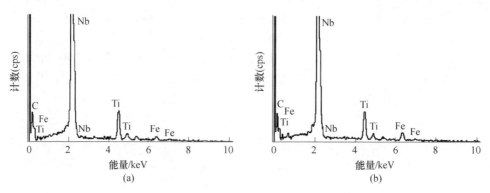

图 10-2　点 A、B 的能谱分析[7,56]

（a）点 A；（b）点 B

当铌含量增加到 0.32% 时，含 Nb 析出相尺寸有所增大，而且形态也更加丰富，除了常规的方块状（见图 10-3（a））、X 型和 V 型等不规则形状（见图 10-3（b）~（d）），还出现了条棒状的含 Nb 析出相（见图 10-3（e）），而且含 Nb 析出相开始出现团聚现象（见图 10-3（f））。其中，块状含 Nb 析出相尺寸也为 6μm

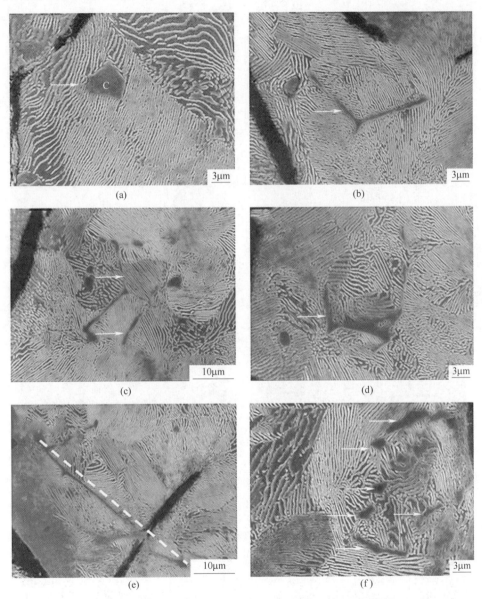

图 10-3　试样的铌含量为 0.32% 时含 Nb 析出相的形态[7,56]

（a）块状含 Nb 析出相；（b）~（d）X 型及 V 型含 Nb 析出相；

（e）条棒状含 Nb 析出相；（f）团聚含 Nb 析出相

左右，并没有增加。但是各种不规则形状的含 Nb 析出相的尺寸增加了。图 10-3
（a）中点 C 的能谱分析如图 10-4 所示。从图 10-4 的能谱也可以发现，主要成分
仍然是铌。

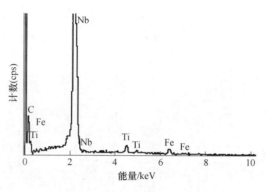

图 10-4　点 C 的能谱分析[7,56]

当铌含量继续增加到 0.68% 时，含 Nb 析出相的形态更加丰富，出现了三角
形的块状含 Nb 析出相（见图 10-5 （b）、（d））。但是，方块状含 Nb 析出相的最大

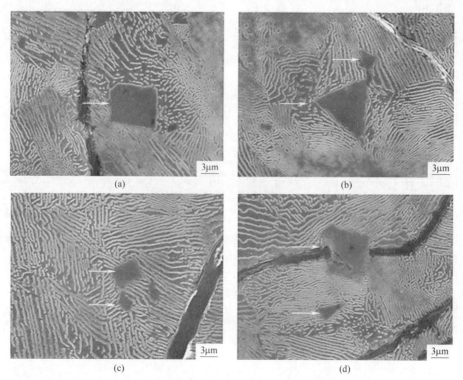

图 10-5　试样的铌含量为 0.68% 时块状含 Nb 析出相的形态[7,56]
（a），（c）块状含 Nb 析出相；（b），（d）三角形含 Nb 析出相

尺寸增加到了 8μm 左右（见图 10-5（a）），但也有尺寸较小的方块状含 Nb 析出相出现（见图 10-5（c））。同样，在此成分的灰铸铁中，也发现一些不规则形状的含 Nb 析出相（见图 10-6（a）~（c）），以及含 Nb 析出相的团簇现象（如图 10-6（d）所示。

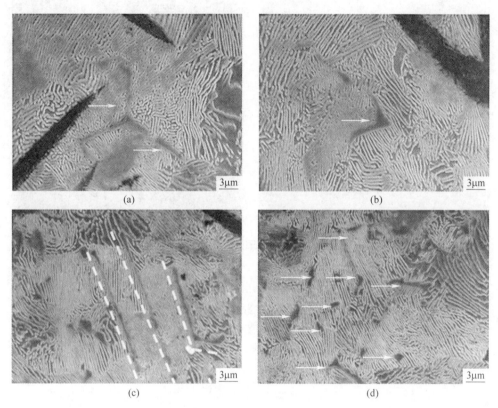

图 10-6 试样的铌含量为 0.68%时不规则形状的含 Nb 析出相形态[7,56]

（a）~（c）不规则形状含 Nb 析出相；（d）团簇状含 Nb 析出相

从含 Nb 析出相的 EDS 结果分析可以看出，含 Nb 析出相还含有一定的 Ti 元素，这是因为在高温铁液中，钛很容易与氮发生反应，生成 TiN 颗粒[64]；而且 TiN 和 NbC 的点阵类型相同，都是 FCC 型，其点阵常数[65]分别是 0.4246nm 和 0.44702nm，根据 Bramfitt 二维错配度点阵模型计算公式 TiN 和 NbC 的晶格错配度为 5%。这个晶格错配度值表明在含 Nb 析出相析出过程中，TiC 可以作为 NbC 形成的核心。图 10-7 为对含 Nb 析出相及其周围的面扫描结果。图 10-7（c）为 Ti 的面扫描结果，Ti 在三角形上富集分布，但是周围也有 Ti 的存在，图 10-7（d）中的铌在三角形上的富集更剧烈，所以，可以推断，在含 Nb 析出相形成过程中，TiN 随着 NbC 一起析出。

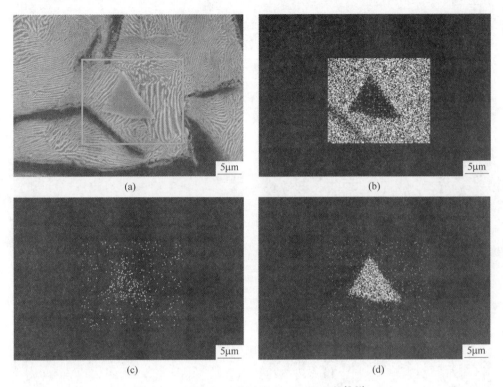

图 10-7   试样含 Nb 析出相的面扫描分析[7,56]
（a）含 Nb 析出相；（b）Fe；（c）Ti；（d）Nb

10.2   铌对灰铸铁共晶温度和共晶团的影响

10.2.1   铌对灰铸铁共晶温度的影响

　　热电偶测试得到的铸锭凝固冷却曲线如图 10-8 与图 10-9 所示。对比含铌灰铸铁试样和不含铌灰铸铁试样心部的冷却曲线（见图 10-8）可以看出，含铌铸铁心部（1 号）共晶点温度约 1137℃，比铸铁平衡相图的共晶点（1154℃）低了近 17℃；而无铌铸铁心部（3 号）共晶点温度约 1146℃，含铌铸铁比不含铌铸铁的共晶点温度低 9℃。对比含铌灰铸铁试样和不含铌灰铸铁试样边缘的冷却曲线（见图 10-9）可以看出，含铌铸铁边缘（2 号）共晶点温度约 1134℃，比铸铁平衡相图的共晶点（1154℃）低了近 20℃；而不含铌铸铁边缘（4 号）共晶点温度约 1147℃，含铌铸铁比不含铌铸铁的共晶点温度低 13℃。可见，铌元素的添加会降低高碳当量灰铸铁凝固过程的共晶转变温度。铌元素的加入使共晶转变在更低的温度下进行，这使共晶转变过程中原子的扩散更加困难，因此有利于获得片层间距更细的珠光体组织，从而提升材料的性能。

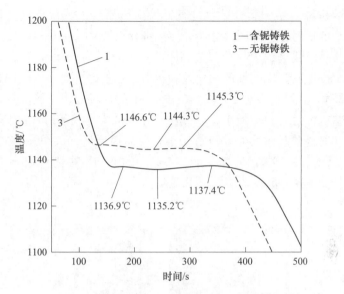

图 10-8 试样心部的热电偶测试温度曲线[7]

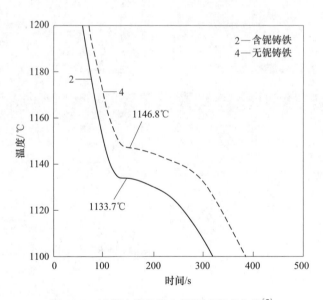

图 10-9 试样边缘的热电偶测试温度曲线[7]

10.2.2 铌对共晶团的影响

铌对高碳当量灰铸铁共晶团影响，如图 10-10 所示。从图中可以看出，当铌含量为 0.042% 时，共晶团组织较粗大（见图 10-10（a）），在 φ40mm 的视场内，共晶团数量约 50 个，共晶团的平均直径为 950μm 左右；随着铌含量的提高，当添加 0.29%的铌时，共晶团尺寸明显得到细化（见图 10-10（b）），在 φ40mm 的视场内，共晶团数量约 150 个，共晶团的平均直径为 500μm 左右；继续提高铌含量至 0.85%左右，同石墨的细化效果相似，这里的共晶团已变得相当细小，细化效果也最大（见图 10-10（c）），在 φ40mm 的视场内，共晶团数量最多，达到了 250 个左右，而尺寸也最小，共晶团的平均直径为 300μm 左右；当铌含量提高至 1.48%时，共晶团尺寸并没有变小，反而有所增加（见图 10-10（d）），在 φ40mm 的视场内，其数量为 180 个，共晶团的平均直径为 400μm 左右。这说明随着铌含量的提高，共晶团组织尺寸先降低后增大，铌的含量有一个共晶团细化最优添加量。

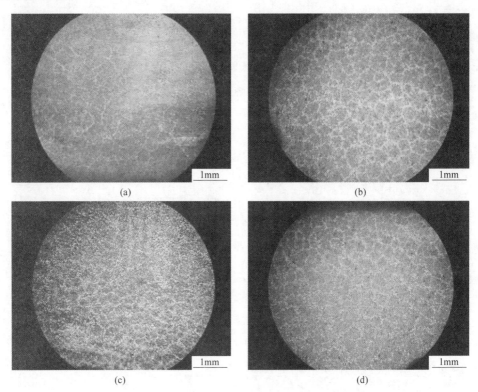

图 10-10　铌对高碳当量灰铸铁共晶团的影响[7]
（a）0.042%Nb；（b）0.29%Nb；（c）0.85%Nb；（d）1.48%Nb

表 10-1 为图 10-10 所对应的共晶团的大小情况。随着铌含量的增加，高碳当量灰铸铁的共晶团越来越小，在一定铌含量范围（<1.0%Nb）内，铌的细化作用会随着铌含量的增加而增加。过量的铌（>1.0%Nb）的添加会导致细化作用减弱，当添加 1.48%Nb 时，对共晶团的细化作用低于 Nb 添加量为 0.85%时的作

用（见表 10-1）；这是因为过量铌添加，在铸铁凝固前就会析出大量方块状的含
Nb 析出相，从而降低了凝固初期及相变时基体中的铌含量，降低了固溶铌量与
Nb(C,N) 相的析出量，导致铌细化共晶团的作用减弱。

表 10-1　高碳当量灰铸铁不同铌含量的共晶团尺寸[7]

图　号	$w(\text{Nb})/\%$	视场直径/mm	共晶团数目/个	平均直径/μm
图 10-10（a）	0.042	40	约 50	950
图 10-10（b）	0.29	40	约 150	500
图 10-10（c）	0.85	40	约 250	300
图 10-10（d）	1.48	40	约 180	400

　　铌元素能够使共晶团晶界净化，这是因为铌能与碳、氮等元素形成硬质相，
固定了游离的氮、氧元素，使晶界上游离的杂质元素减少并降低元素偏聚。铸铁
铁液中一般氮含量为（20~80）×10⁻⁶ 之间[10]，这些氮在铸铁凝固后以游离杂质
元素存在于共晶团晶界处，使共晶团相互间的结合力变弱，影响了高碳当量灰铸
铁的强度和韧性。高碳当量灰铸铁加入铌后即能与铁液中的氮、碳元素结合，生
成固态的 Nb(C,N) 质点，从而起到固氮作用，减少了共晶凝固时共晶团晶界处
氮元素的偏聚、净化晶界，提高共晶团之间的结合力，提高高碳当量灰铸铁的强
度，改善韧性[11]。Nb(C,N) 质点在晶界周围不仅固定了共晶团晶界处氮等游离
杂质元素，而且可以起到钉扎晶界作用，抑制晶粒的长大，并且固溶态的铌的拖
曳作用和 NbC 的钉扎作用对组织的细化都会起到显著的影响[12]，同时起到优化
性能的作用。

10.3　铌对灰铸铁石墨组织的影响

　　周文彬、翟启杰等[7]研究了灰铸铁中未完全溶解的铌铁周围的石墨组织，发
现未完全溶解的铌铁与石墨组织之间存在一个扩散层。铌从铌铁四周经由扩散层
逐渐向石墨组织方向扩散，铌铁是由一块块黑色与白色的块状组织交替而成的组
织，靠近扩散层的石墨明显要比远离扩散层的石墨组织细小，如图 10-11 所示。
　　图 10-12（a）~（f）为距离扩散前沿由近及远不同区域的石墨形态。从图 10-12
中可以看到，在界面扩散前沿存在着大量的细小石墨，越接近扩散层区域的石墨片
组织越细小。这是因为石墨中的碳与扩散前沿的铌发生了作用，析出了铌的化合
物，从而使石墨变得细小卷曲。在远离扩散前沿方向上的石墨形态，受到的影响随
着距离的变大越来越不明显。在扩散层前沿，铌含量较高，使得石墨细小并且片数
增多；而在远离扩散方向上，由于铌含量较低，石墨形态受到的影响不大。在整个
扩散方向上，灰铸铁的石墨组织的基本形态受影响不大，仍呈片状。

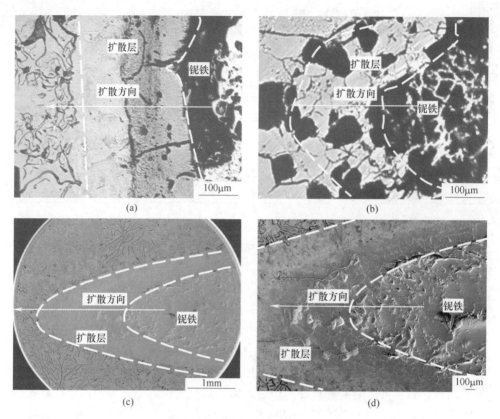

图 10-11　铌铁及扩散层组织图[7]

（a），（b）铌铁扩散层金相组织图；（c），（d）铌铁扩散层扫描图

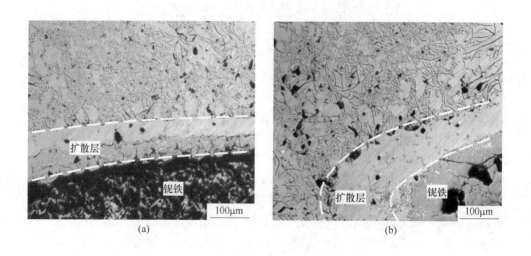

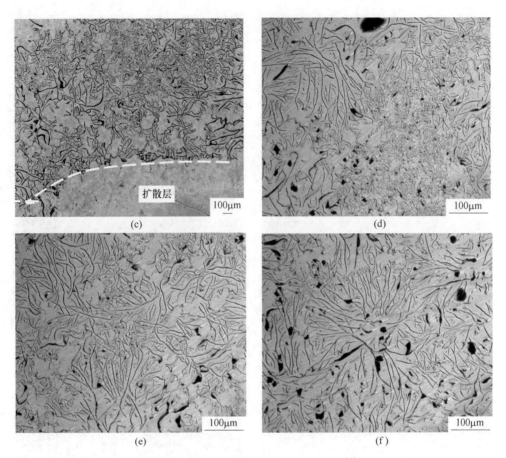

图 10-12　在扩散层方向上的石墨形态[7]

（a）~（c）靠近扩散层石墨形态；（d）~（f）远离扩散层石墨形态

　　征灯科、翟启杰分析了不同铌含量对灰铸铁石墨微观形貌的影响。如图 10-13 所示，随着铌含量的增加，粗大的 A 型石墨片状组织（见图 10-13（a））逐渐开始细化，数量逐渐增加。当铌含量达到 0.104%（见图 10-13（b），同样较高的含碳量）时，石墨组织析出了卷曲状的过渡型石墨，石墨片数进一步增加；当铌含量达到 0.17%（见图 10-13（c），与含碳量降低有关）时，石墨组织变得非常细小，仍保持片状形态。

　　采用深腐蚀方法观察石墨的立体形貌。从图 10-13 的石墨立体形貌中，可以明显地观察到石墨片细化，并随铌含量的增加，石墨片数增多，而石墨的形态变化不大，除了有些卷曲状的过渡型石墨，一般均为片状。

　　铌对高碳当量灰铸铁石墨组织的影响如图 10-14 所示，从图中可以看出，随着铌含量的增加，石墨片逐渐变细、数量增多，但石墨的形态变化不大，除了有

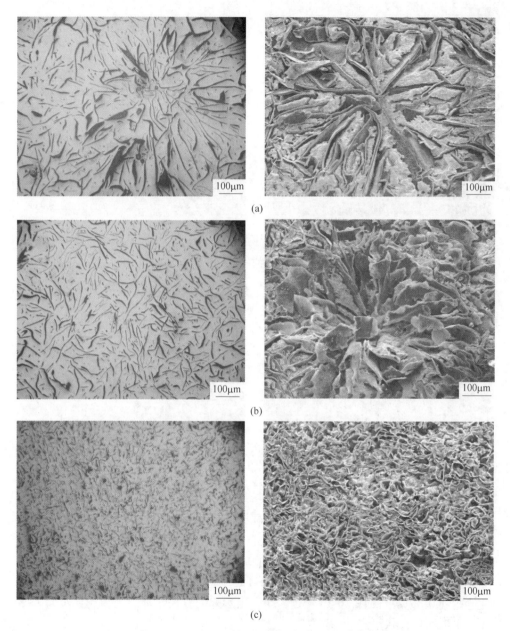

图 10-13　不同铌含量对石墨组织的影响[14]

(a) 0.036%Nb(3.81%C)；(b) 0.104%Nb(3.86%C)；(c) 0.17%Nb(3.71%C)

些卷曲状的过渡型石墨，大多为正常的片状形态。这说明高碳当量灰铸铁由于碳含量高、石墨组织粗大，随着铌含量增加，石墨组织由粗片状逐步向卷曲状、细片状转变，同时，石墨片数量也逐渐增加。而片状石墨片数量增多，可增加高碳当量灰铸铁的吸振能力、减少对外来缺口的敏感性并提高材料的导热性。当铌含量超过1.0%时，过量的铌在液态中以含 Nb 析出相的形式析出，这使得参与基体凝固初期及相变时的碳含量降低，从而使石墨量减少，如图 10-14（d）所示。此时，随着铌含量的增加，含 Nb 析出相更加容易析出，导致绝大部分的铌元素在铁液凝固前已转变为含 Nb 析出相，使参与基体凝固初期及相变时的铌元素越来越少，从而使凝固初期及相变时析出的条块状 Nb(C,N) 含 Nb 析出相越来越少，使得铌含量为 1.48%灰铸铁中的片状石墨长度比铌含量为 0.44%灰铸铁中石墨组织长（见图 10-14（c））。

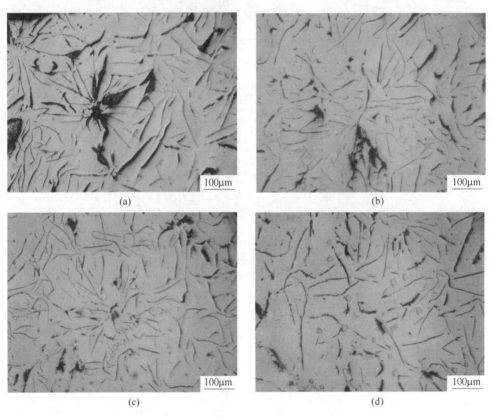

图 10-14　铌含量对高碳当量灰铸铁石墨组织的影响[7,55,58]
(a) 0.14%Nb；(b) 0.29%Nb；(c) 0.44%Nb；(d) 1.48%Nb

由图 10-15（a）可知，液态中析出的方块状含 Nb 析出相不改变石墨的生长方向，只是"隔断"了片状石墨，使片状石墨不再连续生长；同时，有部分石墨沿着方块状含 Nb 析出相周围析出，使得含铌析出相镶嵌在石墨片中（见图 10-15（b））。凝固初期及相变时析出的含 Nb 析出相可以改变石墨的生长方向，使石墨片细化、卷曲（见图 10-15（c））。

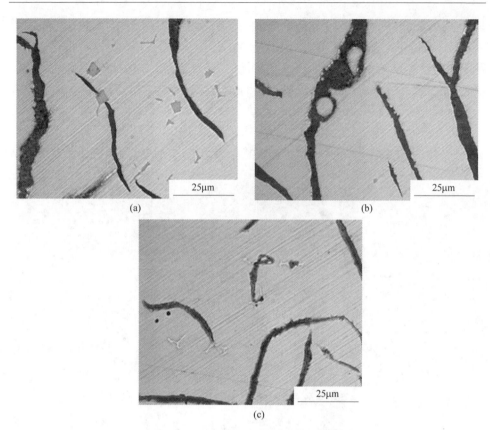

图 10-15　含 Nb 析出相对石墨片的影响[7]

(a) 0.14%Nb；(b) 0.29%Nb；(c) 0.44%Nb

不同铌含量灰铸铁的石墨片长度见表 10-2，从表中可以看出，随着铌含量的

表 10-2　不同铌含量灰铸铁的石墨片长度[7]

编号	$w(Nb)\%$	石墨片长度/μm					平均值/μm
1	0.042	267.50	262.50	225.00	195.00	202.50	230.50
2	0.14	152.50	157.50	132.50	125.00	135.00	140.50
3	0.29	92.50	112.50	120.00	105.00	107.50	107.50
4	0.44	130.00	97.50	115.00	120.00	102.50	113.00
5	0.62	107.50	112.50	117.50	95.00	100.00	106.50
6	0.75	87.50	115.00	92.50	102.50	105.00	100.50
7	0.85	90.00	100.00	102.50	97.50	105.00	99.00
8	1.04	97.50	112.50	87.50	97.50	102.50	99.50
9	1.40	80.00	85.00	97.50	95.00	102.50	92.00
10	1.48	85.00	72.50	97.50	92.50	87.50	87.00

增加，石墨片有一个明显的细化趋势，石墨片变得细小，并且铌含量在0.042%~0.14%时，石墨片细化效果最明显，这说明高碳当量灰铸铁中加入 0.1%Nb 左右对细化石墨组织是比较合适的，而过多的铌元素添加不仅会导致浪费，还会使石墨组织太细，影响灰铸铁中的热传导、抗热疲劳等性能。

综上所述，铌元素可以细化高碳当量灰铸铁的石墨组织，其原因主要有以下几个方面：

（1）铌元素降低了高碳当量灰铸铁共晶温度。铌元素使高碳当量灰铸铁的共晶温度降低，这使共晶转变时碳原子的扩散能力下降，加上铌原子的拖曳作用，导致了碳原子进行较大距离迁移比较困难，石墨难以长大。

（2）铌元素促进了高碳当量灰铸铁中含 Nb 析出相的形成。由于铌元素与碳、氮等元素有着极强的亲和力，极易形成化合物，形成含 C、N、Nb 等多元素的复杂相，这些含 Nb 析出相可能形成于凝固初期及相变的过程中。随着温度降低，铌元素的固溶量降低，伴随着碳原子的扩散，形成方块状含 Nb 析出相或条块状含 Nb 析出相析出。这些含 Nb 析出相有可能成为石墨析出的核心，从而细化石墨组织。

随着铌含量逐渐增加，高碳当量灰铸铁含 Nb 析出相析出量逐渐增加。液相中析出的方块状含 Nb 析出相不改变石墨的生长方向；凝固初期及相变过程中析出的条块状含 Nb 析出相可以改变石墨的生长方向，使石墨片细化、卷曲。

当铌含量超过 1.0%时，高碳当量灰铸铁析出含 Nb 析出相的温度逐渐增高，大量方块状含 Nb 析出相在液相中析出，导致共晶转变时液相中未形成含 Nb 析出相的铌越来越少，使得凝固与相变过程中析出条块状含 Nb 析出相逐渐减少，石墨又可自由析出、生长，最终基体组织中石墨数量相对减少、长度增加。有时，液相中析出的方块状含 Nb 析出相镶嵌在石墨片中，使片状石墨看上去不再连续，被方块状 NbC 含 Nb 析出相"隔断"，反而使片状石墨变得短小。

10.4 铌对灰铸铁基体组织的影响

周文彬、翟启杰等[7]研究了灰铸铁中未完全溶解的铌铁对周围基体组织的影响，如图 10-16 所示。其中，图 10-16（a）为靠近铌铁的扩散层前沿方向上的珠光体基体组织，图 10-16（b）为远离铌铁的扩散层前沿方向上的珠光体基体组织。在靠近铌铁的扩散层中，由于铌含量较高，珠光体基体明显细化，片层间距缩小。研究表明，铌对珠光体基体的影响在于使其片层细化，从而提高了高碳当量灰铸铁的强度。

以铌铁为起点，沿着铌元素扩散方向上的维氏硬度随位置的变化如图 10-17 所示。从图 10-17 中可以看出，沿着扩散方向上，扩散层的硬度 HV 逐渐降低，间接证明铌在珠光体基体中的固溶度是逐渐降低的。距离铌铁越远的扩散层区域

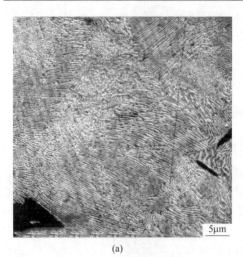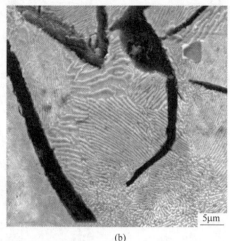

图 10-16 扩散方向上珠光体基体显微组织[7]

(a) 靠近铌铁的扩散层；(b) 远离铌铁的扩散层

内，铌含量逐渐降低，显微硬度也逐渐降低，固溶强化效果越差；距离铌铁距离越近的扩散层区域内，铌含量逐渐升高，显微硬度也逐渐升高，固溶强化效果也越来越明显。由此证明，在灰铸铁中加入铌元素，铌元素的固溶形式是存在的，并且铌元素对高碳当量灰铸铁具有固溶强化的效果。

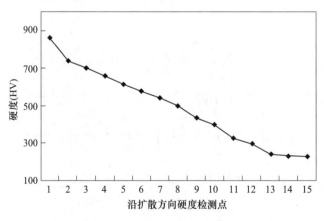

图 10-17 硬度(HV)变化曲线图[7]

铌元素对高碳当量 ($w(CE)>4.26\%$) 灰铸铁基体组织的影响如图 10-18 所示，从图中可以看出，铌元素的添加可以使珠光体得到细化，但对珠光体含量基本没有影响，除了少量铁素体 (铁素体含量<10%)，基体组织中珠光体含量都在 90% 以上。铌是珠光体稳定化元素，它可以明显细化珠光体基体，降低珠光体片层间距，并且随着铌含量的增加，共晶团晶粒细化，珠光体片层间距减小。

 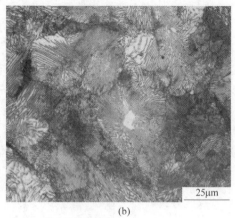

(a)   (b)

图 10-18   1000 倍光学显微镜下珠光体基体显微组织[7]

(a) 0.296%Nb；(b) 0.36%Nb

    珠光体的片层间距大小主要取决于珠光体的析出温度。在连续冷却条件下，冷却速度越大，珠光体的析出温度越低，即过冷度越大，则片层间距越小。而铌元素的添加会降低灰铸铁共晶温度，从而增加了过冷度，细化共晶团，由于 Nb(C,N) 质点对晶界的钉扎效应，晶胞长大受到抑制，因而珠光体共晶团内的珠光体片同样受到了抑制，而且在珠光体基体中，铁素体排碳，渗碳体吸碳，由于铌的加入，铌与碳元素极强的亲和力导致相当的碳被铌吸走，因而也导致了珠光体片的细化。如图 10-19 所示，实测得到当铌添加量为 0.29%时含铌铸铁的共晶温度为 1135℃，比没有添加铌元素铸铁的共晶温度（1140℃）降低了 5℃。由于析出温度降低，使得碳原子的扩散能力下降，同时由于铌原子的拖曳作用，更导致了碳原子不能进行快速和长距离的迁移，从而析出片层间距较小的珠光体。

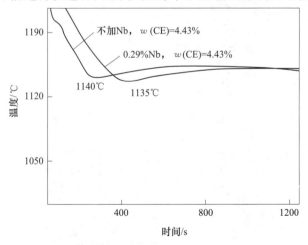

图 10-19   灰铸铁的共晶温度[7]

　　铌元素对灰铸铁珠光体片层间距的影响如图 10-20 所示，从图中可以看出，当铌含量为 0.042% 时，珠光体平均片层间距为 1.125μm；当铌含量为 0.104% 时，珠光体平均片层间距为 1.015μm，相比铌含量为 0.042% 时缩小了 9.8%；当铌含量为 0.29% 时，珠光体组织为细片状，平均片层间距为 0.811μm；当铌含量为 0.62% 时，珠光体组织为细片状，平均片层间距为 0.778μm；当铌含量为 0.85% 时，珠光体组织为细片状，平均片层间距为 0.737μm；当铌含量提高到 1.48% 时，珠光体组织为细片状，平均片层间距为 0.668μm，相比铌含量为 0.042% 时降低了 40.6%，进一步证实铌元素的添加可以细化珠光体组织。图 10-21 为珠光体片层间距的对比。

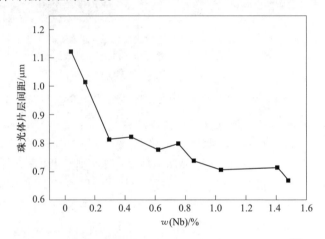

图 10-20　铌含量对灰铸铁中珠光体片层间距的影响[7]

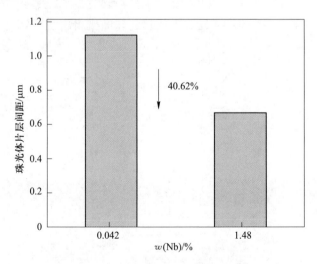

图 10-21　珠光体片层间距的对比[7]

无论从晶体结构、原子尺寸还是电负性因素来看，铌元素可以在钢铁材料中形成一定的固溶量，起到一定程度的固溶强化作用。从晶体结构上来看[2]，铌元素与铁素体的结构类型相同，都是体心立方结构，具备形成无限固溶的必要条件，铌元素与奥氏体的结构类型不相同，组元间的溶解度只能是有限的（见表10-3）。从原子尺寸因素来看，Nb 与 γ-Fe 的原子半径差值与 Nb 原子半径之比为 $\Delta r_1 \approx 9.87\%$，Nb 与 α-Fe 的原子半径差值与 Nb 原子半径之比为 $\Delta r_2 \approx 13.16\%$，两者 Δr_1 和 Δr_2 均小于 15%，这有利于形成溶解度较大的固溶体（见表10-4）。铌的扩散和沉淀过程主要取决于铌有相当大的原子半径（与铁原子相比），原子半径差越大，则溶解度越小。

表 10-3　铌在铁中的溶解度

元素	在 γ-Fe 中的最大溶解度/%	在 α-Fe 中的最大溶解度/%	在 α-Fe 中的溶解度/%
Nb	2.0	1.8（989℃）	0.1~0.2（25℃）

表 10-4　铌及铁的点阵类型、点阵常数及原子半径

金属	点阵类型	点阵常数/nm	原子半径/nm
γ-Fe	A1	0.36486（916℃）	0.1288
α-Fe	A2	0.28664（室温）	0.1241
Nb	A2	0.33007（室温）	0.1429

从电负性（周期表中各元素的原子吸引电子能力的一种相对标度，又称为负电性，元素的电负性越大，吸引电子的倾向越大，非金属属性也越强）来看[9]，溶质与溶剂元素之间的化学亲和力越强，即合金组元间电负性差越大，倾向于生成化合物而不利于形成固溶体；生成的化合物越稳定，则固溶体的溶解度就越小。只有电负性相近的元素才可能具有大的溶解度。铌与铁的电负性相近（见表10-5），铌与非金属元素碳、氮、氧、硫、氢的电负性差比较大，所以铌能够固溶于铁基体中，同时还能与这几种非金属元素形成化合物（化合物或二次固溶体）。

表 10-5　铸铁中各元素的电负性及其与铌的电负性差

元素	H	C	N	O	Si	P	S	Ti	Nb
电负性	2.20	2.55	3.04	3.44	1.90	2.19	2.58	1.54	1.60
与 Nb 的电负性差	0.60	0.95	1.44	1.84	0.30	0.59	0.98	0.06	0

元素	V	Cr	Mn	Fe	Ni	Cu	Mo	Sn
电负性	1.63	1.66	1.55	1.80	1.91	1.90	2.16	1.96
与 Nb 的电负性差	0.03	0.06	0.05	0.20	0.31	0.30	0.56	0.36

从以上分析得知，铌作为合金元素的重要性，取决于它在固溶时的作用，但更主要取决于它与碳和氮结合形成化合物的能力。铌元素可以少量固溶于基体

中, 使基体的显微硬度提高, 起到一定程度的固溶强化作用。但绝大多数铌元素在凝固初期及相变的过程中, 首先与碳、氮化合生成大量均匀分布的含 Nb 析出相, 其均匀弥散镶嵌于珠光体基体中作为强化相, 对高碳当量灰铸铁起到明显的析出强化作用。

10.5　铌对灰铸铁力学性能的影响

10.5.1　铌对灰铸铁常温力学性能的影响

周文彬、翟启杰等[7]研究了不同铌含量对高碳当量灰铸铁硬度和楔压强度的影响。灰铸铁的硬度往往是由石墨数量与珠光体所占比例决定。一般情况下, 灰铸铁组织中石墨数量少, 珠光体比例大, 则灰铸铁的硬度高。图 10-22 为铌对高碳当量灰铸铁显微硬度的影响, 从图中可以看出, 随着铌含量的增加, 高碳当量灰铸铁的显微硬度不断增加。这说明部分铌元素固溶于高碳当量灰铸铁基体组织中, 对高碳当量灰铸铁起到固溶强化作用。高硬度、高熔点、形状规则、粒度较小、均匀弥散分布的含 Nb 析出相使含铌铸铁比普通铸铁具有较高的强度, 且随着铌含量的增多, 含 Nb 析出相分布得越均匀、越弥散, 强化作用越显著。

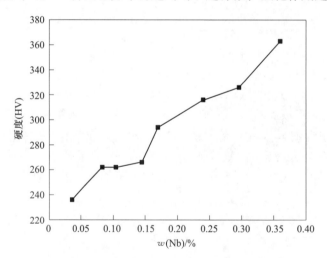

图 10-22　铌对高碳当量灰铸铁显微硬度的影响[7]

铌铸铁中含 Nb 析出相是在凝固初期及相变的过程中析出, 且均匀弥散分布于基体中, 对灰铸铁起到强化作用, 在提高强度的同时, 对韧性影响甚微。尽管 Nb(C,N) 硬质相显微硬度 HV 为 2500~3000, 远远高于磷共晶和硼化物, 但这些硬质相粒度较小, 且孤立弥散分布, 故对高碳当量灰铸铁的宏观硬度影响不大。铌能小幅度提高高碳当量灰铸铁宏观硬度的主要原因是, 含 Nb 析出相的析出，相对减少了参与析出石墨的碳含量，进而细化石墨组织。这说明含铌铸铁在具有优异耐磨性的同时，又具有良好的综合力学性能，是一种高品质的耐磨铸铁材料。但是，添加过量的铌元素又会使高碳当量灰铸铁中产生方块状的含 Nb 析出相，方块状的含 Nb 析出相与基体的结合力比条块状的含 Nb 析出相与基体的结合力较差，容易在受到外力的情况下脱落，降低高碳当量灰铸铁的力学性能，影响高碳当量灰铸铁的耐磨性。

表 10-6 为铌对高碳当量灰铸铁制动面硬度的影响，从表中可以看出，碳当量相近的 2 号、4 号、5 号、6 号、7 号试样，随着铌含量的增加，高碳当量灰铸铁制动面硬度略有增加，这是由于高碳当量灰铸铁的硬度与石墨数量、珠光体所占比例有关。铌具有固溶强化作用，也具有细化共晶团、石墨和珠光体的作用，凝固初期及相变过程中析出的 Nb(C,N) 硬质相，相对减少了石墨的析出量，铌使高碳当量灰铸铁的硬度有所增加。碳当量相当的 1 号、3 号、8 号试样，或者 5 号、6 号、7 号试样，铌含量的增加，硬度几乎没有增加，这是由于铌对石墨组织的细化作用远弱于碳、硅等对石墨组织的影响。

表 10-6　制动面硬度检测结果[7]

试样编号	化学成分（质量分数）/%				硬度（HB）
	CE	C	Si	Nb	
1	4.44	3.81	1.84	0.036	146
2	4.37	3.70	1.97	0.083	175
3	4.53	3.86	1.97	0.104	174
4	4.36	3.72	1.89	0.145	174
5	4.39	3.71	1.99	0.170	189
6	4.39	3.72	1.98	0.240	190
7	4.39	3.74	1.91	0.296	190
8	4.45	3.74	2.10	0.360	176

不含铌和添加 0.17%Nb 的高碳当量灰铸铁力学性能对比，如图 10-23 所示，从图中可以看出，添加铌元素后，高碳当量灰铸铁的硬度（HB）从 150 增加到 171，增加了 14.0%，说明部分铌元素固溶于高碳当量灰铸铁基体组织中，使铌在高碳当量灰铸铁中起到固溶强化作用；同时，铌是一种强碳化物、氮化物形成元素，铸铁中加入微量的铌，会在凝固初期及相变的过程中与碳、氮化合，在基体中生成均匀弥散分布的含 Nb 析出相，相对减少了析出石墨的碳量，从而细化了高碳当量灰铸铁的石墨组织。铌还可以细化珠光体，使高碳当量灰铸铁的硬度（包括强度）提高。因此，高碳当量灰铸铁添加微量铌产生的固溶强化与含 Nb 析出相的共同作用，使硬度得到一定提高。

铌对高碳当量灰铸铁的硬度和楔压强度的影响如表 10-7 和图 10-24 所示，随

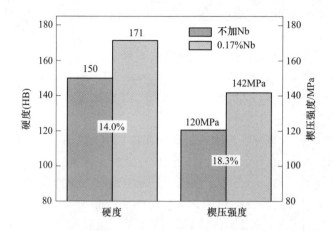

图 10-23   添加 0.17%Nb 前后对高碳当量灰铸铁力学性能的影响[7]

表 10-7   不同铌含量高碳当量灰铸铁的硬度和楔压强度[7]

试样编号	化学成分（质量分数）/%				硬度（HB）	楔压强度/MPa
	CE	C	Si	Nb		
1	4.53	3.82	2.05	0.042	149	130
2	4.52	3.80	2.07	0.14	144	125
3	4.55	3.83	2.08	0.29	154	130
4	4.56	3.84	2.08	0.44	165	137
5	4.53	3.82	2.05	0.62	166	135
6	4.54	3.82	2.06	0.75	157	126
7	4.54	3.83	2.05	0.85	157	127
8	4.51	3.80	2.03	1.04	158	128
9	4.53	3.82	2.03	1.40	162	131
10	4.52	3.81	2.04	1.48	162	132

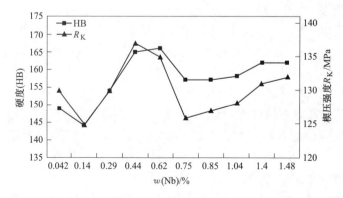

图 10-24   高碳当量灰铸铁硬度、楔压强度 R_K 与铌含量的关系[7]

着铌含量的增加，高碳当量灰铸铁的硬度呈现出波动变化的趋势。高碳当量灰铸铁的硬度，与铌固溶强化基体有关，也与含 Nb 析出相的形态、数量有关。铌含量增加到 0.14%时，石墨组织由粗片状逐步向卷曲状、细片状转化，此时，过高的 Si/C 比，使石墨细化后的片数反而有所增加，导致高碳当量灰铸铁的硬度有所降低。铌含量继续增加，使其对石墨片细化作用继续加强，粗片状石墨逐渐减少，卷曲状、细片状石墨逐步增加，铌的固溶强化作用进一步显现，Y 型、V 型或条棒型含 Nb 析出相的强化作用增强。均匀弥散分布的含 Nb 析出相，具有很好的强化作用，使高碳当量灰铸铁的硬度也随之提高。当 Nb 超过 0.5%以后，方块状含 Nb 析出相数量有所增加，液相中析出的方块状含 Nb 析出相与基体的结合力较弱，方块状含 Nb 析出相的强化效果要低于凝固初期及相变的过程中析出的粒度小、枝臂细长的 Y 型、V 型或条棒型含 Nb 析出相组织，导致高碳当量灰铸铁在 0.75%Nb 左右时的硬度明显降低。铌含量继续增加，大于 0.75%Nb 以后，基体中方块状含 Nb 析出相数量进一步增加，基体中大量方块状含 Nb 析出相的积累，减少了石墨的析出，又使宏观硬度继续增加。

10.5.2　铌对灰铸铁高温力学性能的影响

朱洪波、翟启杰等[15]研究了铌对灰铸铁高温力学性能和热疲劳强度的影响。如表 10-8 和图 10-25 所示，常温时，0.037%Nb 试样抗拉强度为 144MPa，加铌

表 10-8　不同铌含量灰铸铁高温力学性能和热疲劳强度变化

温度/℃	$w(Nb)/\%$	抗拉强度/MPa
常温	0.037	144
	0.11	155
300	0.037	124
	0.11	143
400	0.037	123
	0.11	138
500	0.037	109
	0.11	119
600	0.037	75
	0.11	83
700	0.037	47
	0.11	47
800	0.037	28
	0.11	28

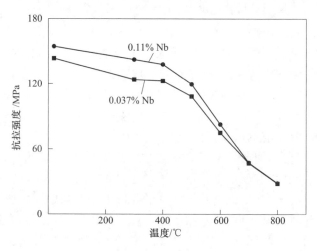

图 10-25　灰铸铁的抗拉强度测试结果[15,53]

0.11%以后为 155MPa；300℃时，0.037%Nb 和 0.11%Nb 试样强度分别为 124MPa
和 143MPa；400℃时，0.037%Nb 和 0.11%Nb 试样强度分别为 123MPa 和 138MPa；
500℃时，0.037%Nb 和 0.11%Nb 试样强度分别为 109MPa 和 119MPa；600℃时，
0.037%Nb 和 0.11%Nb 试样强度分别为 75MPa 和 83MPa；700℃时，0.037%Nb 和
0.11%Nb 试样强度都为 47MPa；800℃时，强度都约为 28MPa。这说明，当温度低
于 700℃时，铌元素可以提高灰铸铁在高温条件下的抗拉强度，但在 700℃和 800℃
条件下，铌元素对灰铸铁高温抗拉强度的影响不减弱。

　　图 10-26 为铌含量为 0.037%灰铸铁试样在常温下断口形貌，试样呈现典型
的脆性断裂特征，断口相对平整并且垂直于拉伸载荷方向；断口上没有较大的宏
观塑性变形。图 10-27 为 0.11%Nb 灰铸铁试样在常温下断裂的形貌，从断口形
貌上来看，基本与 0.037%Nb 试样断口相似。

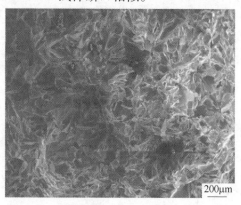

图 10-26　灰铸铁试样断口形貌(常温，0.037%Nb)[15,53]

图 10-27　灰铸铁试样断口形貌(常温，0.11%Nb)[15,53]

图 10-28 为裂纹扩展时，两个解理面相交时形成的解理台阶。解理裂纹与螺旋位错交截以及次生解理和撕裂是形成解理台阶的两种主要方式。图 10-29 为断裂时形成的河流花样。作为解理断口的最主要特征，这些线条源于裂纹扩展但并不局限在单一的平面内，而是偏离一个平面移动到相邻的平面上。

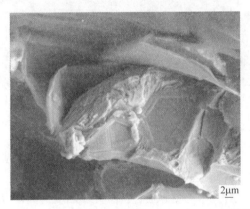

图 10-28　灰铸铁解理台阶(常温，0.11%Nb)[15,53]

在灰铸铁组织中，石墨和金属基体是决定铸铁性能的主要因素，且石墨对性能的影响大于基体对性能的影响。由于石墨几乎没有强度，又因为石墨片端好像是存在于铸铁中的缺口，如图 10-30（a）所示，所以，一方面石墨在铸铁中占有一定量的体积，使金属基体承受负荷的有效截面积减少；另一方面，在承受负荷时造成应力集中现象。前者称为石墨的缩减作用，后者称为石墨的缺口作用。由于石墨的存在所造成的这两种作用，使灰铸铁中金属基体的强度不能充分发挥。

根据断裂理论，一个断裂过程包括裂纹的形成和扩展。研究表明，灰铸铁中大量存在的片状石墨不仅仅是裂纹源，同样也是裂纹扩展的途径。图 10-30 （a）

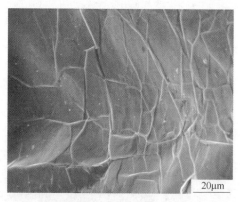

图 10-29　灰铸铁河流花样（400℃，0.037%Nb）[15,53]

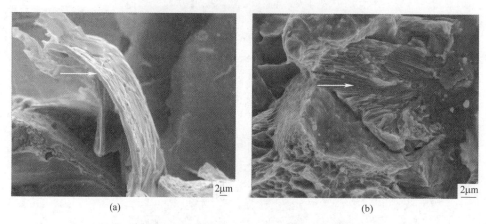

(a)　　　　　　　　　　　　　　　　　　　　(b)

图 10-30　灰铸铁断口上被撕裂的组织（常温，0.037%Nb）[15,53]

（a）石墨；（b）珠光体

为裸露于断口的被撕裂的石墨。当铌加入以后，石墨细化，这意味着断裂时的裂纹源更加细小了，裂纹扩展的途径也更窄，所以强度提高。基体也是一个很重要的方面，在断裂时对强度的影响也很大，如图 10-30（b）所示珠光体被撕裂，形成了瓦纳条纹。而铌加入以后，珠光体基体也得到细化。细的珠光体对应着更小的珠光体片间距和更细的铁素体和渗碳体，结果是铁素体和渗碳体的相界面增多，所以，断裂时位错不易滑移，使基体性能提升。镶嵌在基体上的含 Nb 析出相，如图 10-31 中的箭头所示，因为对基体有很强的附着力，使基体难以撕裂，同样也提高了抗拉强度。

　　采用扫描电镜对断口观察发现，在添加 0.11%Nb 的试样的断口上出现了少量的韧窝，如图 10-32 所示。韧窝是韧性断裂最主要的微观形貌特征，形成机理为孔洞聚集，即显微空洞生核、长大、聚集直至断裂，所以可以推断，在添加铌元素以后，灰铸铁的断裂机制由脆性断裂转变为以脆性断裂为主辅以少量韧性断

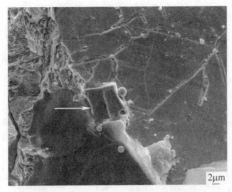

图 10-31　常温断口上的含 Nb 析出相(0.11%Nb 试样)[15,53]

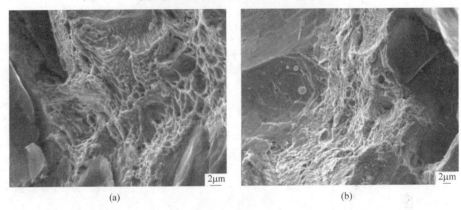

(a)　　　　　　　　　　　　　　　(b)

图 10-32　灰铸铁不同温度断口上的韧窝(0.11%Nb)[15]

(a) 400℃；(b) 600℃

裂的断裂机制，这也是添加铌元素以后，材料高温强度得到提高的另一个原因。

图 10-33 为两种灰铸铁断口上的球状组织，图 10-34 为 800℃断口上的球状组织。

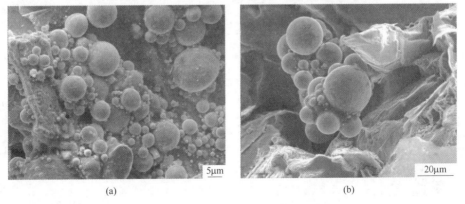

(a)　　　　　　　　　　　　　　　(b)

图 10-33　灰铸铁断口上的球状组织[15]

(a) 0.11%Nb，800℃；(b) 0.037%Nb，400℃

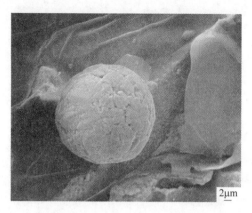

图 10-34　800℃断口上球状组织(0.037%Nb 灰铸铁)[15]

　　抗氧化性也是灰铸铁在高温下的一项重要性能。铸铁在高温条件下，很容易发生氧化，表面形成一层或多层的氧化膜。高碳当量灰铸铁热处理后氧化膜如图 10-35 所示，从图中可以看出，氧化层为内外两层，用 EDS 分析了氧化膜的主要成分，外层主要为氧和铁，内层与外层相似。

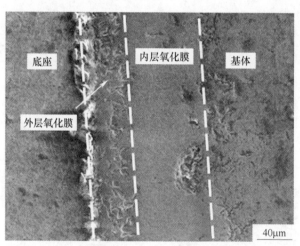

图 10-35　在 900℃下氧化 1h 的氧化膜形貌(0.11%Nb 灰铸铁)[15,53]

　　表 10-9 为各个温度下灰铸铁氧化膜的厚度，从表中可以看出，随着温度的升高，氧化膜厚度增加，且加入铌元素以后，无论是内层还是外层氧化膜厚度都减小。一方面，在氧化过程中，灰铸铁的片状石墨，由于其在共晶团内连在一起，共晶团之间也彼此接触，因此，石墨烧损很快并随着时间的延长而持续进行。而在灰铸铁里添加铌以后，石墨虽然还是以共晶团的形式存在，但是由于得到了极大的细化，石墨烧损速度较低，这就增强了灰铸铁在高温下的抗氧化性。

另一方面，铌元素能够细化石墨组织，这对灰铸铁抗氧化性有重大影响，灰铸铁的石墨基本连在一起，它成为氧进入金属内部的通道，故石墨越粗大，氧原子的扩散能力越强，即氧化速度越快。而铌元素恰好可以改善石墨形态，使其细化，所以，铌元素的添加对灰铸铁的高温抗氧化性也有所提高。

表 10-9　不同温度下氧化膜的厚度[15,53]　　　　　　（μm）

项　目		700℃	800℃	900℃
0.037%Nb 试样	内层	61.3	70.2	86.5
	外层	41.6	46.7	52.6
0.11%Nb 试样	内层	55.3	62.4	76.7
	外层	35.1	40.3	44.5

热疲劳是由于温度的循环变化而引起应变的循环变化，并由此产生疲劳断裂失效。产生热疲劳的两个必要条件是温度循环变化和机械约束，温度变化使材料膨胀，由于受到约束而产生热应力。

图 10-36 为经过 1500 次热循环疲劳以后不同铌含量的灰铸铁表面裂纹照片。

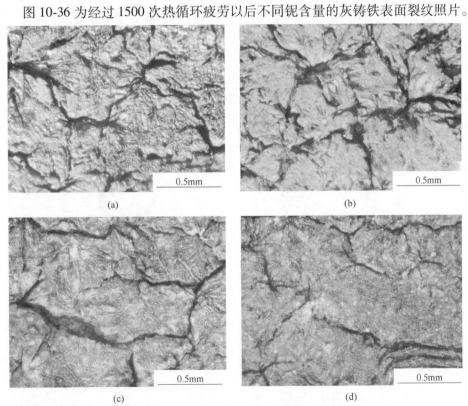

图 10-36　试样经过热疲劳以后的表面裂纹[15,54]
（a）0.037%Nb；（b）0.11%Nb；（c）0.32%Nb；（d）0.68%Nb

图 10-36 (a) 中，1 号试样的裂纹数量较多并相互连通，而且出现了网状裂纹。在加入铌以后，从图 10-36 (b) 的 2 号试样可以看出，裂纹相对 1 号试样细小，并且网状裂纹减少。而图 10-36 (c)、(d) 中 3 号和 4 号试样的变化更为明显：裂纹明显变窄、数量减少，而且网状裂纹基本消失。图 10-37 为试样的横截面裂纹照片。图 10-37 (a) 中 1 号试样的最大裂纹深度在 0.25mm 左右，而且裂纹比较宽。在图 10-37 (b) 中，加入了 0.11%Nb 的 2 号试样，虽然最大裂纹深度还是 0.25mm，但是裂纹明显变窄。图 10-37 (c)、(d) 的 3 号和 4 号试样中，无论是最大裂纹深度还是裂纹宽度都逐渐减小。这一趋势说明，加入铌元素以后，灰铸铁的热疲劳性能有所提高，并且随着铌含量的提高，抗热循环疲劳性能越好。

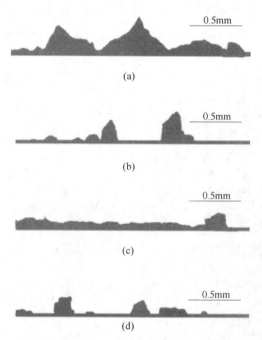

图 10-37　经过热疲劳循环后试样的横截面裂纹[15,54]
(a) 0.037%Nb；(b) 0.11%Nb；(c) 0.32%Nb；(d) 0.68%Nb

　　表 10-10 为不同铌含量的热循环疲劳试样表面到心部的硬度，从表中可以看出，试样经过热循环疲劳测试后，其表面硬度和心部硬度差距较大，即经过热循环疲劳以后，材料表面硬度降低，形成了一层"性能恶化层"。1 号试样的恶化层厚度为 0.8mm；加入 0.11% 铌以后，性能恶化层为 0.6mm，而在加入更高铌含量的 3 号和 4 号试样，性能恶化层降低到了只有 0.4mm。这说明添加铌元素能够改善材料表面经热循环疲劳以后性能的恶化。

表 10-10 不同铌含量的热循环疲劳试样表面到心部的硬度（HV）[15]

深度/mm	0.1	0.2	0.4	0.6	0.8	1.0	2.0
1 号	140	170	191	201	225	221	223
2 号	147	178	201	228	230	238	234
3 号	152	211	257	240	242	254	251
4 号	150	201	271	268	278	270	273

石墨强度极低，在铸铁中相当于裂纹或空洞，尤其是灰铸铁的片状石墨。在应力作用下，片状石墨尖端很容易形成应力集中。所以，在热循环疲劳测试过程中，片状石墨常常成为裂纹源。图 10-38 为一条典型的从表面向内部扩展的热裂纹，白色箭头为热疲劳裂纹扩展方向，其中白色物质为经热疲劳裂纹通道流入基体内部的锡。图 10-39 为图 10-38 中 A、B、C、D 点的局部放大照片。图 10-39（a）为裂纹由表面进入基体的过渡区域，靠近表面部分的裂纹较为粗大，而进入基体以后裂纹急剧缩小。图 10-39（b）、（c）为裂纹在基体内部的扩展延伸部分。图 10-39（d）为裂纹扩展前沿，到这里以后裂纹逐渐消失。从图 10-36 可以看出，热疲劳裂纹上往往存在着片状石墨，也就是说裂纹容易沿着石墨扩展，所以石墨也会成为热疲劳裂纹的扩展途径。

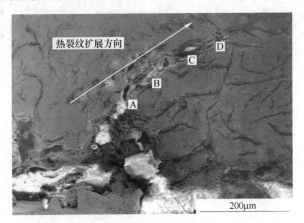

图 10-38 典型的热疲劳截面裂纹（0.32%Nb 试样）[15,54]

图 10-40 为经热循环疲劳测试后的石墨形态。铌元素的添加，使得灰铸铁中的石墨得到细化，变短变细，并且石墨数量增多，这主要是由于铌元素的细化作用，使石墨从粗大的片状石墨逐渐细化为细小的片状石墨，甚至有少量卷曲状石墨出现，如图 10-40（d）所示，石墨片长度也有所减小。

图 10-41 为铌含量与石墨平均长度和横截面最大三条裂纹总长度之间的关系的统计结果，从图中可以得出，随着石墨平均长度的减小，截面热裂纹长度也减

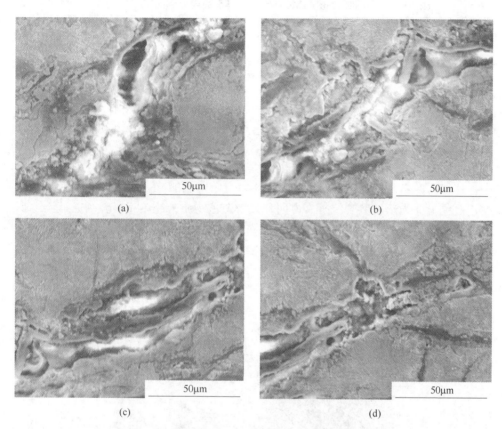

图 10-39　热疲劳裂纹的高倍照片(0.32%Nb 试样)[15,54]
(a) 图 10-38 中 A 点；(b) 图 10-38 中 B 点；(c) 图 10-38 中 C 点；(d) 图 10-38 中 D 点

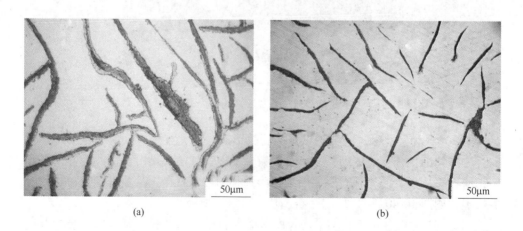

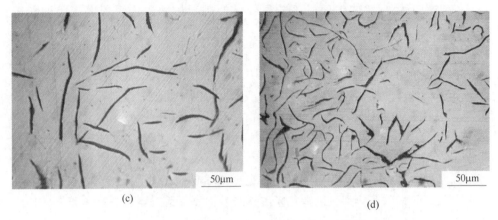

图 10-40 试样经热疲劳以后的石墨形态[15,54]
（a）0.037%Nb；（b）0.11%Nb；（c）0.32%Nb；（d）0.68%Nb

小。石墨可以作为热疲劳裂纹源和扩展途径，所以较细的石墨对应着较好的热疲劳性能；而且粗大的石墨极大地削弱了基体连续性，降低基体的强度和塑性。石墨细化以后，材料性能得到提高，因而更能抵抗热疲劳裂纹的扩展。也就是说随着铌元素的加入，石墨组织得到细化，同时热疲劳性能得到提高。而且铌元素在灰铸铁中主要形态是尺寸在 $5\mu m$ 左右的硬质含 Nb 析出相，镶嵌于基体上，极大地阻碍了热裂纹的扩展，因此也能提高材料的热疲劳性能。

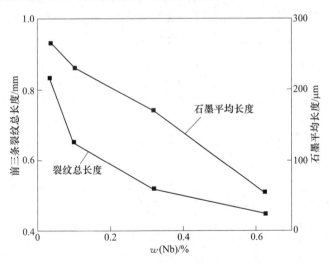

图 10-41 铌含量与石墨平均长度和裂纹总长度的关系[15,54]

高温下片状石墨会发生长大，从而恶化石墨形态。添加铌以后，能降低这种效果，即高温下铌对石墨同样也有细化效果。分析认为，主要是因为铌对碳原子的吸引力较强，使碳原子不能很容易的进行扩散，从而形成较粗的新鲜石墨。

在灰铸铁中添加 0.11% 铌，提高了灰铸铁的高温拉伸性能，主要原因为：（1）铌的加入，使石墨细化，减小了裂纹源和裂纹扩展途径；同时也细化了珠光体，即铁素体和渗碳体的相界面增多，所以，断裂时位错不易滑移，性能提高。（2）镶嵌于基体上的含 Nb 析出相，对基体有很强的束缚力，使基体难以撕裂。（3）含铌灰铸铁的断口出现韧窝，塑性提高，也增强了材料的高温拉伸性能。铌提高了灰铸铁的高温抗氧化性，主要是由于铌细化了石墨，使氧原子难以进入基体内部，内部避免出现氧化。在热循环疲劳实验中，裂纹由表面向内部扩展，石墨可以作为热裂纹的源和扩展途径。而添加铌元素能提高灰铸铁的热疲劳性能，主要原因在于铌对石墨的细化作用，导致裂纹源较少，以及更细的裂纹扩展途径。

10.6　铌在制动盘铸件中的应用

制动盘是制动器的关键零件，对汽车在安全行驶中起到至关重要的作用，而灰铸铁的性能与制动盘的使用要求相近，通过合金化、热处理等手段，可实现对性能较大的改善，从而满足一些特殊的性能要求，达到理想的制动盘材质。随着人们生活理念和汽车技术的不断发展，摩擦制动器从结构到组成摩擦副的材料都发生了巨大的变化，21 世纪汽车技术发展的趋势是高速、环保和节能，因此对摩擦制动器提出了更高的要求[16]。随着汽车速度的提高、负载的增加和制动距离的限制，对制动盘提出了更高要求，传统灰铸铁很难满足要求。

高碳当量制动盘（本节将碳当量 $w(CE)>3.8\%$ 的制动盘称为高碳当量制动盘）是一种综合性能良好的高品质耐磨铸铁材料，被广泛应用于中高档轿车。高碳当量制动盘通过加入 0.10% Nb 进行微合金化，保证了材料的力学性能，提高了耐磨性、抗热疲劳性，具有良好的热传导性能、减震性能和减噪性能，以及较好的机械加工性能和铸造性能。

随着现代经济的发展，汽车行驶速度不断提高、载荷也越来越大，在此条件下的频繁制动，使制动盘逐渐满足不了使用要求，出现了制动失效。制动盘的典型失效[17-24]主要表现为耐磨性降低，磨损加剧，产生很大的制动噪声，出现热裂纹。

轿车制动盘的摩擦磨损特性直接影响汽车的安全行驶。从制动盘的工作状况来看，有粘着磨损、磨料磨损、氧化磨损和热疲劳磨损四种[25]。当制动盘受摩擦发热后，温度升高，摩擦表面黏合烧损、氧化，硬度降低。因而，制动盘表面硬质点（粒状珠光体、夹杂物、硬质相等）容易嵌入软基体或犁削基体，使制动盘产生沟槽，加速磨损。产生沟槽的制动盘使两个摩擦表面的接触面积增大，摩擦力随之增大，制动盘和摩擦片的工作温度升高，从而抗高温氧化及疲劳磨损能力相应变差。Jean Thevenet 和 Monica Siroux[40] 利用自制的热电偶装置测量了汽车制动盘表面的温度，结果表明，在最初的 20s 内，制动盘表面温度能迅速升高到 600~800℃。Faramarz Talati 和 Salman Jalalifar 通过计算机模拟，也验证了这一点。当制动盘温度上升至 400 ℃以上时，氧化、磨损加剧。

文献［29，34，38］研究表明，当汽车高速行驶时，制动盘表面温度很容易上升到 600℃和 800℃，甚至 1000℃以上的高温。汽车在行驶时，由于频繁制动，材料表层受到"温度-力"的循环作用，每次制动即为一次热冲击。同时，在高温下，会发生 α 相向 γ 相和原珠光体向奥氏体的转变；降温时，则 γ 相又转变成 α 相。所以，在交变的热应力、相变应力以及摩擦力作用下，制动盘很容易产生热疲劳裂纹。另外，在制动过程中，制动盘和闸片是一对摩擦副，当摩擦副发生粘着后，由于相对滑动，金属表面的粘着区在剪切力的作用下被剪断，从而出现一个表面的金属向另一个金属表面的迁移，进而形成磨粒，导致磨损，同时磨损又加剧了裂纹萌生和扩展[39,40]。

作为汽车安全行驶重要保证的摩擦制动盘的产生与发展始终与汽车技术相生相伴，随着人们生活理念和汽车技术的不断发展，摩擦制动盘从结构到组成摩擦副的材料都发生了巨大的变化。

汽车制动过程的特殊性要求[41]，制动盘材料必须同时具有以下三个方面的性能：（1）稳定的摩擦性能，即摩擦系数不随压力、温度、速度和湿度的变化而变化；（2）良好的耐疲劳性能，摩擦表面的急冷急热造成相当高的热应力，这要求材料具有极好的抗热裂纹能力；（3）较高的耐磨损性能，摩擦中形成的第三体与基体有良好的粘附性，保证材料有相当低的磨损率；（4）较高的热容量，对高档汽车制动盘材料，要求其有很高的热容量以利于制动能储存；（5）良好的导热性，好的导热性可以降低温度梯度，减少热斑形成。

铸铁有一定的强度和良好的耐磨性、生产成本低，因此广泛用作制动盘材料，包括灰铸铁和蠕墨铸铁。铸铁的优势[43]主要有以下几个方面：（1）碳在结晶时，大部分以自由状态（石墨）存在，它的比热容高，几乎是铁的两倍，因此可较大地提高材料的蓄热性。（2）石墨的基体很软，本身能吸收震动能，特别是灰铸铁中的细长片状石墨，分割了基体而不利于能量的传递，更使得机件具有了良好的振动衰减能力。（3）石墨的存在，本身就相当于很多裂纹和缺陷，故铸铁的缺口敏感性比钢大为降低，特别是片状石墨的灰铁。这就是说，灰铁具有更符合制动盘所要求的品质，特别是其中的碳元素是有利因素之一。近年来，为了提高铸铁制动盘的耐磨性，常在铸铁中加入 Cr、Ni、Mo、Nb 等元素，而且高碳当量的趋势也使铸铁的强度大幅度提高。

10.6.1　铌对高碳当量制动盘耐磨性的影响

10.6.1.1　铌强化基体，改善高碳当量制动盘的耐磨性

由于高碳当量制动盘具有较高的石墨含量，制动盘具有较高的蓄热性和导热性，因此常被用于中高档轿车。高碳当量制动盘可以有效释放高速行驶的车辆在紧急制动过程中产生的大量热能，确保高温下零件本身以及相邻件的寿命、尺寸稳定、行车安全等。但是，这样的制动盘如果不添加合金化元素，其硬度很低，势必影响制动盘的耐磨性。铸件硬度低，珠光体片层间距较大，基体组织较软，硬质点（粒状珠光体、夹杂物、硬质相等）容易在基体上剥落，嵌入软基体或犁削基体，使制动盘产生沟槽，加速磨损。

基体硬度的提高，有利于改善高碳当量制动盘的耐磨性。高碳当量制动盘中添加铌，可以提高基体组织的显微硬度；随着含量铌的增加，高碳当量制动盘的显微硬度不断增加。铌在高碳当量制动盘中，一部分铌固溶于基体组织中，起到了固溶强化基体的作用。同时，高碳当量制动盘中添加适当铌，可以适度细化石墨、稳定珠光体、细化珠光体的片间距，从而在保证合适的石墨、基体组织的情况下，适当提高制动盘的硬度。因此，含铌高碳当量制动盘可以在确保蓄热性和导热性等前提下，适当提高基体的硬度，从而改善高碳当量制动盘的耐磨性。

10.6.1.2　铌析出 Nb(C,N) 硬质相，提高高碳当量制动盘的耐磨性

制动盘耐磨机理为：在其配对副材料的压力和摩擦下，高碳当量制动盘中的硬质相，因硬度大大高于基体而逐渐突出于基体表面，这些硬质相首先与配对副材料接触，构成第一摩擦面，起支撑与耐磨作用，基体与石墨构成第二摩擦面，硬质相的性质决定着高碳当量制动盘的耐磨性。

加入适量铌元素后，高碳当量灰铸铁中的石墨趋于细化、分布均匀、珠光体及片层间距都趋于细小。同时，铌是一种强碳化物、氮化物形成元素，铌与碳、氮的亲和力远远高于铁和碳的亲和力，在珠光体基体中析出均匀的 Y 型、V 型、条棒型富铌相质点，其显微硬度 HV 达到 2300~2500，并与基体牢固结合在一起，摩擦不易脱落。

高碳当量制动盘中加入 0.10% 左右的铌，其绝大多数在凝固初期及相变的过程中与碳、氮化合生成大量均匀分布的 Nb(C,N) 小质点。这些小质点的形貌一般为规则的条块状，粒度小，枝臂细长，每条枝臂长度一般为 2~10μm，密度分布大于 200 粒/mm²，均匀弥散镶嵌于珠光体基体中，不是聚集在晶界上，且随着铌含量的增多，铌化物分布得越均匀、弥散，越起到强化作用[57]。

高硬度、高熔点、形状规则、粒度较小、枝臂细长、弥散均匀分布的 Nb(C,N) 质点，是使含铌高碳当量制动盘具有较好耐磨性的基础。Nb(C,N)

质点形状规则、尺寸较小、呈粒状孤立分布，它的熔点较高并且具有高硬度，因而具有较高的抗粘着磨损能力。另外，Nb(C,N)质点形状规则、表面光滑，不易擦伤配对摩擦副，因而具有良好的耐磨性。

从以上分析可见，含铌高碳当量制动盘之所以具有优异的耐磨性，主要是铌能在高碳当量制动盘中析出有利于提高耐磨性的硬质相——Nb(C,N)质点。

10.6.1.3　过量铌析出方块状 NbC 硬质相，降低高碳当量制动盘的耐磨性

铌可以提高高碳当量制动盘的耐磨性，但是并不是铌含量越高耐磨性越高，过量铌反而降低高碳当量制动盘的耐磨性。加入过量铌会产生方块状 NbC 硬质相[57]。方块状 NbC 富铌相与基体的结合强度低于粒度较小、枝臂细长，弥散均匀分布的条块状 Nb(C,N) 富铌相质点，从而导致高碳当量制动盘的耐磨性降低。

如前所述，铌使石墨细小，片数减少，降低高碳当量灰铸铁制动盘的蓄热性和导热性。当刹车制动时，制动盘和摩擦片受摩擦发热，制动盘和摩擦片的工作温度升高，蓄热性和导热性较差的制动盘，抗高温氧化及疲劳磨损能力相应变差，摩擦表面容易粘合烧损、氧化，从而加速制动盘磨损。

因此，适量铌可以提高高碳当量制动盘的耐磨性，确保制动盘具有合适的力学性能与使用性能，过多铌不仅导致成本增加，而且会降低高碳当量制动盘的相关性能。

10.6.2　铌对高碳当量灰铸铁楔压强度的影响

如前表 10-7 与图 10-24 所示，随着铌含量在 0.042% ~ 1.48% 范围内增加，高碳当量灰铸铁的楔压强度也是一个波动的过程。高碳当量灰铸铁楔压强度的增加，与铌固溶强化基体有关，也与富铌相的形态、数量有关。铌含量增加到 0.14% 左右时，石墨组织由粗片状逐步向卷曲状、细片状转化，石墨片数逐渐增加。过高的 Si/C 比，使得石墨片数增多，导致高碳当量灰铸铁的楔压强度反而有所降低。铌含量继续增加，铌对石墨片细化作用继续加强。粗片状石墨逐渐减少，卷曲状、细片状石墨逐步增加，铌的固溶强化作用进一步显现，Y 型、V 型或条棒型富铌相的强化作用增强。均匀弥散分布的富铌相，具有很好的强化作用，高碳当量灰铸铁的楔压强度也随之提高。当 Nb 含量超过 0.5% 以后，方块状 NbC 富铌相数量有所增加，液相中析出的方块状 NbC 富铌相与基体的结合力较弱，方块状 NbC 富铌相对基体的强化效果，要低于凝固初期及相变过程中析出的粒度小、枝臂细长的 Y 型、V 型或条棒型 Nb(C,N) 富铌相组织，导致高碳当量灰铸铁在 0.75% Nb 左右时的楔压强度明显降低。铌含量继续增加，大于 0.75% Nb 以后，基体中方块状富铌相数量进一步增加，方块状 NbC 富铌相的积

累，强化基体的效果逐步增加，又使楔压强度继续增加。但铌含量大于 0.75%
Nb 以后的楔压强度，还是低于 0.5%Nb 左右时的楔压强度。

高碳当量灰铸铁加铌实验获得的 8 个铸件，检测铸件同一部位的楔压强度，
结果见表 10-11。由表 10-11 可以看出：添加微量的铌（0.1%Nb 左右），可以明
显提高高碳当量灰铸铁的楔压强度。3 号试样的碳当量虽然比 1 号、2 号试样的
碳当量高，但是微量的铌还是明显提高了高碳当量灰铸铁的力学性能。主要是部
分铌固溶于高碳当量灰铸铁基体组织中，起到固溶强化作用。铌含量较高的
5 号~8 号试样，随着铌含量的增加，高碳当量灰铸铁的楔压强度没有增加。虽
然 Y 型、V 型或条棒型富铌相的第二相强化作用增强，但是碳、硅等对基体组织
的影响抵消了这种强化作用，导致力学性能没有增加，甚至有所降低。

表 10-11　高碳当量灰铸铁的楔压强度检测结果[14]

试样编号	化学成分（质量分数）/%				楔压强度 R_K/MPa
	CE	C	Si	Nb	
1	4.44	3.81	1.84	0.036	127
2	4.37	3.70	1.97	0.083	141
3	4.53	3.86	1.97	0.104	144
4	4.36	3.72	1.89	0.145	174
5	4.39	3.71	1.99	0.170	160
6	4.39	3.72	1.98	0.240	168
7	4.39	3.74	1.91	0.296	158
8	4.45	3.74	2.10	0.360	156

根据高碳当量灰铸铁加铌实验，不含铌的高碳当量灰铸铁，在添加 0.17%
Nb 前后的力学性能对比（见图 10-21），从图中可以看出，铌对高碳当量灰铸铁
楔压强度的影响由 120MPa 增加到 142MPa，增加了 18.3%。与对硬度的影响原
因一样，主要是 Nb 产生了固溶强化与含铌析出相的作用，同等情况下可使楔压
强度得到一定的提高。

10.6.3　铌对高碳当量制动盘抗热疲劳性的影响

抗热疲劳性差的制动盘容易产生表面裂纹。制动盘出现裂纹可能是由于制动
盘材料强度不够，也有可能是热疲劳所致，所以，制动盘材料要有一定的强度和
较好的抗热疲劳性。

为了提高制动盘的抗热疲劳性，必须提高制动盘的散热性。高碳当量制动盘
本身就具有这样的特点，碳当量较高，石墨量较多，蓄热性和导热性较好，制动
盘反复刹车制动所产生的热量，能够快速散发到大气中，减缓了高碳当量制动盘

的热疲劳。

　　高碳当量制动盘容易产生粗大石墨，珠光体片间距较大，基体组织较软，材料强度降低。为了支撑摩擦副的压力作用，以及防止制动盘出现裂纹，必须保证高碳当量制动盘具有足够的强度。

　　铌的固溶强化作用与富铌相的作用，在同等情况下能够提高高碳当量制动盘材料的强度（见图 10-21）。适量铌能够细化石墨，减少粗片状石墨，细化珠光体组织，增加珠光体含量，稳定珠光体组织，使高碳当量制动盘具有更好的硬度与强度，具有较好的力学性能。高碳当量制动盘添加适量铌后，强度增加，反而改善了高碳当量制动盘的抗热疲劳性。所以，适量的铌将确保高碳当量制动盘的抗热疲劳性。但是，铌的加入量必须控制。

　　如前所述，在高碳当量制动盘中加入 0.10%Nb 是比较合适的。粗大石墨逐渐细化成比较理想的卷曲状的 A 型石墨片，石墨片数又多，基本保证了高碳当量制动盘的抗热疲劳性，又保证了制动盘材料的强度，见表 10-11。

　　目前生产中，高碳当量灰铸铁荣威制动盘维持在 4.4%CE 左右、0.09%Nb 左右，楔压强度为 $R_K = 144MPa$ 左右，较好地满足了德国大众 TL048 材料标准规定的楔压强度值范围 115～169MPa，机加工切削性能基本正常。按照大众 PV29954 热裂纹试验标准（制动惯量 $J = 38kg \cdot m^2$，循环制动 500 次），目前 0.09%Nb 左右的高碳当量荣威后制动盘经热裂纹试验，无裂纹，评判参见图10-42。

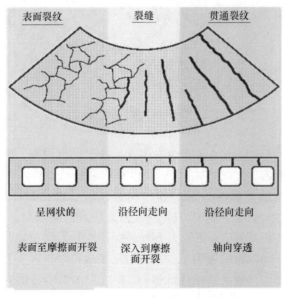

图 10-42　制动盘摩擦环处的温度交变裂纹[7,58]

而未加铌的 4.4%CE 左右的普通灰铸铁制动盘，不仅力学性能得不到保证，而且这样的制动盘在循环制动 200~300 次就出现了裂纹。所以，适量的铌提高了高碳当量制动盘的抗热疲劳性。

10.6.4　铌在高碳当量 PQ35 后制动盘中的应用

制动盘采用铸铁材料时，碳含量都比较高，这是由它使用的特性所决定的，一般制动盘的碳当量 CE 在 3.6%以上。

PQ35 后制动盘是基于德国大众 PQ35 平台的上海大众 Touran 轿车与一汽大众 Sagitar 轿车等车型的后制动实心盘，其碳当量 CE 在 3.8%~3.9%，相对于过共晶铸铁制动盘，此类盘属于亚共晶灰铸铁，是碳当量相对偏低的高碳当量制动盘。根据产品标准，PQ35 后制动盘的硬度（HB）要求 220±25（5/750）；楔压强度要求：制动面 R_K>175MPa，幅板安装面 R_K>185MPa。

由于 PQ35 后制动盘的结构特点，实际生产中，碳当量过低，易产生 E 型石墨（见图 10-43）；碳当量过高，硬度与楔压强度会低于要求而不合格。

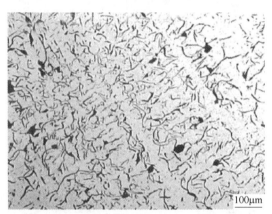

图 10-43　PQ35 后制动盘 E 型石墨[7]

微合金化是 PQ35 后制动盘的必然选择。由于价格因素，慎用钼，鉴于铌在铸铁中应用研究的成果，铌由此而被用于 PQ35 后制动盘的微合金化。

生产中，经过反复试验，综合各种因素，最后选择在 3.8%~3.9%CE 的 PQ35 后制动盘中加入 0.13%~0.09%Nb。由此生产的制动盘，金相组织、硬度、楔压强度检查都在正常范围；缺点是在显微组织中局部区域发生团簇现象，机加工切削性能较差，导致粗糙度超差，车削时还易爆角而报废，刀具寿命仅为正常产品的 1/4~3/4。提高碳当量或降低 Nb 的加入量，切削性能有所好转，但是金相组织、硬度、楔压强度面临变差的危险。

表 10-12 是碳当量相对偏低的制动盘进行不同铌含量的试验情况。相对于

PQ35 后制动盘日常控制范围，试验所用制动盘的碳当量略微提高，仍属于亚共晶灰铸铁，其硬度、楔压强度随着铌含量的增加而增加。

表 10-12　碳当量相对偏低制动盘的化学成分、硬度与楔压强度 R_K 的关系[7,58]

样号	化学成分（质量分数）/%										硬度 (HB)	R_K /MPa
	CE	C	S	Si	Mn	P	Cr	Cu	Mo	Sn	Nb		
P1	3.86	3.20	0.053	1.93	0.83	0.06	0.27	0.67	0.03	0.03	0.05	194	177
P2	3.93	3.24	0.051	2.00	0.85	0.06	0.27	0.68	0.03	0.03	0.11	195	222
P3	3.90	3.23	0.046	1.97	0.84	0.05	0.27	0.65	0.03	0.03	0.19	198	226

铌含量较低的 P1 试样，碳当量 CE 在正常范围，按德国大众 TL 011 材料标准，硬度不合格、楔压强度勉强合格。观其石墨形态以片状为主，如图 10-44 所示。

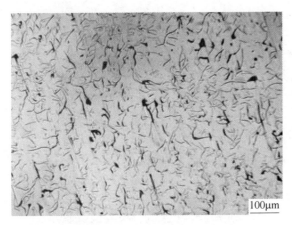

图 10-44　P1 试样的石墨形态[7,58]

碳当量 CE 较高的 P2 试样，铌含量较高，按德国大众 TL 011 材料标准，硬度勉强合格，楔压强度较高。但是，石墨还是略微发生了变化（见图 10-45），部分石墨片变长，石墨片间距略微加大。

铌含量更高的 P3 试样，硬度、楔压强度增加有限。但是 Nb 细化石墨作用增强，主要表现在石墨片短小，石墨片数增加。石墨不再长长，而是缩短，如图 10-46 所示。

由此可见，为尽可能改善制动盘的切削性能，3.8%~3.9%CE 的 PQ35 后制动盘加入 0.09%Nb 是相对比较合适的值。即使碳当量在生产过程控制中略有偏差，对材质影响也不致太大。虽然机加工的切削性能还不是很理想，但刀具寿命达到正常产品的 3/4 左右。

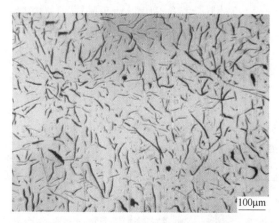

图 10-45　P2 试样的石墨形态[7,58]

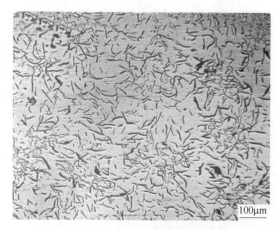

图 10-46　P3 试样的石墨形态[7,58]

10.6.5　铌在高碳当量制动盘中的应用前景分析

三十年来，金属铌从用途较窄的金属发展成为广泛使用的工业金属，尤其近几年铌的需求量一直增长，主要原因有：由于侵蚀钒市场的结果，钒价格高涨、供应紧张；铌的主要应用领域汽车、飞机等的产量过去几年来都在增长；铌在很多工业领域大批量生产和应用取得了广泛的成功。

我们知道，铌在钢中的研究应用已有一段时间了，相比之下，铌在铸铁中的应用仍然属于一项新兴的技术，不过它在汽车制动盘、气缸盖、活塞环、轧辊耐磨设备上得到了一些的应用。就制动盘本身而言，它经常服役于一定的机械应力和热疲劳应力下，它的使用寿命取决于晶粒的磨损及接触疲劳磨损，因此，优良的制动盘材质必须满足这些条件，如优良的蓄热性能、导热性能、良好的强度及硬度、良好的抗磨性能和减震性能。通过合金化的方法，可实现对性能较大的改善，从而满足一些特殊的性能要求，达到理想的制动盘材质。所以，铌在高碳当量制动盘生产中的应用前景是相当乐观的。

经过对比分析与研究，我们认为铌在高碳当量制动盘生产中的应用有以下优势：

一是性能优势。铌可以细化晶粒，提高材料强度、硬度及韧性。

二是资源优势。在全球铌供应方面，CBMM 公司起着主导的地位（80%）。巴西 CBMM 公司拥有世界最大的铌矿山 Anaxa 露天矿，无疑对世界铌市场的发展起着主导作用。CBMM 公司的铌矿石资源量达 4.56 亿吨，Nb_2O_3 的平均品位为 25%。如按世界铌年需求量 20000t 计算，可供全球使用几百年。因此，铌的产量足够满足工业中的使用量。

三是成本优势。铌的市场价格相对稳定，加入量较低。相比钒及钼铸铁，铌铸铁具有显著的成本优势。从使用成本的角度来讲，每千克铸铁使用铌的成本是钼与钒的一半不到，而金属基复合材料、碳/碳复合材料、石墨/碳化硅复合材料，因制备工艺以及使用性能的稳定性方面不如铌铸铁，因此这对于铌产品供应商来讲，未来的发展前景是十分可观的。

10.6.6 铌在高碳当量荣威制动盘中的作用及应用

中高档荣威（ROEWE）轿车（南汽又称为名爵轿车）是引进英国中高档 Rover 轿车的技术，其荣威制动盘的碳当量 CE 在 4.4%~4.5%，故称它为高碳当量是名副其实的，这种成分的铸铁按有关定义应称为过共晶铸铁。

在 20 世纪末，高级轿车纷纷采用过共晶（高碳）铸铁生产制动盘，该种盘在吸震性、导热性和高速行驶时刹车防抖动性等方面，优于亚共晶高强度铸铁的制动盘。国外开发此类盘较早，国内铸造企业刚刚着手开发，过共晶灰铸铁制动盘是近年来中高级轿车制动盘材料的研究课题。

近年来制动盘用铸铁材料趋于高碳成分，从有关专利也可以看出增加碳含量是制动盘的发展趋势：

(1) 1988 年欧洲专利（专利号 0281765）铸铁化学成分：$w(C) = 3.65\% \sim 3.75\%$，$w(Si) = 2.10\%$，$w(Mn) = 0.6\% \sim 0.70\%$，$w(P) < 0.09\%$，$w(S) < 0.10\%$。

(2) 1991 美国专利（专利号 5032194）铸铁化学成分：$w(C) > 3.6\%$，$w(Si) = 1.8\% \sim 2.5\%$，$w(Mn) = 0.6\% \sim 0.9\%$，$w(P) < 0.1\%$，$w(S) < 0.12\%$。

(3) 1992 年美国专利（专利号 5122197）铸铁化学成分：$w(CE) = 4.3\% \sim 4.9\%$，$w(Mn) = 0.4\% \sim 1.2\%$，$w(P) < 1.0\%$，$w(S) < 0.15\%$，$w(Cr) = 0.25\% \sim 0.5\%$，$w(Sn) = 0.05\% \sim 0.12\%$。

（4）1994 年美国专利（专利号 5323883）铸铁化学成分：$w(C) = 3.5\% \sim 4.0\%$，$w(Si) = 1.6\% \sim 2.0\%$，$w(Mn) = 0.5\% \sim 0.8\%$，$w(Mo) = 0.4\% \sim 1.2\%$。

高碳是高级轿车对制动盘性能的需求，高级轿车制动盘应具备较好的吸震性、热传导性、抗抖动性等性能，微观组织中含有足够数量的石墨是这些性能的保证条件，高碳、高碳当量是制动盘微观组织中含有足够数量石墨的基础。

国内开发出的高碳、高碳当量的过共晶灰铸铁荣威制动盘，参考德国大众 TL 048 高导热珠光体灰铸铁较高强度标号 A 材料要求：

硬度 HB：摩擦面 150~200（2.5/187.5），安装面 160~200（2.5/187.5）；

抗拉强度：150~250MPa（安装面楔压强度 $R_K = 115 \sim 169$MPa）。

荣威前后盘均为空心盘结构，生产中将 CE 控制在 4.4% 左右基本可以达到上述要求。难在过共晶灰铸铁要满足石墨达到 IA3~5 的要求，而且硬度、强度有上限，采用微合金化必须考虑到这一点。

铌是一种很好的细化石墨、细化共晶团、细化珠光体片间距的元素，结合生产 PQ35 后制动盘的经验，在 CE 为 4.4% 左右的原铁液中加入 0.09%Nb 左右，浇铸的荣威制动盘在金相组织、硬度、强度方面均达到了材料的要求，而且切削性能也不错，所以，高碳当量荣威制动盘目前维持在 0.09%Nb 左右。

提高 CE 达 4.5% 以上时，析出块状石墨，需要更多的 Nb 才能抵消其对硬度、强度的降低。过多的铌不仅导致成本的增加，还使石墨组织太细（正常碳当量范围），影响制动鼓、制动盘的热传导性、抗热疲劳性等使用性能，过多的含 Nb 析出相硬质点还会恶化材料的切削性能。

表 10-13 是荣威制动盘进行不同碳当量、不同铌含量的试验情况。

表 10-13　不同碳当量制动盘的化学成分、硬度与楔压强度 R_K 的关系

样号	化学成分（质量分数）/%											硬度（HB）	R_K/MPa
	CE	C	S	Si	Mn	P	Cr	Cu	Mo	Sn	Nb		
R1	4.37	3.70	0.07	1.97	0.73	0.04	0.18	0.12	0.01	0.01	0.085	182	141
R2	4.39	3.71	0.07	1.99	0.73	0.04	0.18	0.12	0.01	0.01	0.15	185	160
R3	4.50	3.79	0.07	2.10	0.73	0.03	0.19	0.27	0.02	0.01	0.09	165	114
R4	4.52	3.80	0.076	2.07	0.74	0.09	0.18	0.13	0.02	0.03	0.14	144	125

表 10-13 中样号 R1 为日常生产的荣威制动盘的化学成分，含有 0.085%Nb，硬度 HB182（在 160~200 范围内），楔压强度 $R_K = 141$MPa（在 115~169MPa 范围内）。维持 4.4%CE 左右，提高铌含量到 0.15% 以上时（见表 10-13 中 R2 试样），析出类似于图 10-46 的短小片状石墨，也说明铌含量增加可以细化石墨、细化基体组织，增加铸铁的楔压强度。

将 CE 提高到 4.5% 左右，Nb 含量维持在 0.09% 左右时（见表 10-13 中 R3 试

样），析出了若干超长石墨，如图 10-47 所示。将 Nb 提高到 0.14%（见表 10-13
中 R4 试样），片状石墨长度明显变短（见图 10-48），有部分块状石墨，按最新
国家标准解释是抛光所致，两者比较，铌细化石墨的作用还是明显的。

图 10-47　R3 石墨

图 10-48　R4 石墨

参 考 文 献

[1] Rivera E A, Catalina A, Genau A L. Alloying effects on graphite spacing in gray iron [J].
International Journal of Cast Metals Research, 2016, 29（5）: 252-257.

[2] Ding X, Li X, Huang H, et al. Effect of Mo addition on as-cast microstructures and properties
of grey cast irons [J]. Materials Science and Enginearing A, 2018, 718: 483-491.

[3] 杭新. HT350 高强度灰铸铁组织与性能的研究 [D]. 长春：吉林大学，2014.

[4] 朱育权，马保吉，杜亚勤. 制动盘（鼓）研究现状与发展趋势 [J]. 西安工业大学学报，
2001（1）: 73-78.

［5］蓝兰．铌［M］. 北京：中国工业出版社，1964.

［6］郭青蔚．世界铌工业经济概况［J］. 稀有金属快报，2005（2）：23-27.

［7］周文彬．铌在高碳当量灰铸铁中的作用及在制动盘生产中的应用［D］. 上海：上海大学，2010.

［8］涂春根．钽、铌资源的分布与原料的供需状况［J］. 中国材料进展，2004（12）：10-12.

［9］Poths R，Higginson R，Palmiere E. Complex precipitation behaviour in a microalloyed plate steel［J］. Scripta Materialia，2001，1（44）：147-151.

［10］雍岐龙．钢铁材料中的第二相［M］. 北京：冶金工业出版社，2006：4-18.

［11］Storms E，Krikorian N. The variation of lattice parameter with carbon content of niobium carbide［J］. The Journal of Physical Chemistry，1959，63（10）：1747-1749.

［12］李庆春，安阁英．铸件形成理论基础［M］. 北京：机械工业出版社，1982.

［13］李少南．铌对灰铸铁机械性能的影响［J］. 铸造技术，1999（4）：43-45.

［14］征灯科．铌在铸铁中作用的基础研究及在汽车制动盘生产中的应用［D］. 上海：上海大学，2009.

［15］朱洪波．铌对灰铸铁热稳定性的影响及其在汽车制动盘中的应用［D］. 上海：上海大学，2011.

［16］孟繁茂，付俊岩．现代铌钢长条材［M］. 北京：冶金工业出版社，2006.

［17］Qin Y，Huang X，Huang W. Effect of Sn，Nb on Microstructure and Mechanical Properties of High Carbon Equivalent Gray Cast Iron［J］. Hot Working Technology. 2015，44（10）：97-99，103.

［18］胡赓祥．材料科学基础［M］. 上海：上海交通大学出版社，2004.

［19］林建榕，王良映．铌在灰铸铁中的行为［J］. 现代铸铁，1999（4）：16-19.

［20］张世平．铌对灰铸铁机械性能及耐磨性的影响［J］. 铸造技术，1983，3：1-3.

［21］翟启杰，张立波．铌在铸铁生产中应用研究与展望［J］. 铸造，1998（10）：41-46.

［22］李少南．铌对灰铸铁耐磨性的影响［J］. 铸造技术，1998（4）：3-5.

［23］周文彬．铌在高碳当量灰铸铁中的作用及在制动盘生产中的应用［D］. 上海：上海大学，2010.

［24］Penagos J J，Pereira J I，Machado P C，et al. Synergetic effect of niobium and molybdenum on abrasion resistance of high chromium cast irons［J］. Wear，2017，376：983-992.

［25］Pimentel A，Guesser W L，Silva W，et al. Abrasive wear behavior of austempered ductile iron with niobium additions［J］. Wear，2019：440-441.

［26］Lanchester F. Improvements in the brake mechanism of power-propelled road vehicles［P］. GB Patent. 1902（26407）.

［27］刘伯威，杨阳，熊翔．汽车制动噪声的研究［J］. 摩擦学学报，2009，29（4）：385-392.

［28］Talati F，Jalalifar S. Analysis of heat conduction in a disk brake system［J］. Heat mass transfer，2009，45（8）：1047-1059.

［29］Cueva G，Sinatora A，Guesser W L，et al. Wear resistance of cast irons used in brake disc rotors［J］. Wear，2003，255（7）：1256-1260.

［30］刘牧众，黄守兵．轿车制动盘磨损失效分析［J］．重型汽车，1999（5）：12-13.

［31］Eriksson M，Bergman F，Jacobson S. On the nature of tribological contact in automotive brakes ［J］. Wear，2002，252（1-2）：26-36.

［32］Hecht R L，Dinwiddie R B，Wang H. The effect of graphite flake morphology on the thermal diffusivity of gray cast irons used for automotive brake discs ［J］. Journal of Materials Science，1999，34（19）：4775-4781.

［33］李继山，李和平，林祜亭．高速列车制动盘裂纹现状调查分析［J］．铁道机车车辆，2005，25（6）：3-5.

［34］Kinkaid N，O″Reilly O M，Papadopoulos P. Automotive disc brake squeal［J］. Journal of Sound & Vibration，2003，267（1）：105-166.

［35］闵永安．热作模具钢（H13 型）表面处理及其热疲劳热熔损性能研究［D］. 上海：上海大学，2005.

［36］Mills H R. Brake Squeak，Technical Report 9000B［M］. Institution of Automobile Engineers，1938.

［37］Ouyang H，Mottershead J，Brookfield D，et al. A methodology for the determination of dynamic instabilities in a car disc brake［J］. International Journal of Vehicle Design，2000，23（3-4）：241-262.

［38］Nack W V. Brake squeal analysis by finite elements［J］. International Journal of Vehicle Design，2000，23（3-4）：263-275.

［39］主安成．盘式制动器制动噪声机理研究及其声场的数值模拟［D］. 福州：福州大学，2006.

［40］Thevenet J，Siroux M，Desmet B. Measurements of brake disc surface temperature and emissivity by two-color pyrometry［J］. Applied Thermal Engineering，2010，30（6-7）：753-759.

［41］Mosleh M，Blau P J，Dumitrescu D. Characteristics and morphology of wear particles from laboratory testing of disk brake materials［J］. Wear，2004，256（11-12）：1128-1134.

［42］Blau P J，Iii H. Characteristics of wear particles produced during friction tests of conventional and unconventional disc brake materials［J］. Wear，2003，255（7-12）：1261-1269.

［43］宋宝韫．高速列车制动盘材料的研究发展［J］．中国铁道科学，2004，25（2）：11-17.

［44］高慧．优良的制动盘材质及其获得方法的探讨［J］．重庆工学院学报（自然科学版），2002（2）：46-48.

［45］朱育权，马保吉，杜亚勤．制动盘（鼓）研究现状与发展趋势［J］．西安工业学院学报，2001，21（1）：73-79.

［46］Shorowordi K，Haseeb A，Celis J P. Velocity effects on the wear，friction and tribochemistry of aluminum MMC sliding against phenolic brake pad［J］. Wear，2004，256（11-12）：1176-1181.

［47］Chapman T，Niesz D，Fox R，et al. Wear-resistant aluminum-boron-carbide cermets for automotive brake applications［J］. Wear，1999，236（1-2）：81-87.

［48］Kwok J，Lim S. High-speed tribological properties of some Al/SiCp composites：I. Frictional and wear-rate characteristics [J]. Composites Science Technology, 1999, 59 (1): 55-63.

[49] Howell G, Ball A. Dry sliding wear of particulate-reinforced aluminium alloys against automobile friction materials [J]. Wear, 1995, 181: 379-390.

[50] Hee K, Filip P. Performance of ceramic enhanced phenolic matrix brake lining materials for automotive brake linings [J]. Wear, 2005, 259 (7-12): 1088-1096.

[51] 阎锋. 陶瓷制动盘 [J]. 国外铁道车辆, 2000, 37: 40-41.

[52] Stadler Z, Krnel K, Kosmac T. Friction behavior of sintered metallic brake pads on a C/C - SiC composite brake disc [J]. Journal of the European Ceramic Society, 2007, 27 (2-3): 1411-1417.

[53] 朱洪波, 闫永生, 孙小亮, 等. Nb 对灰铸铁高温抗拉强度和抗氧化性的影响 [J]. 现代铸铁, 2011, 31 (2): 49-51.

[54] 朱洪波, 闫永生, 孙小亮, 等. Nb 对灰铸铁热疲劳性能的影响 [J]. 现代铸铁, 2011, 31 (2): 45-48.

[55] 周文彬, 朱洪波. Nb 在高导热铸铁制动盘中的应用 [J]. 现代铸铁, 2011, 31 (2): 57-59.

[56] 朱洪波, 孙小亮, 闫永生, 等. Nb 在灰铸铁中的存在形态 [J]. 现代铸铁, 2011, 31 (2): 33-36.

[57] 孙小亮, 朱洪波, 闫永生, 等. Nb 对高 CE 灰铸铁耐磨性能的影响 [J]. 现代铸铁, 2011, 31 (2): 52-57.

[58] 周文彬, 征灯科, 华勤, 等. 制动盘用高碳当量灰铸铁的铌合金化 [J]. 铸造, 2010, 59 (3): 320-323.

[59] Zhou W, Zhu H, Zheng D, et al. Effect of niobium on solidification structure of gray cast iron [C]//TMS Annual Meeting 3, 2010: 817-828.

11 铌在球墨铸铁材料中的作用及应用

　　球墨铸铁是用量仅次于灰铸铁的重要铸铁材料，由于它比灰铸铁具有更好的强韧性能，其产量和需求量一直呈上升趋势。其中，珠光体球墨铸铁因具有高强度和良好的塑韧性广泛应用于生产汽车底盘、凸轮杆等。为了适应汽车向高速、轻量化方向的发展需求，如何在不降低伸长率情况下，进一步提高强度、硬度等力学性能成为了珠光体球墨铸铁的重要发展方向。研究表明[1,2]，在珠光体球墨铸铁中添加铌能在成本增加不大的前提下有效提高材料的强度、硬度等力学性能，延长使用寿命。

　　贝氏体球墨铸铁则兼具高强度和高耐磨性，适用于曲轴、凸轮轴、链轮、机车车轮、碾轮、滑块以及大型柴油机的卡盘扳手等耐磨件，还能满足破碎机、推土机、挖掘机等易磨损部位的抗磨损、抗冲击和抗疲劳的要求。含有一定数量碳化物的贝氏体球墨铸铁磨球具有很好的耐磨性和一定的抗冲击能力，可以减少在磨料的磨损过程中出现碎球现象，同时具有一定的耐腐蚀性能，可以适合矿石等湿磨的情况。

　　本章介绍铌在球墨铸铁中的存在形式及其对球墨铸铁组织与性能的影响，以及相应的热处理工艺优化工作，重点介绍铌对珠光体球墨铸铁和贝氏体球墨铸铁的组织和性能的影响规律以及应用[1~37]。

11.1　铌在球墨铸铁中的存在形式

　　合金元素在铁基中的存在形式分为固溶和析出相两种。有研究表明[3]，当含铌量低于 0.037%，铌在灰铸铁中的主要存在形态是固溶形式，但也可能有少量的纳米级 NbC 颗粒。当铌含量增加到 0.1% 左右时，基体中出现了一些大尺寸的 NbC[4,5]。铌可以少量固溶于钢铁材料基体组织中，但大多数还是以化合物形式存在。本课题组近几年在关于铌在贝氏体球墨铸铁中的存在形式也做了大量研究工作，孙小亮、翟启杰等[6]对纯珠光体基体球墨铸铁进行显微维氏硬度测量发现，随着铌含量增加，球墨铸铁的显微维氏硬度增加，这间接地证明了铌在球墨铸铁中的固溶情况。此外，常亮、翟启杰等[7,8]还研究了含铌析出相存在于基体中的组织形态和化学组成，这些研究总体上比较系统地分析了铌在球墨铸铁中的存在形式。但对含铌析出相在球墨铸铁中的存在形式仅限于二维平面观察，其在球墨铸铁基体中三维立体存在形态、生长机制以及具体晶体结构方面研究还不够深入。陈湘茹、翟启杰等[9]采用扫描电子显微镜（SEM）和透射电镜（TEM）观察了深腐蚀后含铌析出相在球墨铸铁中的三维立体形态以及晶体结构，分析发现在球墨铸铁中同时存在纳米级尺寸和微米级尺寸含铌析出相。

11.1.1　铌在基体中的固溶

从前文（详见 9.1.3 节）计算的铌在铁中的固溶结果可知，在平衡状态下铁中固溶的铌非常少，但是工程实际中都处于非平衡状态，这时会有一部分铌固溶在铁基体中，使得铁中铌的固溶含量增加。由于铸铁中铌的固溶含量很低，一般采用测定显微硬度的方法间接确定铌元素在铸铁基体组织中的存在[10]。但是由于铌的加入会使碳在铁中的固溶度明显增大，而碳固溶量的增大也会显著增加基体的显微硬度。

常亮、翟启杰[8]采用线扫描的方式检测球墨铸铁基体中铌的固溶含量，如图 11-1 所示。取铌含量 0.42% 的球墨铸铁，选取两个石墨球及其中间基体部分作为扫描区域。结果表明基体中的铌含量明显高于石墨球，说明基体中有铌的固溶，只是固溶含量不大。

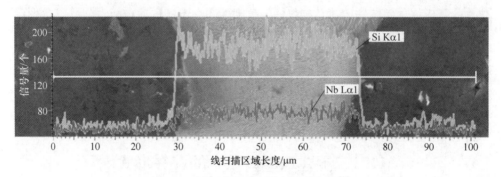

图 11-1　球墨铸铁中固溶铌的线扫描[8]

11.1.2　球墨铸铁中的微米级碳化铌析出相

在球墨铸铁中除了固溶的铌外，大部分还是以碳化铌的形式存在于基体中。前期研究表明，碳化铌的主要成分为铌元素和碳元素，同时含有钛等其他的合金元素。

常亮、翟启杰等[8]利用扫描电镜分析了球墨铸铁中碳化铌的形貌和成分特征。图 11-2 是用扫描电镜获得的球墨铸铁中的碳化铌形貌，可以看出在球墨铸铁中的碳化铌均是块状，镶嵌在共晶团中，没有出现在边界上，且形状比较规则。块状碳化铌的形貌基本分为三种类型：三角形，四边形和多边形。这种形状规则且棱角分明的碳化铌，虽然能够起到强化基体、增加硬度的作用，但会使材料的塑韧性降低。

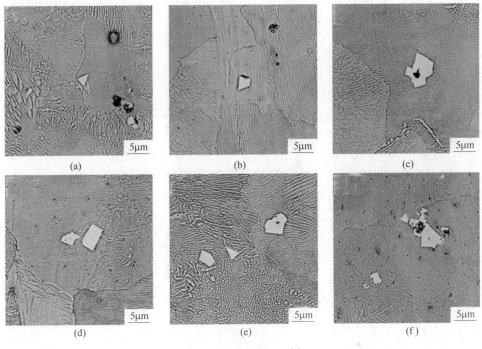

图 11-2　碳化铌形貌[8]

（a）三角形碳化铌；（b）四边形碳化铌；（c）多边形碳化铌；

（d）四边形碳化铌；（e）三角形碳化铌；（f）多边形碳化铌

　　图 11-3 为三种不同铌含量的球墨铸铁中碳化铌的形貌，从图中可以看出，随着铌含量的增加，碳化铌尺寸变大、且富集越来越严重。铌含量为 0.20% 时，碳化铌没有出现富集现象，尺寸在 $1\sim6\mu m$；铌含量为 0.42% 时，碳化铌的尺寸

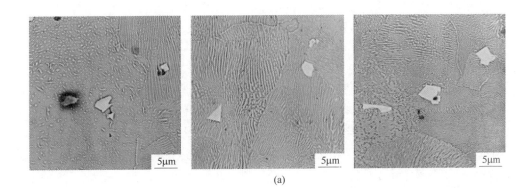

（a）

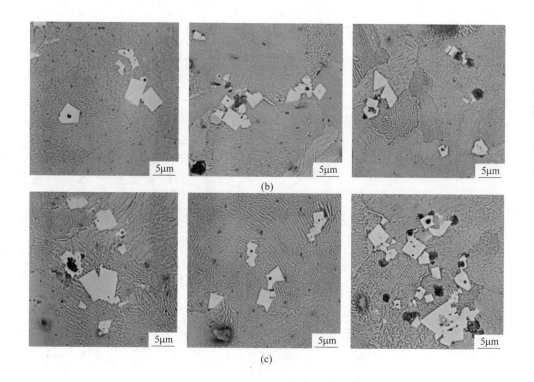

图 11-3　三种含铌量球墨铸铁中的碳化铌形貌[8]

(a) 0.20%Nb; (b) 0.42%Nb; (c) 0.69%Nb

增加到 4~8μm，并且开始出现富集；铌含量为 0.69% 时，碳化铌的富集变得更加严重，聚集区域变得更大，并且尺寸较大的碳化铌大于 10μm。由此可以推断出随着铌含量增加材料的塑韧性肯定会大大降低，同时其弥散强化的作用也会降低。

图 11-4 为深腐蚀后在扫描电镜下观察到的微米级尺寸含铌析出相三维形貌[11]。由图 11-4 可以看出，微米级尺寸含铌析出相主要以立方块状形式存在，尺寸在 10μm 范围内，微米级尺寸含铌析出相仅有少量以单个立方块状形式存在，大部分还是以聚集附生生长形式存在。从图 11-5 中微米级尺寸含铌析出相能谱成分分析结果可以看出，微米级尺寸含铌析出相在球墨铸铁中主要也是由铌、铁、碳和钛四种元素组成，结果见表 11-1。因此，研究结果可以基本表明，微米级尺寸含铌析出相应该是面心立方结构（Nb, Ti）C，只是尺寸比较大。

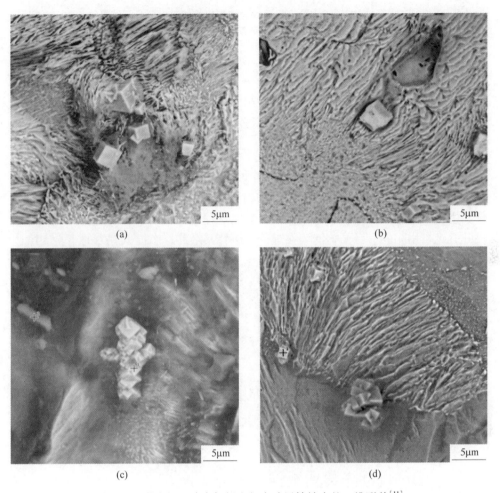

(a)　　　　　　　　　　(b)

(c)　　　　　　　　　　(d)

图 11-4　微米级尺寸含铌析出相在球墨铸铁中的三维形貌[11]

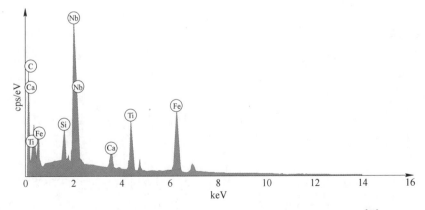

图 11-5　球墨铸铁中微米级尺寸含铌析出相能谱成分分析结果[11]

表 11-1   球墨铸铁中微米级尺寸含铌析出相能谱成分分析结果[11]

原子序数	元 素	含量（质量分数）/%
41	Nb	17.1
26	Fe	24.7
6	C	39.1
22	Ti	11.2
14	Si	4.7
20	Ca	3.2

采用高分辨透射电子显微镜观察了微米级尺寸含铌析出相内部原子排列情况，如图 11-6 所示[11]。可以看出，左边区域的含铌析出相中原子排列紧密，并且其边界原子呈整齐的直线排列分布。显然这种直观观察到的高分辨块状微米级尺寸含铌析出相的显微结构能为在理论上解释其最终形态提供有力的实验支撑。

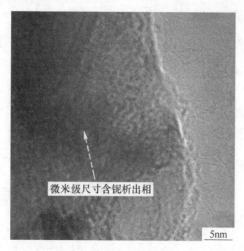

微米级尺寸含铌析出相

5nm

图 11-6   球墨铸铁中微米级尺寸含铌析出相高分辨特征[11]

根据晶体生长的基本规律，晶体生长的最终形貌主要取决于动力学和热力学两个因素。热力学方面，晶体的内在结构决定了其平衡条件下晶体具有最低表面能的晶面裸露在外面；动力学方面，不同晶面原子的吸附能力不同，这导致表面能低的晶面生长速率较慢。此外，熔体内杂质原子的存在也会通过选择吸附影响晶体表面而改变晶体生长[12]。总体而言，晶体最终的结晶状态是动力学和热力学相互作用与竞争综合作用的结果[13~15]。而在动力学平衡条件下固液界面前沿晶体的生长方式主要满足 Jackson 因子公式关系。

对 NbC 或（Nb,Ti）C 晶体而言，其热力学晶体的生长方式属于小平面方式生长。与 TiC 等晶体类似，NbC 或（Nb,Ti）C 在平衡条件下 [111] 晶面上生长速率最慢，平衡晶体结构应为规则的八面体结构。但是，熔体中铁和镍等元素产生的吸附作用会降低晶体［100］晶面上的生长速率，最终导致晶体中［100］晶面保留了下来，形成了立方体晶体形貌[16]。如图 11-4 和图 11-6 所示，陈湘茹、翟启杰等采用蚀刻的方法，获得了含铌析出相的三维形貌以及采用透射电镜获得球墨铸铁中微米级尺寸含铌析出相高分辨图。由这两个图可知，本研究观察到的含铌析出相呈立方块状结构，此外，含铌析出相在球墨铸铁中除少数以单个立方块状存在外，主要还是以聚集附生生长形式存在于基体，这可能是因为晶体以聚集生长形式存在能降低体系表面能。

11.1.3　球墨铸铁中的纳米级含铌析出相

如图 11-7 所示，杨超、翟启杰等采用碳膜复型法获得的球墨铸铁中纳米尺寸含铌析出相在透射电镜下的形态及能谱线扫描分析结果，可以看出纳米级碳化铌的主要元素为碳、铌和钛[11]。图 11-8（a）和（b）分别是选取的纳米级尺寸含铌析出相透射电镜形貌及其电子衍射花样。经测量分析，本组衍射花样晶体结构参数分别为：$R_2/R_1 = 1.003$，$R_3/R_1 = 1.169$；晶面间距 $D_1 = 0.2519\text{nm}$，$D_2 = 0.2513\text{nm}$，$D_3 = 0.2155\text{nm}$；晶面夹角 $A(R_1，R_2) = 108.95°$。对比分析发现，以上数值与面心立方结构的（Nb,Ti）C 晶体［110］晶带轴方向晶格参数一致。这无疑证实了之前的研究结果，含铌析出相在铸铁中主要以面心立方结构的 NbC 存在。

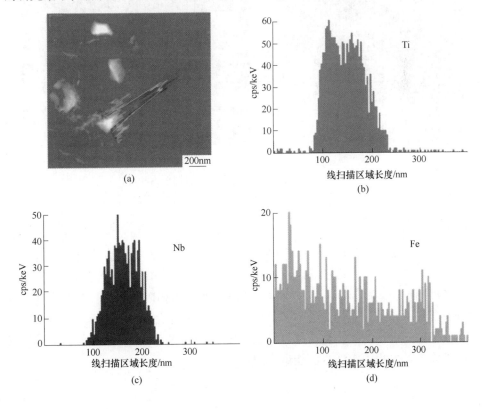

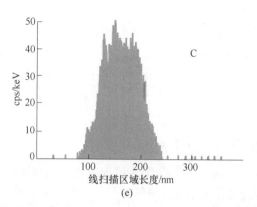

(e)

图 11-7　球墨铸铁中纳米级尺寸含铌析出相形态及能谱线扫描分析[11]

（a）透射电镜图；（b）Ti；（c）Nb；（d）Fe；（e）C

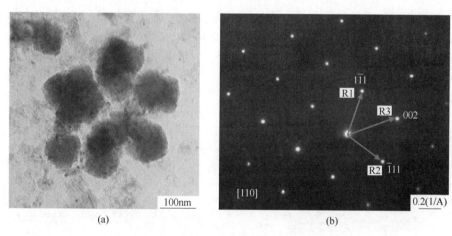

(a)　　　　　　　　　　　　　　　　(b)

图 11-8　球墨铸铁中纳米尺寸含铌析出相

（a）三维形态；（b）[110] 晶带轴的电子衍射花样[11]

　　杨超、翟启杰等采用透射电镜在高分辨下观察了纳米级尺寸含铌析出相的存在形态以及内部原子结合情况，如图 11-9 所示。可以看出，纳米级尺寸含铌析出相在球墨铸铁中主要以球胞状形态存在，尺寸在 10~100nm 范围内变化，其内部原子排列也比较规整。显然，纳米级尺寸含铌析出相以球状生长符合晶体生长的热力学基本原理。晶核在最初形核阶段主要以球胞状的原子团簇形态存在，随着晶核生长的进行，晶体会在原有球胞状的原子团簇基础上不断生长，而球状形态是晶体生长过程中表面自由能最小的形态。

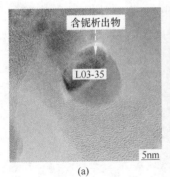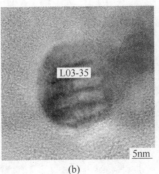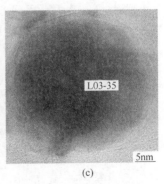

图 11-9 球墨铸铁中高分辨纳米级尺寸含铌析出相形貌[11]

（a）15nm 含铌析出相在球墨铸铁中的形貌；（b）23nm 含铌析出相在球墨铸铁中的形貌；

（c）37nm 含铌析出相在球墨铸铁中的形貌

11.2 铌对珠光体球墨铸铁组织和性能的影响

11.2.1 铌对珠光体球墨铸铁中石墨组织的影响

球墨铸铁的石墨球含量和球化率反映了球墨铸铁石墨化和球化程度，对其性能有着重要影响[17]。在球墨铸铁中，石墨球形态及分布情况是影响球墨铸铁材料力学性能的重要因素。石墨球圆整度越好、直径越小且分布越均匀，球墨铸铁的强度和延伸性能就越好[18]。目前，衡量球墨铸铁中石墨球形态及分布主要由球化率、圆度、石墨球数量以及石墨球平均直径四组参数组成。其中，石墨球的球化率和圆度主要用于分析石墨球圆整度，石墨数量和石墨球平均直径则主要用于分析石墨球的分布情况。

杨超、翟启杰等[11]研究了不同铌含量（0~0.11%）对球墨铸铁组织和性能的影响规律。表 11-2 为一组铌含量不同的球墨铸铁成分，铌的质量分数分别为0%、0.04%、0.06%、0.08%和0.11%。

表 11-2 珠光体球墨铸铁试样的化学成分[11]　　　　（质量分数,%）

试样	C	Si	Mn	P	S	Cu	Ni	Cr	Ti	Mg	Nb
1	3.87	1.64	0.30	0.04	0.02	0.45	0.57	0.02	0.03	0.05	0
2	3.86	1.67	0.32	0.03	0.02	0.41	0.70	0.02	0.03	0.04	0.04
3	3.92	1.69	0.25	0.03	0.02	0.44	0.64	0.03	0.03	0.04	0.06
4	3.91	1.76	0.33	0.06	0.02	0.46	0.60	0.02	0.03	0.03	0.08
5	3.86	1.72	0.30	0.04	0.02	0.42	0.71	0.03	0.03	0.04	0.11

从图 11-10 中石墨球形态和分布情况来看，随着铌含量的增加，珠光体球墨铸铁中石墨球的圆整度均比较良好，而石墨球数量略有减小，石墨球平均直径略有增加。

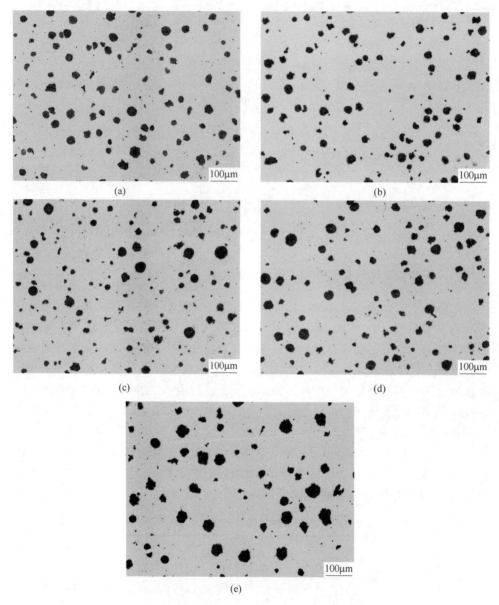

图 11-10　不同铌含量珠光体球墨铸铁的石墨形态
（a）0%Nb；（b）0.04%Nb；（c）0.06%Nb；（d）0.08%Nb；（e）0.11%Nb

根据国标 GB/T 9941—2009[19]，采用 Image-Pro Plus 软件统计的数据可得到

各组试样每个石墨球的实际面积和外接圆面积，通过计算可得出对应的石墨球实际面积与外接圆面积比值。最后根据球化率计算式（11-1）[20]计算出各组试样球化率值，如图 11-11 所示。

$$球化率 = \frac{1n_{1.0} + 0.8n_{0.8} + 0.6n_{0.6} + 0.3n_{0.3} + 0n_0}{n_{1.0} + n_{0.8} + n_{0.6} + n_{0.3} + n_0} \times 100\% \qquad (11\text{-}1)$$

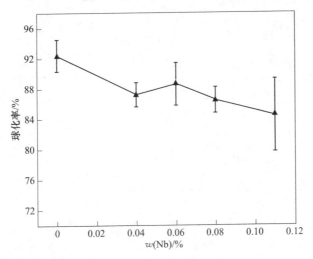

图 11-11　珠光体球墨铸铁中铌含量与石墨球化率之间的关系

可以看出，不含铌珠光体球墨铸铁石墨球化率为 92.4%，分别加入 0.04%、0.06%、0.08% 和 0.11% 铌后，石墨球化率分别为 87.2%、88.6%、86.5% 和84.5%。这表明在珠光体球墨铸铁中，随着铌含量的增加，石墨球的球化率略有下降（由 92.4% 降低到 84.5%），但变化并不明显，整体上石墨球球化效果良好。因此，在珠光体球墨铸铁中加入微量的铌元素对石墨球化率几乎没有影响。

与球化率相似，圆度也是反映石墨球球化程度的一个重要参数。圆度值的大小可通过测量目标粒子外轮廓长度及其面积得出，见式（11-2）。对石墨球化率而言，球化率值越低，石墨形态越不圆整；但是对石墨球圆度而言，圆度值越小，石墨球越规整，当石墨球为标准圆时，石墨球圆度值为 1[21]。

$$圆度 = \frac{P^2}{4\pi \times S} \qquad (11\text{-}2)$$

式中　P——外廓长度；

　　　S——面积。

图 11-12 为各组试样石墨球圆度值。由图 11-12 中可以看出，当珠光体球墨铸铁中不含铌时，石墨球圆度值为 1.12，在分别加入 0.04%、0.06%、0.08% 和0.11% 铌后，石墨球的圆度值分别为 1.17、1.17、1.20 和 1.23。总体上，在珠

光体球墨铸铁中加入微量的铌元素会增大石墨球圆度值，但影响比较小。

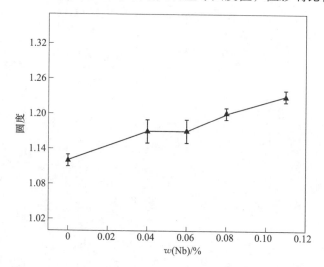

图 11-12　珠光体球墨铸铁中铌含量与石墨球圆度之间的关系

　　从不同铌含量珠光体球墨铸铁中石墨球化率和圆度的统计结果可以看出，微量铌元素的加入对石墨球圆整度虽然存在不利影响，但是影响不大，石墨球的球化率和圆度仍保持在非常好的数值。而轻微不利影响应该来源于铌作为强碳化物形成元素，在铁液凝固过程中对碳原子存在比较强的束缚力导致了石墨球圆整度的下降。但是，珠光体球墨铸铁加入的铌含量较少，因此恶化石墨球圆整度作用也非常小，几乎可以忽略不计。

　　作为柔软的低强度相，石墨球就如同无数个小孔洞存在于球墨铸铁基体组织中[22]。因此，石墨球的尺寸大小对球墨铸铁材料伸长率的影响重大。一般地，石墨球数量越多，平均直径越小，球墨铸铁伸长率就越好。本实验中石墨数量和平均直径统计结果如图 11-13 和图 11-14 所示。当铌含量逐渐增加到 0.11% 时，珠光体球墨铸铁中石墨数量由 287 个/mm² 分别减少到 271 个/mm²、277 个/mm²、251 个/mm² 和 212 个/mm²；石墨球平均直径则由 17.2μm 变化为 17.9μm、16.2μm、18.1μm 和 20.2μm。总体看来，加入 0.11% 铌减小石墨球数量和增大石墨平均直径对珠光体球墨铸铁拉伸性能并不利。但当加入量不大于 0.08% 时，铌对石墨球数量及平均直径的影响并不大。石墨球数量仅在 251~287 个/mm² 之间变化，石墨球平均直径则在 16.2~18.1μm 之间变化。而只有当铌的加入量超过 0.08% 时，珠光体球墨铸铁中石墨球数量才显著减少，石墨球平均直径显著增大。

　　这主要是因为铌元素作为一种强碳化物形成元素[23,24]，在球墨铸铁凝固过程中形成含铌析出相消耗了一部分碳原子，影响了碳原子的扩散行程。随着铌加

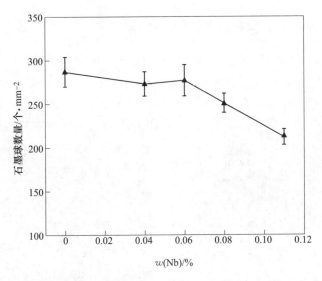

图 11-13 珠光体球墨铸铁中铌含量与石墨球数量之间的关系

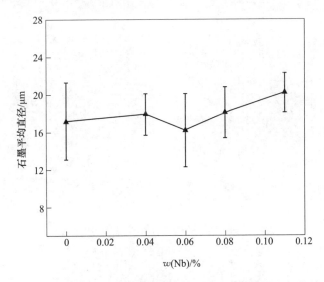

图 11-14 珠光体球墨铸铁中铌含量与石墨球平均直径之间的关系

入量增加，基体中形成的含铌析出相增多，减少了基体中石墨球数量。当铌加入量不多时，生成的含铌析出相所消耗的碳原子以及对碳原子扩散影响也就比较小，这对石墨球数量及平均直径影响不大。但进一步增加铌含量，其作用效果就会增强。整体上从铌元素对珠光体球墨铸铁中石墨球的影响规律来看，当加入量不超过 0.08% 时，铌元素对石墨球形态及数量的影响不大，但超出这一临界值，铌元素对石墨数量减少作用加剧。

11.2.2　铌对珠光体球墨铸铁基体组织的影响

　　基体相组成对球墨铸铁的力学性能也有重要影响。球墨铸铁中珠光体含量越高，铁素体含量越低，球墨铸铁的抗拉强度也就越大。图 11-15 为 4%硝酸酒精腐蚀后各组试样基体组织形貌，可以看出，加入铌元素之后，珠光体球墨铸铁基体中白色牛眼状铁素体含量逐渐减少，黑色珠光体含量逐渐增加。

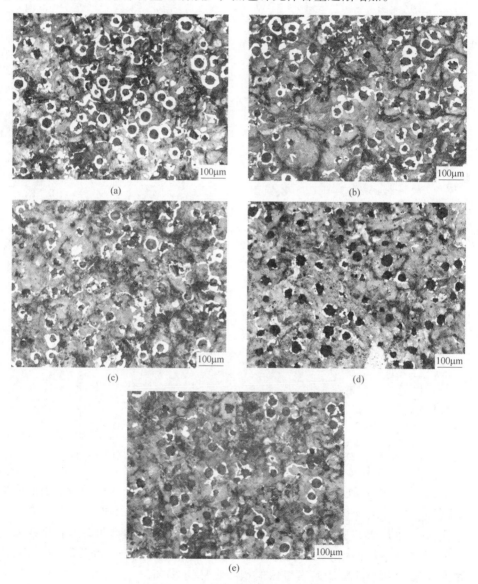

图 11-15　珠光体球墨铸铁基体组织

（a）0%Nb；（b）0.04%Nb；（c）0.06%Nb；（d）0.08%Nb；（e）0.11%Nb

取 5 个不同视域的金相图片，定量统计石墨球和珠光体含量，结果如图 11-16 所示。与不加铌元素试样相比，当分别加入 0.04%、0.06%、0.08% 和 0.11% 铌后，基体中珠光体含量由 74.4% 分别增加到 80.2%、79.1%、85.2% 和 85.8%。总体而言，加入 0.11%Nb 后其珠光体含量在原有 74.4% 基础上提高了 15.3%，而石墨球的含量则逐渐由 9.9% 分别减少到 9.2%、9.4%、8.6% 和 8.5%。这表明在珠光体球墨铸铁中加入微量的铌能促进珠光体生成，降低石墨化程度。这应该是珠光体球墨铸铁中铌与碳原子结合形成含铌析出相消耗碳原子以及影响碳原子扩散行程[25]，因此降低了石墨化程度，促进了珠光体生成。一般地，基体组织中珠光体含量相对越高，石墨化程度相对较低时，球墨铸铁的抗拉强度也就越好。

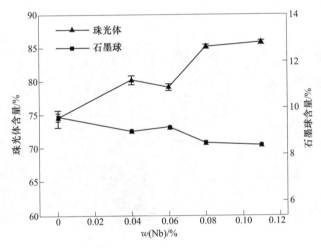

图 11-16　珠光体球墨铸铁中铌含量与珠光体和石墨含量之间的关系[11]

此外，采用背散射扫描电镜高倍数观察了珠光体组织形貌并研究了铌对珠光体片层间距的影响，如图 11-17 所示。根据 G. F. Vandervoort 等[26] 所提出的方法测量了不同铌含量试样基体中珠光体平均片层间距大小，其主要步骤为：将一个已知直径圆覆盖到高倍数珠光体图片上，接着数出圆周与珠光体片的交点个数，统计的圆环不少于 40 个。最终根据公式（11-3）计算出球墨铸铁中珠光体平均片层间距大小。

$$S = \frac{\pi D}{nM} \tag{11-3}$$

式中　S——随机珠光体片层间距；

　　　D——圆环直径；

　　　n——圆周与珠光体片之间的交点个数；

　　　M——图片放大倍数。

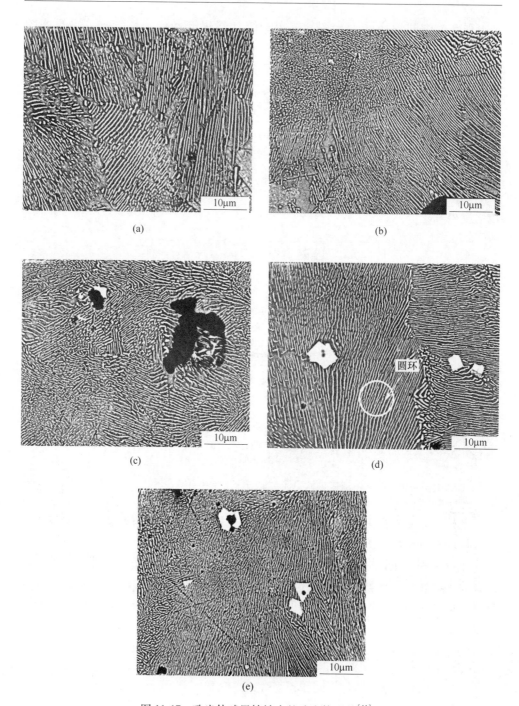

图 11-17　珠光体球墨铸铁中的珠光体形貌[11]

（a）0%Nb；（b）0.04%Nb；（c）0.06%Nb；（d）0.08%Nb；（e）0.11%Nb

从图 11-18 可以看出，随着铌元素加入量的增加，珠光体平均片层间距由不加铌元素时的 1.04μm 依次减小到 0.97μm、0.89μm、0.87μm 和 0.79μm。加入 0.11%Nb 试样珠光体平均片层间距要比不含铌的珠光体平均片层间距减少 31.6%，这应该与铌元素对碳原子的拖拽作用并且减小了碳原子的扩散行程作用有关。对珠光体球墨铸铁的力学性能而言，珠光体片层间距越小，珠光体强度就越大，球墨铸铁的拉伸性能也就越好。

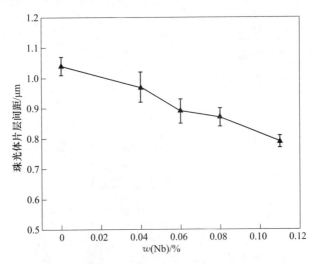

图 11-18　珠光体球墨铸铁中铌含量与珠光体平均片层间距之间的关系[11]

11.2.3　铌对珠光体球墨铸铁性能的影响

图 11-19 为不同铌含量试样的工程应力应变曲线[11]。对工程应力-应变曲线处理得到了各组试样的抗拉强度和伸长率值，如图 11-20 所示[11]，本组珠光体球墨铸铁材料的抗拉强度和伸长率分别都超过了 670.0MPa 和 7.0%。此外，随着珠光体球墨铸铁中铌含量的增加，材料的抗拉强度和伸长率均先增加后减少，当珠光体球墨铸铁中含 0.08%Nb 时，材料有最大抗拉强度（746.0MPa）和伸长率（8.0%）。与不加铌试样拉伸性能比较，含 0.08%Nb 试样的抗拉强度提高了 11.3%。这表明，加入一定量的铌（0.08%）能同时提高珠光体球墨铸铁抗拉强度和伸长率。但当铌加入量超过 0.08%时，珠光体球墨铸铁的抗拉强度和伸长率均有不同程度减小。

为了探索添加铌元素提高珠光体球墨铸铁力学性能的内在原因，对各组试样拉伸过程中的加工硬化速率进行了分析。主要过程是通过式（11-4）和式（11-5）处理得到了真应力-应变曲线，对应力和应变进行求导后得到不同应变下加工硬化速率大小，结果如图 11-21 所示。

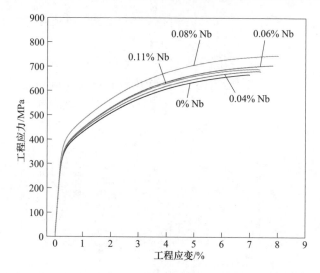

图 11-19　不同含铌量珠光体球墨铸铁工程应力-应变曲线[11]

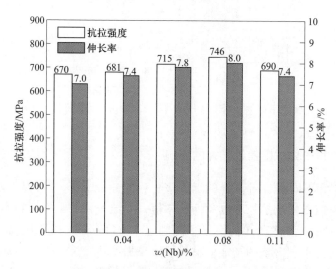

图 11-20　珠光体球墨铸铁抗拉强度和伸长率与含铌量的关系[11]

$$\sigma_T = \sigma_E(1 + \varepsilon_E) \tag{11-4}$$

$$\varepsilon_T = \ln(1 + \varepsilon_E) \tag{11-5}$$

式中　σ_T——真应力;

　　　σ_E——工程应力;

　　　ε_T——真应变;

　　　ε_E——工程应变。

从图 11-21[11]可以看出,在整个拉伸过程中,试样的加工硬化速率随着铌含

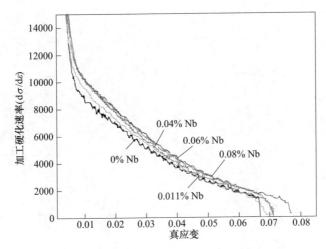

图 11-21 珠光体球墨铸铁加工硬化速率与铌含量之间的关系[11]

量的增加先增加后减少，铌含量 0.08% 时，拉伸试样的加工硬化速率最大。进一步增加铌含量，试样的加工硬化速率反而有所减小，这与铌对珠光体球墨铸铁抗拉强度和伸长率的影响规律相似。因此，铌对珠光体球墨铸铁拉伸性能的影响主要表现在其对球墨铸铁材料塑性变形过程中加工硬化速率的影响。

金属材料组织结构决定了其力学性能。铸态球墨铸铁组织中石墨球形态分布、珠光体与铁素体相对含量以及第二相粒子大小分布影响着球墨铸铁的拉伸性能。整体分析上述因素，在珠光体球墨铸铁中铌的加入量不多时（<0.08%），铌对石墨球化率、圆度、石墨球数量和平均直径影响并不大，但能有效地促进珠光体含量的增加和片层间距的减小，这些积极作用对球墨铸铁抗拉强度和伸长率的提高意义重大。当铌含量进一步增加时，虽然石墨数量减少，珠光体含量增加、片层间距减小，但由于铌元素使得石墨球圆整度降低并促进了粗大含铌相析出，对力学性能的不利影响加强。这导致进一步增加铌含量，珠光体球墨铸铁拉伸性能反而有所下降。因此，对于不同成分体系的珠光体球墨铸铁来说，铌元素的添加量有一个最佳优化值，选择一个适当的铌元素加入量非常重要，在本成分体系的珠光体球墨铸铁中加入 0.08% 铌比较合适。

采用扫描电子显微镜分别观察不含 Nb 和含 0.11% Nb 拉伸试样断口表面形貌，如图 11-22 所示[11]。对比分析发现，加铌和不加铌的珠光体球墨铸铁的拉伸断裂方式并没有改变，河流花样加上少量韧窝分布于整个拉伸断口表面。铌元素加入到球墨铸铁中促进了珠光体含量增加。但对珠光体基球墨铸铁拉伸断裂方式而言，其以解理脆性断裂为主[28,29]的断裂方式并没有改变。

材料的硬度越高，材料抵抗局部塑性变形能力就越强，材料的耐磨性也就越好。在布氏硬度计（HBE-3000A）上分别对 5 组试样的布氏硬度进行了测试分

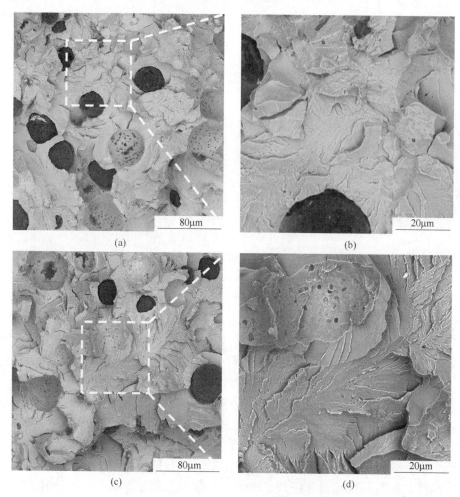

图 11-22　珠光体球墨铸铁拉伸试样断口形貌[11]

（a），（b）0%Nb 球墨铸铁；（c），（d）0.11%Nb 球墨铸铁

析，结果如图 11-23 所示[11]。当基体中不含铌时，球墨铸铁布氏硬度值 HB 为 214，分别加入 0.04%、0.06%、0.08%和 0.11%铌后，球墨铸铁的布氏硬度 HB 分别增加到 220、234、237 和 242。显然，随着铌加入量的增加，珠光体球墨铸铁布氏硬度值逐渐增加。这应该是铌的加入促进了球墨铸铁中珠光体含量增加，细化了珠光体片层间距，而形成的含铌析出相又能细晶强化和弥散强化基体，这三者共同促进了珠光体球墨铸铁硬度的提高。

在珠光体球墨铸铁中加入微量铌元素（<0.12%）对石墨球化率和圆度影响不大，球化率和圆度分别在 84.5%~92.4%之间和 1.12~1.23 之间变化；当铌加入量小于 0.08%时，铌对石墨球数量和平均直径影响不大。珠光体球墨铸铁中加

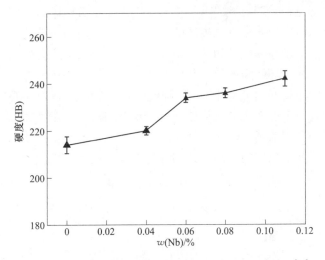

图 11-23 珠光体球墨铸铁中铌含量与硬度之间的关系[11]

入微量铌能有效地提高基体组织中珠光体含量，降低石墨化程度以及细化珠光体片层间距，并且随着铌含量的增加细化效果越显著。与不加铌试样相比，加入0.11%Nb 试样中珠光体含量从 74.5% 提高到 85.8%，珠光体平均片层间距从1.04μm 细化到 0.79μm。随着铌含量的增加，珠光体球墨铸铁的布氏硬度逐渐提高。加入 0.11%Nb 时，球墨铸铁布氏硬度 HB 从 214 提高到 242。在珠光体球墨铸铁中，随着铌加入量（<0.12%）的增加，珠光体球墨铸铁的抗拉强度和伸长率均先增加后减小，加入 0.08%Nb 时，球墨铸铁有最高的抗拉强度（746MPa）和伸长率（8.0%）。与不加铌试样相比，加入 0.08%Nb 试样抗拉强度提高了76MPa，抗拉强度提高了 11.3%。微量铌加入可以改善珠光体球墨铸铁的基体组织和力学性能，但选择一个适当的铌加入量非常重要，在本珠光体球墨铸铁成分体系的条件下，0.08%Nb 是一个合适的值。

11.3 铌对贝氏体球墨铸铁组织和性能的影响

常亮和翟启杰等[8,29~31] 研究了不同铌含量（铌含量分别为 0、0.21%、0.55%、0.68% 和 1.02%）对贝氏体球墨铸铁相转变过程、铸态组织、力学性能和耐磨性的影响并优化了含铌贝氏体球墨铸铁的热处理工艺。

11.3.1 铌对贝氏体球墨铸铁相变过程的影响

11.3.1.1 铌对球墨铸铁共晶温度的影响

球墨铸铁在共晶反应阶段生成的是石墨+奥氏体共晶组织。在球墨铸铁共晶组织中石墨是领先相，随着石墨球的长大，奥氏体于石墨球的外围形核并封闭石墨球，从而形成由奥氏体包围石墨球的凝固组织——共晶团模型。

用热分析法测量球墨铸铁的共晶温度，铁液经过球化孕育处理以后，取适量铁液浇入样杯，在样杯特定的散热环境下，用热分析仪记录下样杯中铁液的凝固冷却曲线。试验用的热分析样杯为贺利氏公司的方形样杯，在正方形的样杯中央，水平地放置一个外部套有石英玻璃管的镍铬-镍硅 K 型热电偶。

通过测定不含铌球墨铸铁以及含铌量为 0.55% 球墨铸铁的凝固冷却曲线，研究铌对球墨铸铁共晶温度的影响，试样的化学成分见表 11-3。

表 11-3　试样的化学成分[6]　　　　　　（质量分数,%）

试样	C	Si	Mn	Mo	Cu	P	S	Nb	CE
1 号	3.64	2.57	1.90	0.31	0.52	0.04	0.017	0	4.49
3 号	3.56	2.60	2.09	0.30	0.55	0.04	0.014	0.55	4.43

如图 11-24 和图 11-25 所示，对球墨铸铁凝固冷却曲线分析可知，铁液的最高温度约为 1250℃，随着铁液的热扩散作用，铁液的温度急剧下降，当温度下降到球墨铸铁成分的液相线温度时，从液相中开始有石墨球的形核和长大，并释放结晶潜热，因此铁液的温度缓慢降低。当铁液温度降到共晶温度时，球墨铸铁在共晶反应阶段析出石墨球和奥氏体相，由于析出大量固相释放结晶潜热的作用，出现共晶平台，对应的平均温度即为球墨铸铁的共晶温度。

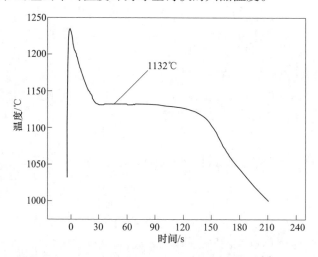

图 11-24　不含铌球墨铸铁的凝固冷却曲线[6]

不含铌的球墨铸铁的共晶温度为 1132℃，而当球墨铸铁中含铌量为 0.55% 时共晶温度为 1125℃，比不含铌时降低了 7℃，说明铌可以降低球墨铸铁的共晶温度。这是因为球墨铸铁的碳当量为 4.45% 左右，属于过共晶铸铁，在液相中首

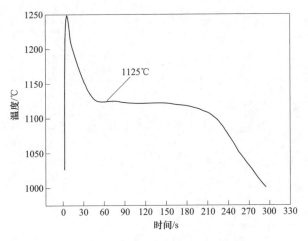

图 11-25　含铌 0.55% 的球墨铸铁的凝固冷却曲线[6]

先析出石墨球；而加入铌后，因为 NbC 相的析出需要消耗铁液中的碳元素，使得初析石墨球的数量减少，从而推迟了球墨铸铁的共晶反应，因此铌降低了球墨铸铁的共晶温度。

11.3.1.2　铌对球墨铸铁特征相变点的影响

铸态球墨铸铁试样从室温加热到一定温度，当珠光体向奥氏体转变时，由于奥氏体的比容比珠光体要小，所以试样的体积减小，使得热膨胀曲线发生不连续的变化，待珠光体向奥氏体转变结束时，热膨胀曲线会出现两个拐点，利用切线法可以确定分别对应的珠光体向奥氏体转变开始点和结束点，即 A_{c1} 点和 A_{c3} 点。图 11-26 和图 11-27 示出了不含铌和铌含量为 0.55% 球墨铸铁热膨胀曲线上 A_{c1} 点和 A_{c3} 点。

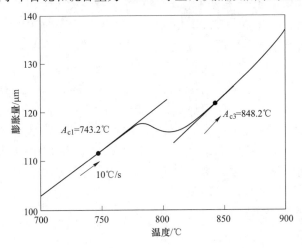

图 11-26　不含铌球墨铸铁的热膨胀曲线上的 A_{c1} 点和 A_{c3} 点温度[6]

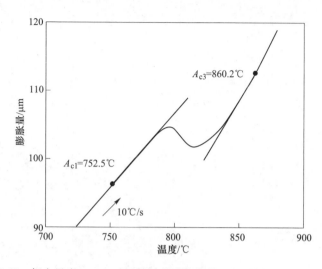

图 11-27　铌含量为 0.55%球墨铸铁热膨胀曲线上的 A_{c1} 点和 A_{c3} 点温度[6]

　　铸态球墨铸铁试样从室温以 10℃/s 加热到 600℃，在 600~1000℃ 之间以 200℃/h 加热，在此阶段发生珠光体向奥氏体转变，不含铌球墨铸铁的 A_{c1} = 743.2℃，A_{c3} = 848.2℃；而加入 0.55% 铌后，球墨铸铁的 A_{c1} = 752.5℃，A_{c3} = 860.2℃，再以 10℃/s 冷却至室温。由此可知，加入铌后，球墨铸铁的 A_{c1} 和 A_{c3} 分别提高了约 9℃ 和 12℃，这是由于在 A_{c1} 以上奥氏体化阶段，奥氏体晶核在晶界处、铁素体和渗碳体的片层界面上形成，由于铁素体和渗碳体中碳原子浓度不同，在奥氏体长大过程中碳发生扩散，而基体中的 NbC 对碳原子有着强烈的吸引力，阻碍碳的扩散，抑制奥氏体的形成，因此铌元素提高了球墨铸铁的 A_{c1} 和 A_{c3}。A_{c3} 是制定奥氏体化温度的依据，为了得到单一奥氏体组织，且不能使奥氏体组织过于粗大，因此制定奥氏体化温度为 900℃、保温时间为 5min。

　　铸态球墨铸铁试样从室温以 10℃/s 加热到 900℃，并保温 5min，得到完全的奥氏体组织，在 900~500℃ 之间以 200℃/h 冷却，在此阶段发生奥氏体向珠光体的转变，由于珠光体比容大于奥氏体比容，试样体积增大，引起膨胀曲线膨胀，出现两个拐点，分别对应着奥氏体向珠光体转变开始点和结束点，即 A_{r3} 点和 A_{r1} 点。珠光体在奥氏体晶界处形核，渗碳体是珠光体形成的领先相，渗碳体横向长大时，吸收了两侧的碳原子，而使其两侧的奥氏体中的碳含量降低形成铁素体，铁素体横向长大，要向两侧的奥氏体中排出多余的碳，增高侧面奥氏体的碳浓度，促进渗碳体的形成。珠光体形成时，纵向长大是渗碳体和铁素体同时连续向奥氏体中延伸，而横向长大是渗碳体与铁素体形成。

　　如图 11-28 和图 11-29 所示，不含铌球墨铸铁的 A_{r3} 温度为 710.7℃，A_{r1} 温度为 656.2℃；而加入 0.55% 铌后，球墨铸铁的 A_{r3} 温度为 697.9℃，A_{r1} 温度为

647.7℃。由此可知，铌元素使得球墨铸铁的A_{r3}和A_{r1}分别降低约13℃和9℃，这是由于珠光体的形成是碳原子的重新分布和铁的晶格重组，属于扩散相变。铁、碳原子等进行扩散，而铌元素阻碍碳的扩散，抑制奥氏体向珠光体转变，提高了过冷奥氏体的稳定性，所以降低了奥氏体向珠光体转变的A_{r3}和A_{r1}。

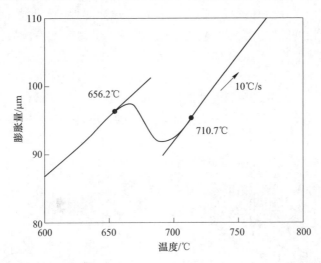

图11-28　不含铌球墨铸铁试样热膨胀曲线上的A_{r1}点和A_{r3}点温度[6]

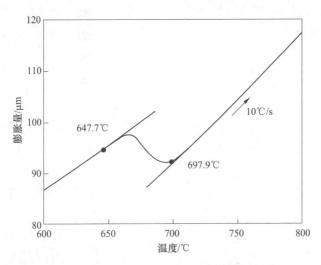

图11-29　铌含量为0.55%试样热膨胀曲线上的A_{r1}点和A_{r3}点温度[6]

由图11-28和图11-29可知，不含铌和含铌0.55%球墨铸铁的铸态试样在加热过程中出现明显的拐点，此时发生奥氏体转变，当完全奥氏体化后，在以1.5℃/s的冷速冷却过程中，过冷奥氏体在高温区不发生珠光体转变，热膨胀曲线直线下降，当试样经 300℃ 保温 90min 阶段发生贝氏体转变，由于贝氏体的比容大于奥氏体比容，所以试样体积明显增大。不含铌和含铌 0.55% 球墨铸铁的试样在 300℃ 保温 90min 阶段发生贝氏体转变，但是含铌 0.55% 球墨铸铁的试样在此阶段体积膨胀得更大，这说明铌元素的加入提高了贝氏体的转变量。

不含铌和含铌 0.55% 球墨铸铁的贝氏体组织如图 11-30 和图 11-31 所示，得到了典型的针状贝氏体组织+少量的马氏体组织，含铌 0.55% 球墨铸铁的贝氏体组织比不含铌球墨铸铁的贝氏体组织细小。由于铌元素提高了过冷奥氏体的稳定性，降低了贝氏体的转变温度，增大了相变过冷度，贝氏体形核优先在石墨球和奥氏体的界面上，也可以在晶界处形核，NbC 颗粒在晶界处偏析，细化了奥氏体晶粒，增加了奥氏体的晶界，为贝氏体形核提供了更多的形核位置，因此细化了贝氏体针状组织。

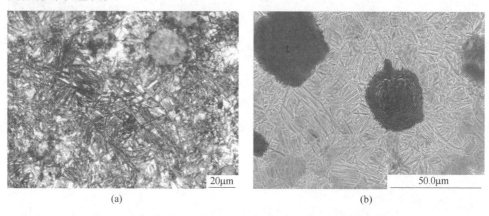

(a)　　　　　　　　　　　　　　　　　(b)

图 11-30　不含铌球墨铸铁的贝氏体组织[6]

（a）不含铌球墨铸铁的贝氏体组织金相照片；（b）不含铌球墨铸铁的贝氏体组织扫描电子显微镜照片

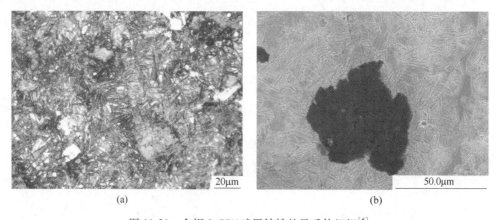

(a)　　　　　　　　　　　　　　　　　(b)

图 11-31　含铌 0.55% 球墨铸铁的贝氏体组织[6]

（a）含铌 0.55% 球墨铸铁的贝氏体组织金相照片；

（b）含铌 0.55% 球墨铸铁的贝氏体组织扫描电子显微镜照片

11.3.1.3 铌对贝氏体球墨铸铁连续冷却转变曲线（CCT）的影响

采用热膨胀快速相变仪测定了贝氏体球墨铸铁在不同冷速下组织转变的开始和结束温度，绘制出球墨铸铁的 CCT 曲线并利用拟合法画出曲线的"鼻尖"区域。根据不含铌和铌含量 0.55% 球墨铸铁在不同冷速下的热膨胀曲线，得到不同组织转变的开始和结束温度，结果见表 11-4 和表 11-5。

表 11-4 不含铌试样基体组织及相变温度[6]

冷却速度/℃·s⁻¹	P_s/℃	P_f/℃	B_s/℃	M_s/℃	基体组织
0.03	702.6	615.2	486.4		P+B
0.05	698.4	626.4	467.7		P+B
0.08	701.3	634.5	427.4		P+B
0.1	687.8	632.5	392.6		P+B
0.2	693.6	624.2	369.2		P+B
0.5	663.3	584.6		254.5	P+B
1				200.9	M
2				187.8	M
5				188.2	M
10				170.5	M
20				167.4	M

表 11-5 含铌 0.55% 试样基体组织及相变温度[6]

冷却速度/℃·s⁻¹	P_s/℃	P_f/℃	B_s/℃	M_s/℃	基体组织
0.03	716.5	627.5	469.5		P+B
0.05	716.2	633.9	447.2		P+B
0.08	702.8	645.9	419.5		P+B
0.1	708.8	646.5	386.5		P+B
0.2	698.4	643.2	350.6		P+B
0.5	684.5	603.4		236.7	P+B
1				195.4	M
2				186.2	M
5				180.2	M
10				165.5	M
20				162.9	M

不含铌和铌含量为 0.55% 球墨铸铁的 CCT 曲线分别如图 11-32 和图 11-33 所

示。从 CCT 曲线可知，奥氏体在高温区发生珠光体转变，珠光体和奥氏体之间的自由能差是相变的驱动力，珠光体是在晶界处形核，在高温转变时铁、碳原子可以长距离扩散，所以相变是需要较小的过冷度的扩散型相变。当在中温阶段，奥氏体发生贝氏体转变，此时铁原子已不能发生扩散，而碳原子还可以进行扩散，所以贝氏体转变既有珠光体扩散相变的特征，也有马氏体切变的特征。当过冷奥氏体快速冷却时，在低于 M_s 点温度下发生无扩散的马氏体相变。

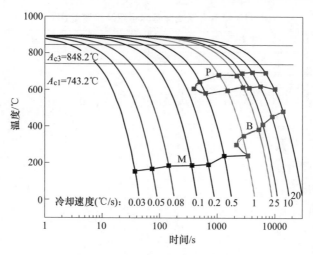

图 11-32　不含铌球墨铸铁的 CCT 曲线[6]

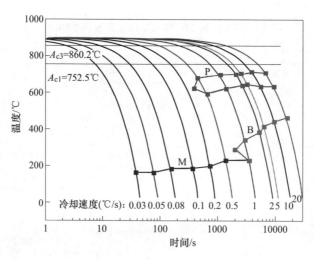

图 11-33　含铌 0.55% 球墨铸铁的 CCT 曲线[6]

不含铌球墨铸铁的珠光体相变的鼻温为 598.2℃，而含铌 0.55% 的球墨铸铁的珠光体相变的鼻温增高到 621.3℃，不含铌球墨铸铁的贝氏体相变的鼻温为 303.4℃，而含铌 0.55% 球墨铸铁的贝氏体相变鼻温降低到 293.6℃，因此铌元素扩大了珠光体和贝氏体的分离区间。这是由于渗碳体是珠光体形成的领先相，在奥氏体晶界处形核，而铌元素可以细化奥氏体晶粒，铌在奥氏体晶界处的偏析，降低珠光体形核的界面能，所以珠光体转变的鼻温增高。但是铌阻碍奥氏体中碳原子的扩散，增加珠光体转变的孕育期，推迟珠光体的转变，珠光体转变的 C 曲线右移；加入铌后，球墨铸铁的珠光体转变的临界冷却速度由 0.9℃/s 下降到 0.7℃/s，而相变的孕育期由 332s 延长到 392s。

铌元素增加过冷奥氏体稳定性，降低了一定温度下相变的自由能，因此降低了贝氏体转变的 B_s 点。同时铌使奥氏体中碳的扩散速度降低，碳的脱溶困难，在奥氏体中与碳形成原子集团，阻碍共格或半共格界面的移动，降低贝氏体相变的速度，增加相变的孕育期，使贝氏体转变的 C 曲线右移。加入铌后，球墨铸铁的贝氏体转变的临界冷却速度由 0.38℃/s 降低到 0.3℃/s，而孕育期由 1623s 增加到 2022s。

根据 CCT 曲线可知，在马氏体转变时，随着冷却速度的降低，M_s 点略有增高，这是由于在奥氏体化过程中溶解的碳化物，在过慢的冷速时会有一定量的析出，使奥氏体中的碳及合金元素含量降低，所以 M_s 点随着冷速的降低而增高。而加入铌后，球墨铸铁的 M_s 点降低，这是由于固溶的铌元素造成晶格畸变，使 γ→α 的晶格转变困难，增大了相变的驱动力，所以马氏体相变温度降低。

利用热膨胀曲线可以分析过冷奥氏体在不同冷却速度下转变的产物，但有些相变点在热膨胀曲线上并不明显，还需要通过显微组织观察来准确判断过冷奥氏体的转变产物。不含铌和含铌量为 0.55% 球墨铸铁在不同冷速下的显微组织如图 11-34 所示。

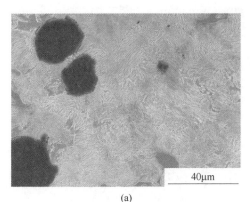

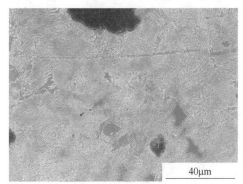

(a)   (b)

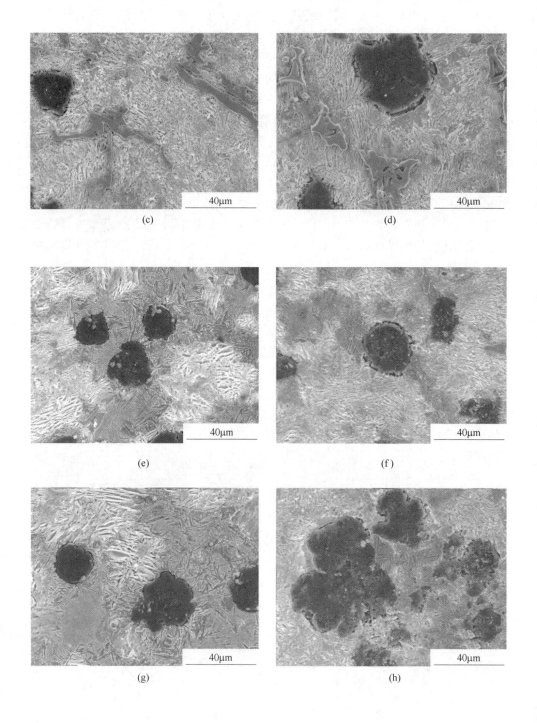

(c)

(d)

(e)

(f)

(g)

(h)

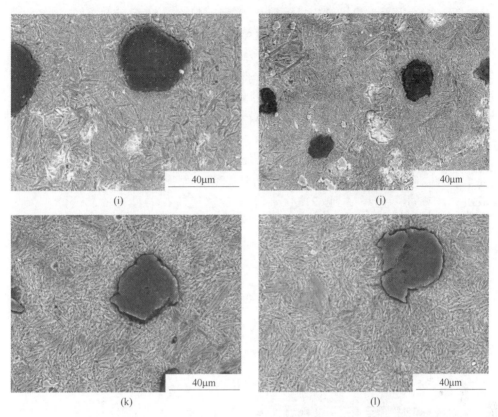

图 11-34　不含铌和含铌量为 0.55% 球墨铸铁在不同冷速下的显微组织[6]

（a）0%Nb，铸态；（b）0.55%Nb，铸态；（c）0%Nb，0.03℃/s；（d）0.55%Nb，0.03℃/s；
（e）0%Nb，0.1℃/s；（f）0.55%Nb，0.1℃/s；（g）0%Nb，0.2℃/s；（h）0.55Nb，0.2℃/s；
（i）0%Nb，1℃/s；（j）0.55%Nb，1℃/s；（k）0%Nb，5℃/s；（l）0.55%Nb，5℃/s

不含铌和铌含量为 0.55% 球墨铸铁的铸态显微组织为珠光体组织，当冷速为 0.03℃/s 时，不含铌球墨铸铁和铌含量为 0.55% 球墨铸铁均为珠光体组织，且珠光体片层具有一定的方向性，此时组织中没有发现明显的贝氏体相。当冷速为 0.1℃/s 时，不含铌和铌含量为 0.55% 球墨铸铁的显微组织都为珠光体+贝氏体组织，只是加入铌元素后使得珠光体片层间距减小，针状贝氏体组织比较细小。当冷速增加到 0.2℃/s 时，不含铌和铌含量为 0.55% 球墨铸铁都为贝氏体+珠光体组织，只是此时贝氏体含量增多。当冷速增加到 1℃/s 时，不含铌和铌含量为 0.55% 球墨铸铁都出现典型的片状马氏体组织。当冷速增加到 5℃/s 时，不含铌和铌含量为 0.55% 球墨铸铁马氏体的含量明显增多。随着冷速的增加，过冷奥氏体只发生马氏体转变。

铌对贝氏体球墨铸铁特征相变点的影响规律：不含铌球墨铸铁的 A_{c1} 温度为

743.2℃，A_{c3} 温度为 848.2℃；而加入 0.55% 铌后，球墨铸铁的 A_{c1} 温度为 752.5℃，A_{c3} 温度为 860.2℃。加入铌元素后，球墨铸铁的 A_{c1} 和 A_{c3} 温度分别提高了约 9℃ 和 12℃，这是由于铌元素会阻碍碳的扩散，抑制奥氏体的形成，因此提高了球墨铸铁的 A_{c1} 和 A_{c3} 温度。不含铌球墨铸铁的 A_{r3} 温度为 710.7℃，A_{r1} 温度为 656.2℃；而加入 0.55% 铌后球墨铸铁的 A_{r3} 温度为 697.9℃，A_{r1} 温度为 647.7℃，铌元素使球墨铸铁的 A_{r3} 和 A_{r1} 温度分别降低了约 13℃ 和 9℃，这说明铌元素提高了球墨铸铁过冷奥氏体的稳定性。

不同冷速下，不含铌和铌含量为 0.55% 对球墨铸铁 CCT 曲线的影响规律：不含铌球墨铸铁的珠光体相变的鼻温为 598.2℃，而铌含量为 0.55% 球墨铸铁的珠光体相变的鼻温增高到 621.3℃；不含铌球墨铸铁的贝氏体相变的鼻温为 303.4℃，而铌含量 0.55% 球墨铸铁的贝氏体相变鼻温降低到 293.6℃；因此铌元素扩大了珠光体和贝氏体的分离区间。加入 0.55% 铌后，球墨铸铁的珠光体转变的临界冷却速度由 0.9℃/s 下降到 0.7℃/s，珠光体相变的孕育期由 332s 增加到 392s；而球墨铸铁的贝氏体转变的临界冷却速度在 0.38℃/s 降低到 0.3℃/s，贝氏体相变的孕育期由 1623s 增加到 2022s。在马氏体转变时，随冷却速度的降低，M_s 点略有增高，铌固溶于奥氏体中，造成晶格畸变，使 $\gamma \rightarrow \alpha$ 的晶格转变困难，增大了相变的驱动力，所以马氏体相变温度降低。

11.3.2　铌对贝氏体球墨铸铁石墨组织的影响

石墨球的圆整度和数量影响着球墨铸铁的质量，生产中希望获得球形圆整、分布均匀、球径较小、数目较多的球墨，良好的石墨球形态是获得高的综合性能球墨铸铁的前提条件[32]。根据我国标准 GB 9941—88[19]，在 100 倍下观察球墨铸铁组织，选取石墨球分布均匀的视场对石墨球的形态进行分析，不同铌含量的球墨铸铁中石墨球的典型形态如图 11-35 所示。

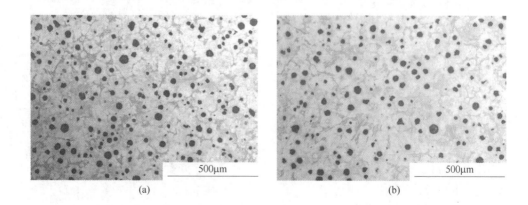

　　　　　　　　(a)　　　　　　　　　　　　　　　　　　(b)

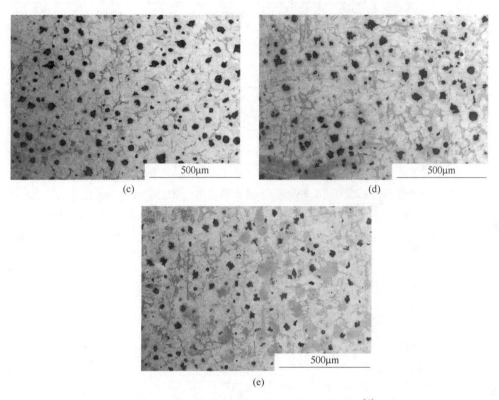

图 11-35　不同铌含量球墨铸铁中石墨球的形貌[6]

（a）0%Nb；（b）0.21%Nb；（c）0.55%Nb；（d）0.68%Nb；（e）1.06%Nb

　　表 11-6 为不同铌含量试样的化学成分，表 11-7 为各试样不同面积率的石墨球个数。面积率为石墨实际面积与石墨最大外接圆面积的比值。

表 11-6　不同铌含量试样的化学成分　　　（质量分数,%）

试样	C	Si	Mn	Mo	Cu	P	S	Nb	CE
1 号	3.64	2.57	1.9	0.31	0.52	0.04	0.017	0	4.49
2 号	3.69	2.34	2.13	0.31	0.54	0.04	0.018	0.21	4.43
3 号	3.56	2.60	2.09	0.30	0.55	0.04	0.014	0.55	4.43
4 号	3.59	2.55	2.00	0.31	0.54	0.05	0.019	0.68	4.44
5 号	3.64	2.63	1.94	0.31	0.54	0.05	0.018	1.06	4.51

表 11-7　各试样不同面积率的石墨球个数[6]

面积率	≥0.81	0.80~0.61	0.60~0.41	0.40~0.21	<0.21	总数
修正系数	1.0	0.8	0.6	0.3	0	
1号试样石墨个数	131	61	19	2	0	213
2号试样石墨个数	106	66	11	3	0	186
3号试样石墨个数	54	91	31	2	0	176
4号试样石墨个数	29	70	27	5	0	131
5号试样石墨个数	31	51	39	5	0	126

根据球化率计算公式（11-1）[33]求出各试样的球化率，如图 11-36 所示。从图 11-36 中可知，当不含铌和含铌量分别为 0.21%、0.55%时，球化率在 90%~87%之间变化不大，球化等级为 3 级。当铌含量大于 0.55%后，由于析出较多的 NbC，其影响形成石墨的碳原子的扩散，致使球化率降低到 77%左右，球化等级为 4 级。

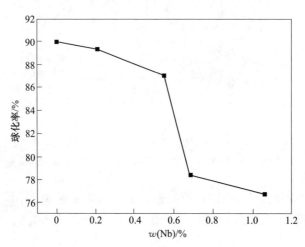

图 11-36　球化率和铌含量之间的关系[6]

11.3.2.1　铌对石墨球圆度的影响

如图 11-37 所示，当铌含量为 0.21%时，使石墨球比不含铌时圆整，由于铌可以降低球墨铸铁的共晶温度，使石墨球周围的奥氏体快速凝固，阻碍液相的碳原子向石墨中扩散。而当铌含量继续增加，石墨球圆度值增大，石墨球化程度下降，由于先于石墨析出的 NbC 数量较多，抑制了碳原子的扩散，降低石墨的球化效果。

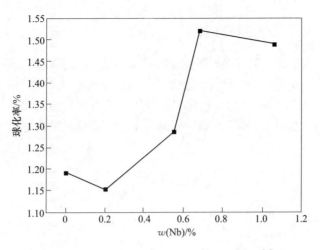

图 11-37 石墨球圆度和铌含量之间的关系[6]

11.3.2.2 铌对石墨球数目的影响

石墨球数目对基体珠光体和铁素体的转变有着重要的影响，石墨球的数量增多，碳在共晶时向溶体中溶解的行程缩短，铁素体的数量增多。如图 11-38 所示，加入铌元素以后，每平方毫米内石墨的数量有所减少。根据 AFS 图谱标准，将石墨球的数目从 $25/mm^2$ 到 $300/mm^2$ 分为 7 级（递增值为 $50/mm^2$），当不含铌和含铌量为 0.21%，0.55% 时，每平方毫米内石墨球的数目在 155~185 之间，属于 4 级，而当铌含量增到 0.68% 和 1.06% 时，每平方毫米内石墨数量降低到 110 左右，属于 3 级。这是由于在球墨铸铁中加入铌后，NbC 在液相中先于石墨球析出，NbC 的数量增多，消耗了碳元素，降低了石墨球数目。

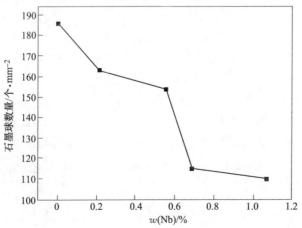

图 11-38 每平方毫米内石墨球数量和铌含量之间的关系[6]

11.3.2.3　铌对石墨球直径的影响

石墨球大小主要影响球墨铸铁的伸长率，石墨球的平均直径越大，球墨铸铁的伸长率越低。如图 11-39 所示，铌含量对石墨球大小的影响并不明显，石墨球的尺寸在 $17.5 \sim 22.0 \mu m$ 之间，根据 GB 9941—88 标准，石墨尺寸（100 倍观察）在 $1.5 \sim 3.0mm$ 之间的，属于 6 级，可知各试样石墨球尺寸均比较细小。

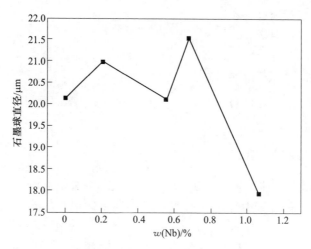

图 11-39　石墨球直径和铌含量之间的关系[6]

11.3.2.4　铌对石墨球数量的影响

根据金相照片中石墨球的实际面积与基体的面积比值可以求出每平方毫米内石墨球的数量，不同铌含量球墨铸铁中每平方毫米内石墨球的数量见表 11-8。可知随着铌含量的不断增加，每平方毫米内石墨球的数量逐渐减少。当铌含量低于0.55%时，每平方毫米内石墨球的数量下降趋势不是很明显，但是当铌含量增加到 1.06%时，每平方毫米内石墨球的数量严重减少。球墨铸铁中碳主要以石墨球、NbC 和渗碳体三种形式存在，由于球墨铸铁试样中基本元素是一样的，所以渗碳体数量也大体一致。NbC 先于石墨球在液相中析出，且会消耗碳元素，因此随着铌含量的增加，消耗的碳元素也随之增加，析出石墨球的数量减少。

表 11-8　每平方毫米内不同铌含量球墨铸铁中单位面积石墨球面积占比[6]

$w(Nb)/\%$	0	0.21	0.55	0.68	1.06
石墨球面积占比/%	0.083	0.071	0.063	0.055	0.036

11.3.3　铌对贝氏体球墨铸铁铸态基体组织的影响

球墨铸铁基体组织中的铁素体含量影响基体的碳含量，从而对热处理时贝氏体的生成产生重要影响。根据国标 GB 9941—88，在 100 倍下观察球墨铸铁组织，选取 10 个不同视场并采用图形分析软件对铁素体含量进行定量分析，不同铌含量试样的铁素体含量如图 11-40 所示。随着铌含量的增加基体中铁素体含量降低。不含铌球墨铸铁的铁素体含量为 6.3%，铌含量为 0.69% 时降低为 2.0%。

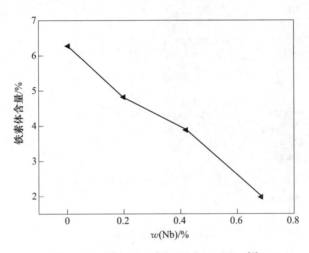

图 11-40　铁素体含量与铌含量的关系[8]

不同铌含量球墨铸铁的铸态组织如图 11-41 所示，可以看出添加铌使铁素体含量减少。同时铌元素可以使珠光体组织变得更细密，即细化珠光体组织。如图 11-42 所示，铌能够在较高孕育条件下促进铸铁中珠光体形成，使珠光体含量上升，铁素体含量下降。珠光体按亚稳系铁碳相图形成，由铁素体和渗碳体片层组成，片层间距取决于过冷度，过冷度越大，片层间距越小，共晶组织越细。铌能降低铸铁平衡和非平衡共晶相变温度，增大相变过冷度[34]，所以加入铌可以使珠光体片层间距变小，从而细化珠光体组织。

11.3.4　含铌贝氏体球墨铸铁热处理工艺的优化

11.3.4.1　不同热处理工艺下球墨铸铁的贝氏体组织

通过不同的热处理工艺研究球墨铸铁的组织和性能，比较不同热处理工艺下球墨铸铁的组织转变及性能，研究铌对贝氏体球墨铸铁组织和性能的影响，找到获得贝氏体球墨铸铁的最佳热处理工艺。

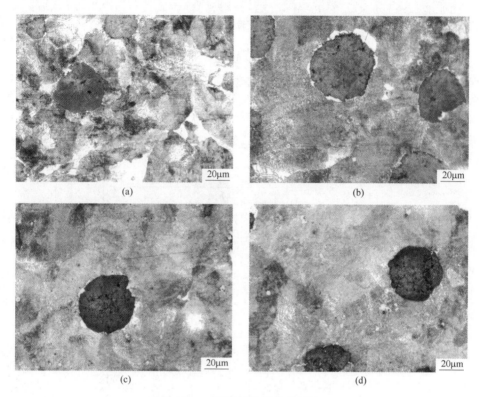

图 11-41　球墨铸铁的铸态组织
（a）0%Nb；（b）0.2%Nb；（c）0.42%Nb；（d）0.69%Nb

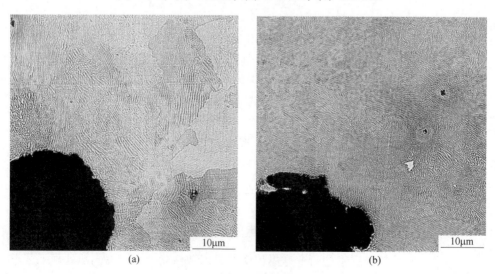

图 11-42　球墨铸铁铸态组织的 SEM[8]
（a）0%Nb；（b）0.2%Nb

为了研究合适的得到贝氏体球墨铸铁的热处理工艺，将 φ28mm×150mm 铸态试棒分别采用四种热处理工艺处理，各工艺曲线如图 11-43 所示。

工艺 A：将铸态试棒在电阻炉中加热到 900℃ 保温 3h 后，空冷至室温，然后再 300℃ 回火 1.5h。

工艺 B：将铸态试棒在电阻炉中加热到 900℃ 保温 3h 后，将试棒在水玻璃（密度 1.5g/cm³，模数为 2.6）和水等比例混合的溶液中淬火至室温，然后在 300℃ 回火 1.5h。

工艺 C：将铸态试棒在电阻炉中加热到 900℃ 保温 3h 后，空冷至 450℃，立刻用 50~100mm 厚的岩棉包裹试棒缓冷至室温。

工艺 D：将铸态试棒在电阻炉中加热到 900℃ 保温 3h 后，空冷至 300℃，立刻在电阻炉中 300℃ 保温 1.5h。

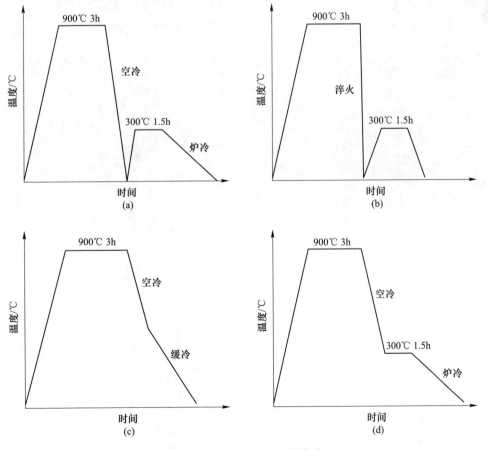

图 11-43　四种热处理工艺曲线

(a) 工艺 A；(b) 工艺 B；(c) 工艺 C；(d) 工艺 D

　　如图 11-44 所示，经过热处理工艺 A 处理的球墨铸铁试样组织以回火马氏体为主，还有少量的贝氏体组织，试样在 900℃ 保温 3h 后完全奥氏体化，经过空冷（平均冷却温度约为 2℃/s，大于珠光体转变临界温度）至室温，得到淬火马氏体和一部分残余奥氏体；这是由于球墨铸铁中 Mo、Mn、Nb 等元素提高了过冷

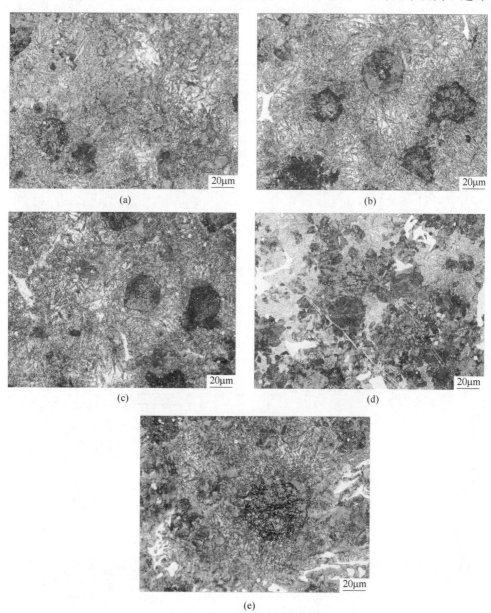

图 11-44　工艺 A 下不同铌含量球墨铸铁的热处理组织[6]
(a) 0%Nb；(b) 0.21%Nb；(c) 0.55%Nb；(d) 0.68%Nb；(e) 1.06%Nb

奥氏体的稳定性，在室温时过冷奥氏体不能全部转变为马氏体，还存在一部分残余奥氏体，经过300℃回火处理1.5h后得到回火马氏体和一些贝氏体组织。由金相组织可知，回火马氏体组织为竹叶状形貌，针状贝氏体组织形成于石墨球周围。铌元素可以提高过冷奥氏体的稳定性，增加残余奥氏体的含量，从而增加回火时贝氏体的含量。

如图11-45所示，经过热处理工艺B处理的球墨铸铁试样组织以粗大的竹叶

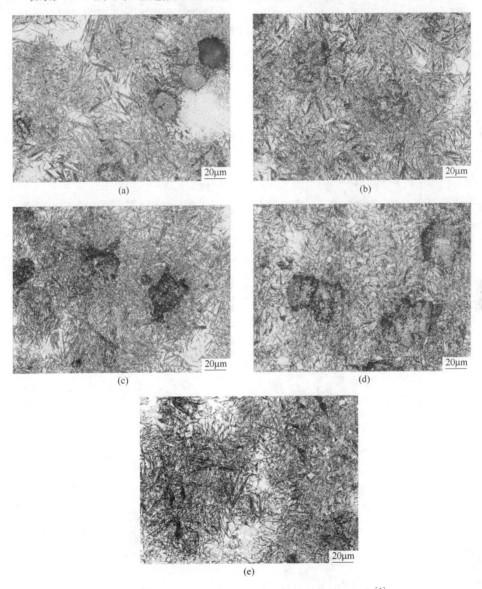

图11-45　工艺B下不同铌含量球墨铸铁的热处理组织[6]
（a）0%Nb；（b）0.21%Nb；（c）0.55%Nb；（d）0.68%Nb；（e）1.06%Nb

状回火马氏体为主，还有少量的针状贝氏体组织。试样在 900℃ 保温 3h 后完全奥氏体化，经过水玻璃和水等比例混合的溶液中淬火，高温试样在水玻璃溶液中快冷形成马氏体，随着温度下降，水玻璃会在试样表面形成一层硅溶胶膜，使试样缓慢冷却，得到马氏体、残余奥氏体和少量贝氏体，再经过 300℃ 回火处理 1.5h，残余奥氏体转变为贝氏体组织。

热处理工艺 C 条件下不同铌含量球墨铸铁的热处理组织如图 11-46 所示。将

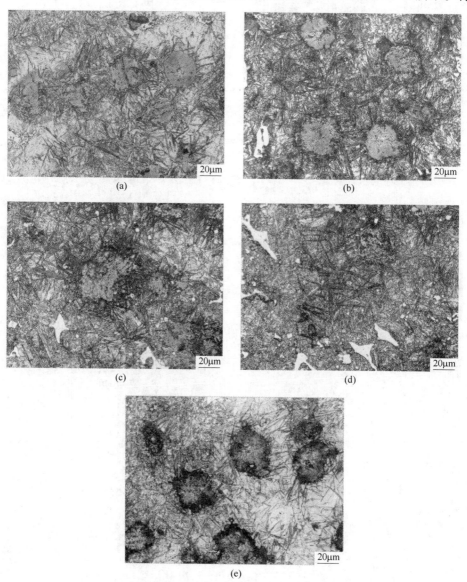

图 11-46　工艺 C 下不同铌含量球墨铸铁的热处理组织[6]
(a) 0%Nb；(b) 0.21%Nb；(c) 0.55%Nb；(d) 0.68%Nb；(e) 1.06%Nb

铸态试棒加热到900℃保温3h后，空冷至450℃，立刻用50~100mm厚的岩棉包裹试棒缓冷至室温。岩棉是一种可以耐650℃高温的保温材料，由于其导热率低，完全奥氏体化的球墨铸铁组织，再空冷至450℃的贝氏体相变区间，在岩棉中缓冷，转变为贝氏体组织，得到最终组织为针状贝氏体、马氏体和少量的残余奥氏体。

热处理工艺D下不同铌含量球墨铸铁的热处理组织如图11-47所示。将铸态

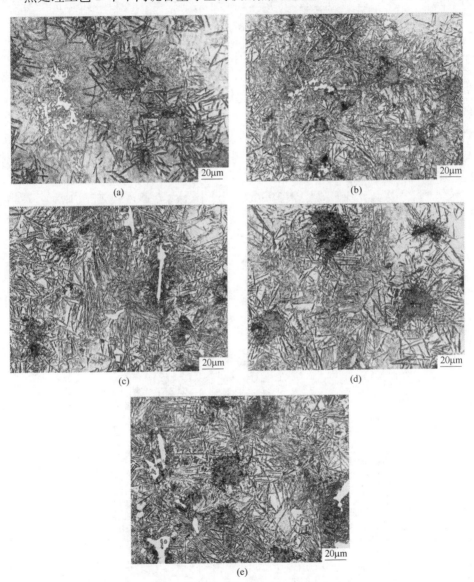

图11-47　工艺D下不同铌含量球墨铸铁的热处理组织[6]
(a) 0%Nb；(b) 0.2%Nb；(c) 0.55%Nb；(d) 0.68%Nb；(e) 1.06%Nb

试棒在电阻炉中加热到 900℃保温 3h 后，空冷至 300℃，立刻在电阻炉中 300℃保温 1.5h。试样在 900℃完全奥氏体化后，经过空冷至 300℃，在中温区保温，奥氏体组织发生贝氏体转变，得到最终组织主要为针状贝氏体、还有部分马氏体以及少量的残余奥氏体。不含铌球墨铸铁的贝氏体组织为粗大的针状贝氏体组织；加入铌后，贝氏体针状组织细化。这是由于形成的 NbC 颗粒在晶界处偏析，细化了奥氏体晶粒，增加了奥氏体的晶界，为贝氏体形核提供了更多的形核位置，因此细化了贝氏体针状组织。

11.3.4.2　奥氏体化温度对球墨铸铁组织和性能的影响

在 850℃、900℃和 950℃三个奥氏体化温度下进行控制冷却热处理，所得热处理组织如图 11-48 所示。在 850℃奥氏体化时得到的基体中含有未转化的白色铁素体，其余主要为板条状马氏体和少量的针状贝氏体组织。在 900℃和 950℃奥氏体化时白色的铁素体组织消失，均得到比较均匀的贝氏体和残余奥氏体组织。900℃时的白亮奥氏体组织较少，针状贝氏体也较均匀；950℃时白亮奥氏体组织含量增加，针状贝氏体组织变少。

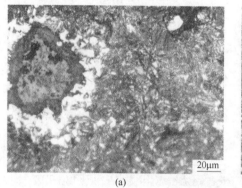
(a)

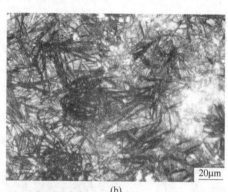
(b)

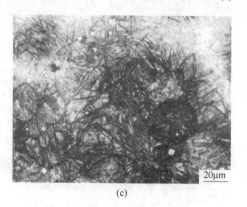
(c)

图 11-48　球墨铸铁的热处理组织[8]
(a) 850℃；(b) 900℃；(c) 950℃

图 11-49 是三种奥氏体化温度下基体中残余奥氏体含量与奥氏体化温度的关系。可以看出，基体中的残余奥氏体含量均随着奥氏体化温度的升高而增多，850℃时残余奥氏体含量在 19%~35%之间，900℃时残余奥氏体含量达到了 38%~47%之间，950℃时残余奥氏体含量上升到了 44%~51%之间。

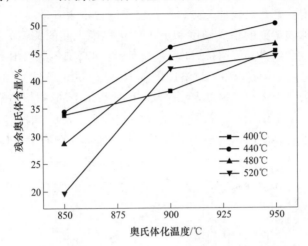

图 11-49　残余奥氏体含量与奥氏体化温度的关系[8]

残余奥氏体中的碳含量与奥氏体化温度的关系如图 11-50 所示，随着奥氏体化温度的升高残余奥氏体中的碳含量也在增加，850℃时残余奥氏体中的碳含量在 1.14%~1.19%之间，900℃时残余奥氏体中的碳含量达到了 1.18%~1.30%之间，950℃时残余奥氏体中的碳含量上升到了 1.33%~1.43%之间。

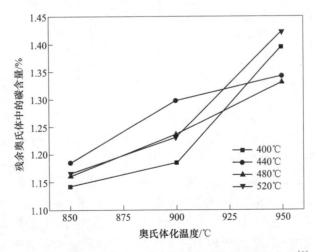

图 11-50　残余奥氏体中的碳含量与奥氏体化温度的关系[8]

　　随着奥氏体化温度的升高，奥氏体化进行得更加充分，使奥氏体含量增加。同时由于奥氏体化温度的提高，碳原子扩散速度加快，扩散充分，使奥氏体碳含量增加。950℃时热处理组织基体中残余奥氏体量和其中碳含量达到最大。由于残余奥氏体碳含量的增加，使奥氏体更加稳定，在随后的控制冷却热处理中，不利于贝氏体相变，针状贝氏体变少，残余奥氏体含量增多。

　　热处理后球墨铸铁的洛氏硬度和奥氏体化温度之间的关系如图 11-51 所示，随着奥氏体化温度的升高，洛氏硬度下降。850℃时洛氏硬度 HRC 都在 52 以上，900℃时为 50 左右，但是 950℃时洛氏硬度 HRC 急剧下降至 40 左右。洛氏硬度与基体中的残余奥氏体含量密切相关，950℃时基体中的残余奥氏体含量在 50% 左右，同时贝氏体组织减少，故使其洛氏硬度降低。850℃时硬度 HRC 达到 52 以上，这是由于残余奥氏体含量相对较低，同时基体中含有大量马氏体。

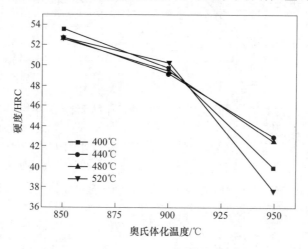

图 11-51　硬度与奥氏体化温度的关系[8]

11.3.4.3　缓冷开始温度对球墨铸铁组织和力学性能的影响

　　缓冷开始温度，即中温转变开始温度，对所获贝氏体组织及其力学性能与耐磨性影响最大，是控制冷却热处理中最重要的工艺参数。缓冷开始温度高，碳的扩散速度快，奥氏体易于富碳而趋于稳定，残留奥氏体量多，伸长率提高，同时强度和硬度下降；温度降低，碳扩散速度降低，奥氏体不易富集，残余奥氏体量减少，伸长率降低，而强度和硬度相应提高。

　　当缓冷开始温度低、处于形成下贝氏体温度范围时，贝氏体型铁素体本身固溶一些碳，向周围奥氏体排碳较少，并且由于温度低使碳在奥氏体内扩散缓慢，不易形成均匀的高碳奥氏体，冷却至室温后，得到下贝氏体、少量马氏体和残余奥氏体组织。在上贝氏体温度范围内，温度越高，碳扩散速度越快，形成高碳奥氏体时间越短；同时温度越高，高碳奥氏体分解成碳化物和铁素体的转变迅速，故获得上贝氏体、残余奥氏体、少量马氏体组织。

为了探索缓冷开始温度对含铌贝氏体球墨铸铁组织和性能的影响，采用如下热处理工艺：（1）在900℃下奥氏体化3h；（2）出炉风冷至340℃、380℃、420℃和460℃进行缓冷保温；（3）缓冷至200℃出炉空冷至室温。

图11-52为热处理冷却曲线图。从图11-52中可以看出，缓冷开始前的冷却速度很快，避开珠光体转变区，阻止珠光体的产生。控制冷却热处理的中温保温段不是一个恒温过程，而是一个缓慢冷却过程。理论上，材料在冷却过程中只要保证冷却速度低于贝氏体形成的临界冷速，并且能在贝氏体形成区间持续足够时间就可以形成贝氏体组织。表11-9给出了4个缓冷开始温度在不同温度区间的冷却时间和冷速。之前的研究表明，含铌球墨铸铁的珠光体转变临界冷速为0.7℃/s，贝氏体转变临界冷速和孕育期分别为0.3℃/s和2022s[6]。

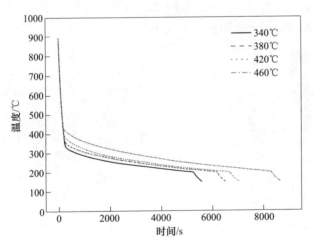

图11-52 热处理冷却曲线图[8]

表11-9 340℃、380℃、420℃、460℃缓冷温度下不同温度区间的冷却时间和冷速[8]

缓冷温度/℃	温度区间/℃	900~550	550~450	450~400	400~350	350~300	300~250	250~200
340		106	53	35	46	478	1509	2998
380	冷却	113	51	32	104	863	1919	3059
420	时间/s	116	52	38	357	955	1969	3159
460		108	54	258	807	1498	2195	3359
340		3.208	1.887	1.429	1.087	0.105	0.033	0.017
380	冷速	3.044	1.961	1.563	0.481	0.058	0.026	0.016
420	/℃·s⁻¹	2.957	1.923	1.316	0.140	0.052	0.025	0.016
460		3.176	1.852	0.194	0.062	0.033	0.023	0.015

　　高温阶段 900~550℃时，四个缓冷开始温度下试样的最小冷速为 2.957℃/s。550~450℃试样的最小冷却速度为 1.852℃/s，此时的缓冷开始温度为 460℃。在含铌球墨铸铁的珠光体转变温度范围内，四个缓冷开始温度下的试样冷速均大于珠光体临界转变温度，因此不会发生珠光体转变使热处理组织中出现珠光体。

　　中温阶段，缓冷开始温度为 340℃时，350~300℃的持续时间为 478s，350~300℃的平均冷速为 0.105℃/s，比含铌球墨铸铁贝氏体转变临界冷速低。这说明在此温度下开始缓冷，冷速可进入贝氏体转变区，发生贝氏体转变，热处理组织中就会有贝氏体生成。随着缓冷开始温度的提升，试样在中温转变区的冷速更低，持续的时间更长，碳元素的扩散更加充分，奥氏体的残余量更低，生成的贝氏体量更多。

　　如图 11-53 所示，缓冷开始温度为 340℃时球墨铸铁组织为针状贝氏体组织、白色的残余奥氏体和竹叶状马氏体组织。不含铌球墨铸铁的石墨球周围只有少量的黑色针状组织，为贝氏体组织，同时小尺寸的竹叶状组织出现在大量的白色组织中间。加入铌之后，球墨铸铁石墨球周围黑色针状组织增多，并且随着铌含量

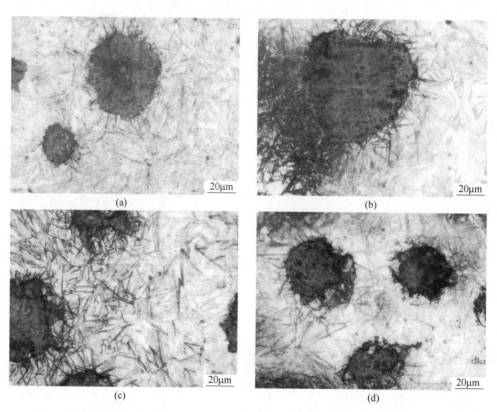

图 11-53　340℃时不同铌含量球墨铸铁的热处理组织[8]

(a) 0%Nb；(b) 0.2%Nb；(c) 0.42%Nb；(d) 0.69%Nb

的升高黑色针状组织增加，达到一定铌含量后针状组织的变化不在明显。这是由于铌可以增加铁素体中碳的固溶量，在相变过程中减少碳原子的扩散数量，铌还可以缩短碳原子的扩散路径，有利于奥氏体向铁素体转化。同时贝氏体形核优先在石墨球和奥氏体的界面上，也可以在晶界处形核，NbC颗粒在晶界处偏析，细化了奥氏体晶粒，增加了奥氏体的晶界，为贝氏体形核提供了更多的形核位置，也使贝氏体含量提高。当铌含量增多时，碳化铌的体积变大，数量增多，并且出现大量富集，基体中固溶的铌含量改变不大，对碳原子扩散的影响也就不会有明显改变，所以铌含量达到一定程度后球墨铸铁中的黑色针状组织变化不明显。另外，添加铌使球墨铸铁中石墨球数量减少，导致贝氏体在石墨球和奥氏体界面上的形核位置减少，也是贝氏体组织变化不明显的原因之一。

　　如图11-54所示，缓冷开始温度380℃时球墨铸铁的热处理组织为石墨周围的黑色针状贝氏体，加上白色的残余奥氏体和马氏体组织，并且开始出现羽毛状的上贝氏体组织。这是由于中温转变温度升高，冷却进入上贝氏体区。由于缓冷开始温度380℃时中温保温的时间比340℃时长，贝氏体组织的生长更加充分，

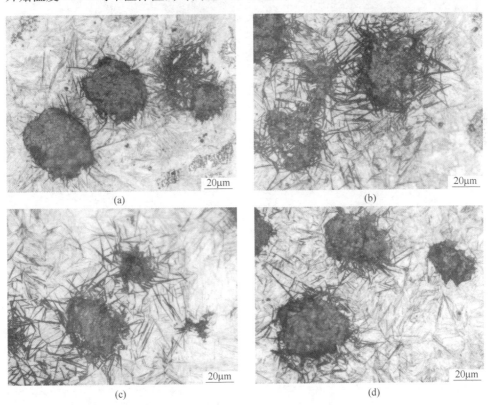

图 11-54　380℃时不同铌含量球墨铸铁的热处理组织[8]
(a) 0%Nb；(b) 0.2%Nb；(c) 0.42%Nb；(d) 0.69%Nb

所以黑色针状组织变长变粗。添加铌对组织影响很大，出现了较多的针状和羽毛状组织，同样是铌含量达到一定程度后贝氏体组织的变化不再明显。

　　如图 11-55 所示，缓冷开始温度为 420℃时球墨铸铁的热处理组织为石墨周围黑色针状组织减少，羽毛状贝氏体组织增加，还有白色残余奥氏体和少量马氏体组织。该温度下 400~350℃时冷速已经降到 0.14℃/s，进入贝氏体转变区，上贝氏体开始形核并在后续缓冷过程中生长，导致了温度进入下贝氏体区时形核数量和位置减少，所以针状组织减少，羽毛状组织增加，添加铌后贝氏体组织增多。

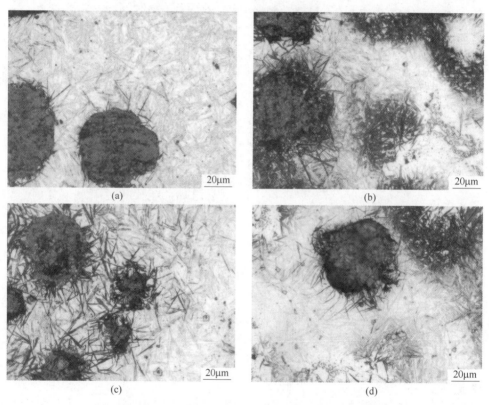

图 11-55　420℃时不同铌含量球墨铸铁的热处理组织[8]
(a) 0%Nb；(b) 0.2%Nb；(c) 0.42%Nb；(d) 0.69%Nb

　　如图 11-56 所示，缓冷开始温度 460℃时球墨铸铁热处理组织为石墨周围少量黑色针状贝氏体，大量的羽毛状贝氏体，白色的残余奥氏体和少量贝氏体组织。该温度下 450~400℃时冷速为 0.194℃/s，400~350℃时冷速降到 0.062℃/s，进入上贝氏体转变区，就会有大量的上贝氏体形核生长，当温度降到下贝氏体区时形核的数量和位置已经很少，所以只有少量的针状下贝氏体生成。添加铌使球墨铸铁热处理组织中的贝氏体增加，铌含量0.69%球墨铸铁热处理组织中的贝氏体组织与铌含量0.42%的差别不大。

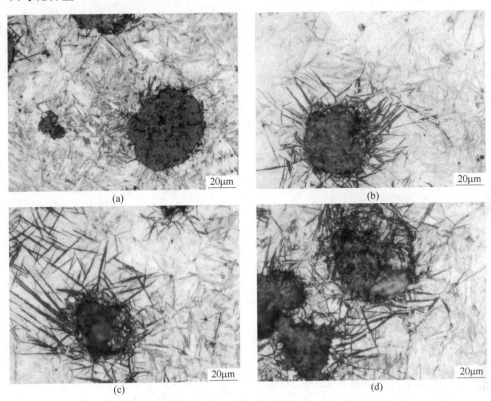

图 11-56　460℃时不同铌含量球墨铸铁的热处理组织[8]
(a) 0%Nb；(b) 0.2%Nb；(c) 0.42%Nb；(d) 0.69%Nb

　　通过控制冷却热处理获得球墨铸铁的基体组织基本由贝氏体和残余奥氏体组成。铌含量不同时基体中的贝氏体组织差别较大，并且不同的缓冷开始温度获得的球墨铸铁热处理组织中的贝氏体含量也不同，相应的残余奥氏体含量也会有差别，残余奥氏体含量对材料的力学性能和耐磨性均有重要影响。所以要对贝氏体球墨铸铁热处理组织中的残余奥氏体含量进行分析。使用 X 射线衍射仪测定贝氏体球墨铸铁相组成的强度衍射曲线如图 11-57 所示。

　　根据所测的 XRD 强度衍射曲线分析贝氏体球墨铸铁中残余奥氏体含量，选择奥氏体 {111}、{220}、{311} 晶面和铁素体 {110}、{211} 晶面的衍射峰积分强度，利用如下公式[35]计算贝氏体球墨铸铁中的残余奥氏体含量。

$$V_\gamma = \frac{I_\gamma/R_\gamma}{(I_\gamma/R_\gamma) + (I_\alpha/R_\alpha)} \tag{11-6}$$

式中　I_γ，I_α——贝氏体球墨铸铁中残余奥氏体和铁素体衍射峰积分强度；

R_γ，R_α——贝氏体球墨铸铁中残余奥氏体和铁素体相对积分强度，为常数，
由 XRD 分析软件查出分别为 7.45 和 7.51。

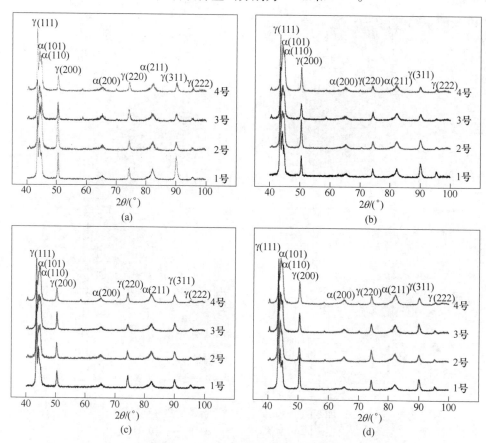

图 11-57　不同缓冷开始温度下贝氏体球墨铸铁的 XRD 衍射曲线[8]

(a) 340℃；(b) 380℃；(c) 420℃；(d) 460℃

计算出的残余奥氏体含量与缓冷开始温度的关系如图 11-58 所示。不含铌球
墨铸铁热处理组织中残余奥氏体含量随着缓冷开始温度的上升从 46.1% 增加到
60.8%，添加铌以后球墨铸铁热处理组织中残余奥氏体含量下降到了 40% 以下，
并且随着缓冷开始温度的提升先下降后上升。添加铌会使球墨铸铁中残余奥氏体
含量大大下降，这也说明了铌的添加可以促进贝氏体生成，增加组织中贝氏体
含量。

平衡转变时，贝氏体转变高温区获得组织中碳的固溶量很低，低温区获得组
织中碳的固溶量随着转变温度的降低而增大，所以无碳化物析出时高温区转变更
易获得稳定奥氏体。缓冷开始温度高时，相转变速度快，碳原子扩散速度也快，
奥氏体易于富碳而趋于稳定，奥氏体量增多；缓冷开始温度降低时相转变速度降

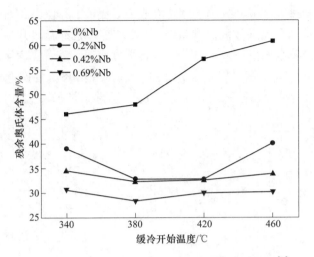

图 11-58　残余奥氏体含量与缓冷开始温度的关系[8]

低，碳原子扩散速度降低，奥氏体不易富碳，奥氏体量减少。所以在不含铌球墨铸铁热处理组织中残余奥氏体含量随着缓冷开始温度的升高而增加。

添加铌使球墨铸铁热处理组织中残余奥氏体含量降低很多，这与铌可以增加铁素体中碳的固溶量和降低碳原子的扩散有关，固溶量增大和碳原子扩散变慢都不利于奥氏体的富碳，从而导致奥氏体含量降低。含铌球墨铸铁热处理组织中残余奥氏体含量均是随着缓冷开始温度的增加先降低后增加。340℃时缓冷过程持续的时间相对较短，平均冷速较快，一部分奥氏体来不及转变而成为残余奥氏体，所以奥氏体含量会高一些。此后随着温度的升高，碳原子扩散速度变快，奥氏体易于富碳而趋于稳定，因此残余奥氏体含量又会升高，但是变动幅度不大，这与几个影响因素共同作用有关。

残余奥氏体中的碳含量反映了球墨铸铁热处理中温转变情况和奥氏体的稳定性，同时也会对材料的耐磨性产生影响。依据所测 XRD 强度衍射曲线分析贝氏体球墨铸铁中残余奥氏体中碳含量。选择奥氏体 {111} 晶面的衍射峰，测定出该峰的衍射角 θ，并利用式（11-7）求出晶格常数 a_γ，然后用式（11-8）[36] 计算得到残余奥氏体中的碳含量 $w(C)_\gamma$。

$$a_\gamma = \frac{\lambda \sqrt{H^2 + K^2 + L^2}}{2\sin\theta} \tag{11-7}$$

$$w(C)_\gamma = (a_\gamma - 3.548)/0.044 \tag{11-8}$$

获得的残余奥氏体中的碳含量与缓冷开始温度的关系如图 11-59 所示，随着缓冷开始温度升高残余奥氏体中的碳含量先降低后升高。340℃时缓冷持续的时间较短，整个过程的冷速较快，贝氏体转变没有充分进行，剩余的奥氏体不稳定，在后续冷却过程中一部分奥氏体转变成为马氏体，排除的部分碳进入周边的奥氏体中增加了剩余奥氏体的碳含量。380℃以后，随着温度升高缓冷持续时间变长，冷速变慢，碳原子扩散充分，所以碳含量增加。随着铌含量的增加残余奥氏体中的碳含量降低。铌可以增加铁素体中碳的固溶量，使碳原子扩散路径缩短，降低碳原子的扩散速率，固溶量增大和碳原子扩散变慢都不利于奥氏体富碳。

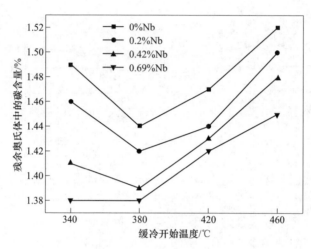

图 11-59 残余奥氏体中的碳含量与缓冷开始温度的关系[8]

缓冷开始温度是控制冷却热处理中最重要的工艺参数，对球墨铸铁热处理组织影响很大。图 11-60 为不同铌含量贝氏体球墨铸铁硬度与缓冷开始温度的关系。

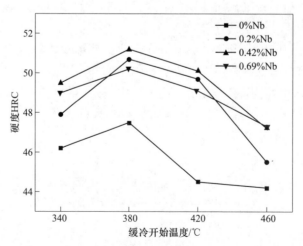

图 11-60 贝氏体球墨铸铁硬度与缓冷开始温度的关系[8]

从图 11-60 中可以看出,四个缓冷开始温度下获得的贝氏体球墨铸铁硬度 HRC 都在 44 以上,且在 380℃时最大,含铌贝氏体球墨铸铁的硬度 HRC 达到 50 左右,之后随着温度的升高而下降。340℃时获得的球墨铸铁热处理组织中奥氏体含量比 380℃的要高,奥氏体含量高硬度就低,所以开始时硬度上升。此后硬度下降是因为热处理组织中塑韧性较好、硬度较低的上贝氏体含量增加,硬度较高的下贝氏体含量降低,同时随着温度上升奥氏体含量增加也是影响因素之一。

添加铌使贝氏体球墨铸铁的硬度明显增加,四个缓冷开始温度下不含铌贝氏体球墨铸铁的最大硬度 HRC 为 47.5,含铌贝氏体球墨铸铁的最低硬度 HRC 为 47.2,最高为 51.2。这是由于铌的添加大大降低了基体组织中残余奥氏体的含量,同时使生成的贝氏体含量增加。凝固过程中基体上弥散析出的碳化铌颗粒形成第二相强化,也成为影响硬度的主要因素。

贝氏体球墨铸铁的冲击韧性受到石墨形态和基体组织的影响。石墨球化差,石墨球的形状不规整,就会在尖角处产生应力集中,有利于裂纹的萌生和生长,使球墨铸铁的冲击韧性下降。一般来讲基体组织中残余奥氏体含量高贝氏体球墨铸铁的冲击韧性也会高。贝氏体组织中上贝氏体的塑韧性较好,硬度较低;下贝氏体的硬度高而塑韧性相对差。基体上弥散的大尺寸,形状规整的第二相同样会在尖角处产生应力集中,对裂纹萌生和生长有利,从而降低球墨铸铁的冲击韧性。调整铌含量会对球墨铸铁的石墨形态和基体中的第二相碳化铌产生重要影响,同时缓冷开始温度的改变会使基体组织发生改变。图 11-61 为不同铌含量贝氏体球墨铸铁的冲击韧性与缓冷开始温度的关系。

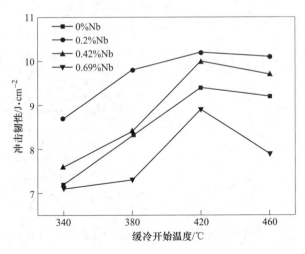

图 11-61　贝氏体球墨铸铁的冲击韧性与缓冷开始温度的关系[8]

由图 11-61 可以看出，随着缓冷开始温度升高贝氏体球墨铸铁的冲击韧性先增加后降低，在 420℃时达到最大。四个温度下冲击韧性都在 7J/cm² 以上，420℃时达到了 9J/cm² 以上，铌含量 0.2%时硬度 HRC 最大为 10.2。340℃时组织中的残余奥氏体含量虽然较高，但是由于此时缓冷持续的时间较短，整个过程的冷速较快，贝氏体转变没有充分进行，剩余的奥氏体不稳定，在后续冷却过程中一部分奥氏体转变为马氏体，所以获得的组织中马氏体含量较多，降低了球墨铸铁的冲击韧性。380℃时基体组织中奥氏体的含量最低，贝氏体大多是硬度高、塑韧性差的针状下贝氏体，羽毛状的上贝氏体含量少。420℃和 460℃时基体组织中的残余奥氏体含量高，同时获得的组织主要为塑韧性较好的上贝氏体，所以比340℃和 380℃两个温度下贝氏体球墨铸铁的冲击韧性好。460℃时虽然基体组织中残余奥氏体含量比 420℃时高，但是由于此时缓冷持续的时间长，贝氏体组织得到充分生长而使组织变得粗大，所以其冲击韧性下降。

铌含量为 0.2%和 0.42%贝氏体球墨铸铁的冲击韧性比不含铌的好，当铌含量增加到 0.69%时冲击韧性下降，低于不含铌的冲击韧性。从图 11-62 不含铌和铌含量 0.42%贝氏体球墨铸铁的冲击断口可以看出，添加铌后其组织变得更细，所以添加少量铌后其冲击韧性变好，铌含量继续升高碳化铌就会变大、聚集，降低材料的冲击韧性。从图 11-62 中可以看出，不含铌的情况下缓冷开始温度为340℃时，冲击断口为标准的冰糖状沿晶断口，属于脆性断裂。随着温度的增加开始出现少量的韧窝，成为复合型断口；460℃时的断裂组织变得粗大。添加铌以后，没有出现大块的冰糖状沿晶断裂，而是小的河流状解理断口和一部分韧窝的复合断口，说明添加少量铌贝氏体球墨铸铁的冲击韧性增加。

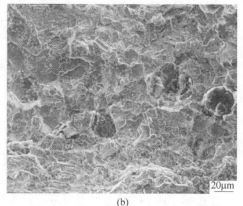

(a)　　　　　　　　　　　　　　　　　(b)

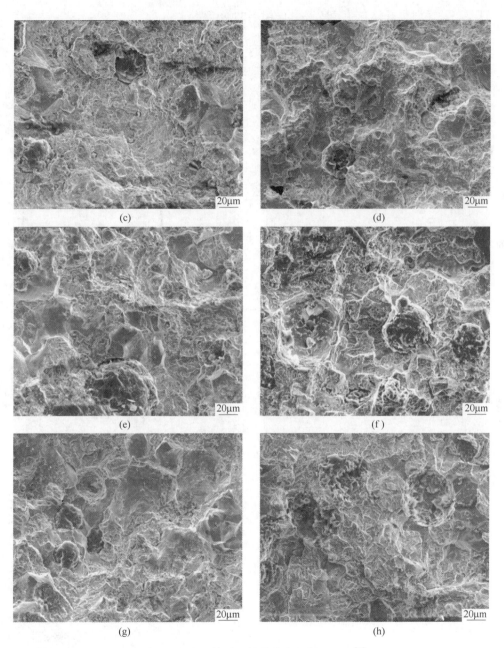

图 11-62　贝氏体球墨铸铁冲击的断口 SEM[8]
(a) 340℃，0%Nb；(b) 340℃，0.42%Nb；(c) 380℃，0%Nb；(d) 380℃，042%Nb；
(e) 420℃，0%Nb；(f) 420℃，0.42%Nb；(g) 460℃，0%Nb；(h) 460℃，0.42%Nb

11.3.5　铌对贝氏体球墨铸铁热处理组织的影响

　　经过热处理工艺 A 处理试样的金相组织如图 11-63 所示。经过热处理工艺 A

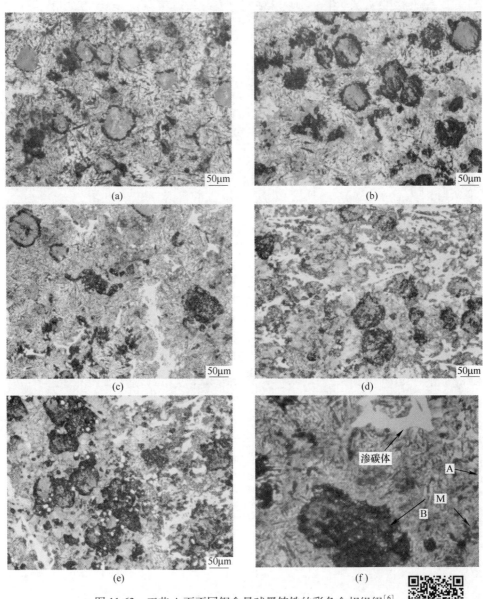

图 11-63　工艺 A 下不同铌含量球墨铸铁的彩色金相组织[6]
(a) 0%Nb；(b) 0.21%Nb；(c) 0.55%Nb；(d) 0.68%Nb；
(e) 1.06%Nb；(f) 彩色金相组织

扫一扫看彩图

处理试样的组织主要为回火马氏体，彩色金相中马氏体相为红色，还有蓝绿色的贝氏体相、少量白色的游离类渗碳体。当铌含量高于 0.68%，组织中出现灰白色的奥氏体相，这是由于过多的铌明显提高过冷奥氏体的稳定性，因而存在较多的残余奥氏体。由于贝氏体相主要在石墨球周围形成，铌对热处理工艺 A 处理的球墨铸铁组织中贝氏体含量的影响如图 11-64 所示，贝氏体含量大约在 20%，随着铌含量的增加，贝氏体含量增加，这是由于铌元素提高了过冷奥氏体的稳定性，使空冷组织含有更多的残余奥氏体，随后回火的过程中转变为贝氏体的量增加。但是当铌含量高于 0.68%后，由于过多的铌使球墨铸铁中石墨球的数量减少，且石墨球形貌变得不圆整，而贝氏体形核在石墨球和奥氏体的界面上形核，这样使得贝氏体的形核位置减少，所以贝氏体的含量下降。

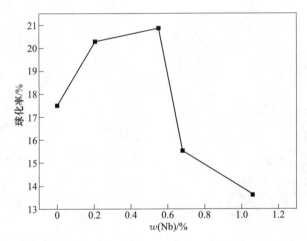

图 11-64　铌对热处理工艺 A 处理的球墨铸铁组织中贝氏体含量的影响[6]

　　经过工艺 B 处理试样的彩色金相组织如图 11-65 所示。经过热处理工艺 B 处理试样的组织主要为红色的回火马氏体，还有蓝绿色的贝氏体相，以及白色块状的碳化铌。铌对热处理工艺 B 处理的球墨铸铁组织中贝氏体含量的影响如图 11-66 所示，此时贝氏体含量比工艺 A 处理的球墨铸铁贝氏体含量还要低一些，不超过 20%。这是由于经过水玻璃淬火的试样中残余奥氏体的含量比空冷时要低一些，使得回火时贝氏体的转变量降低。当铌含量为 0.21%时，贝氏体的含量比不含铌时高，但是随着铌含量继续增加，贝氏体的含量逐渐减少。

　　经过热处理工艺 C 处理试样的彩色金相组织如图 11-67 所示。经过热处理工艺 C 处理试样的组织主要为蓝绿色的贝氏体相，还有少量红色的马氏体相。完全奥氏体组织经过空冷（在高温区可以避开珠光体转变区间）至 450℃，立刻用岩棉包裹试棒，由于岩棉具有保温作用，所以试棒在岩棉中缓慢冷却发生奥氏体向

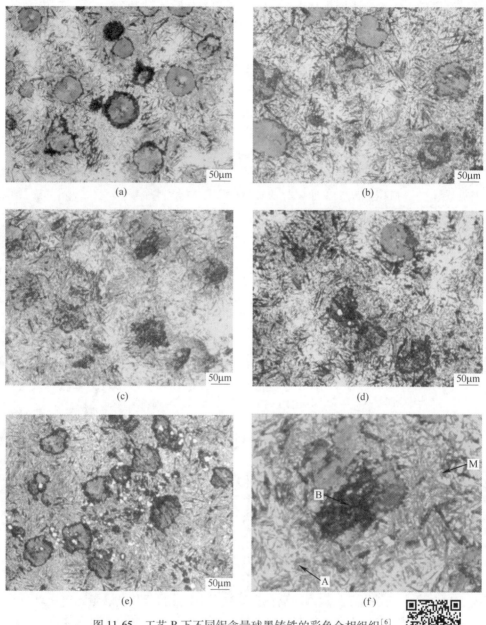

图 11-65　工艺 B 下不同铌含量球墨铸铁的彩色金相组织[6]

(a) 0%Nb；(b) 0.21%Nb；(c) 0.55%Nb；(d) 0.68%Nb；

(e) 1.06%Nb；(f) 彩色金相组织

扫一扫看彩图

贝氏体的转变。试样在岩棉中缓冷至室温，由于保温时间比较长，在贝氏体转变区间奥氏体向贝氏体转变的时间充足，所以球墨铸铁组织主要为贝氏体相，当温度下降到贝氏体转变区间以下时，会有少量的马氏体出现。

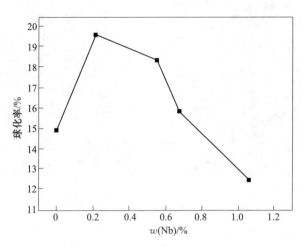

图 11-66　铌对热处理工艺 B 处理的球墨铸铁组织中贝氏体含量的影响[6]

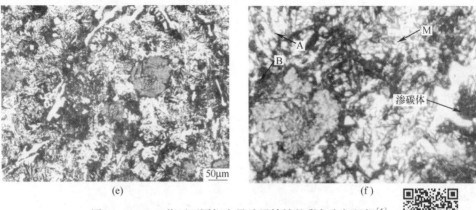

扫一扫看彩图

图 11-67　C 工艺下不同铌含量球墨铸铁的彩色金相组织[6]
(a) 0%Nb；(b) 0.21%Nb；(c) 0.55%Nb；(d) 0.68%Nb；
(e) 1.06%Nb；(f) 彩色金相组织

　　铌对热处理工艺 C 处理的球墨铸铁组织中贝氏体含量的影响如图 11-68 所示，随着铌含量的增加，贝氏体的含量增加。由于贝氏体形核优先在石墨球和奥氏体的界面上，也可以在晶界处形核，NbC 颗粒在晶界处偏析，细化了奥氏体晶粒，增加了奥氏体的晶界，为贝氏体形核提供了更多的形核位置，因此提高了贝氏体的含量。当铌含量为 0.21%时，贝氏体的含量为 57%，达到了最大值，铌含量继续增大，贝氏体的含量反而减小，这是由于过多的铌使球墨铸铁中石墨球的数量减少，使得贝氏体在石墨球和奥氏体的界面上的形核位置减少。

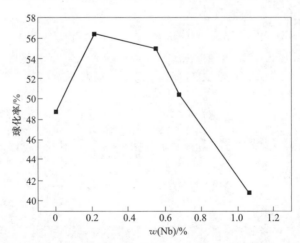

图 11-68　铌对热处理工艺 C 处理的球墨铸铁组织中贝氏体含量的影响[6]

　　经过热处理工艺 D 处理试样的彩色金相组织如图 11-69 所示，球墨铸铁组织主要为蓝绿色的贝氏体相，还有少量红色的马氏体相，以及少量的白色游离类渗

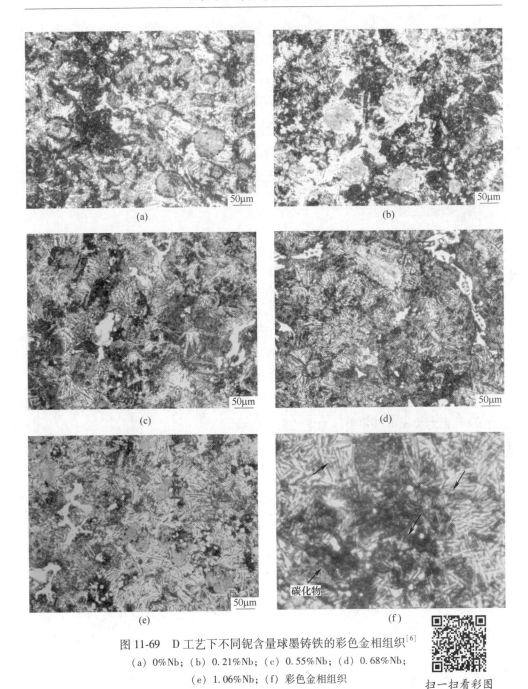

图 11-69 D 工艺下不同铌含量球墨铸铁的彩色金相组织[6]

(a) 0%Nb；(b) 0.21%Nb；(c) 0.55%Nb；(d) 0.68%Nb；

(e) 1.06%Nb；(f) 彩色金相组织

扫一扫看彩图

碳体组织。完全奥氏体化组织经过空冷至 300℃，这时在贝氏体转变的区间保温
1.5h，发生贝氏体的转变。铌对热处理工艺 D 处理的球墨铸铁组织中贝氏体含量
的影响如图 11-70 所示，当加入 0.55%铌时，贝氏体的含量为 49%，达到最大，

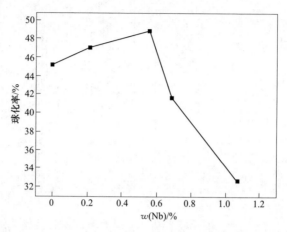

图 11-70　铌对热处理工艺 D 处理的球墨铸铁组织中贝氏体含量的影响[6]

随着铌含量的继续增加，贝氏体含量开始下降，当铌含量为 1.06%，贝氏体的含量下降比较明显。这是由于在铌含量较少时，NbC 颗粒在晶界处偏析，细化了奥氏体晶粒，增加了奥氏体的晶界，为贝氏体形核提供了更多的形核位置，因此提高了贝氏体的含量；但当铌含量为 1.06%，由于铌对碳的消耗降低石墨球的数目，减少贝氏体的形核位置，同时形成的碳化铌在贝氏体长大过程中抑制碳的扩散，降低贝氏体的长大速度，所以贝氏体的含量降低。

11.3.6　铌对贝氏体球墨铸铁力学性能的影响

11.3.6.1　铌含量对贝氏体球墨铸铁拉伸强度的影响

常温静态拉伸性能是最基本的金属材料力学性能。在各类工程材料标准中，往往是根据材料的拉伸强度划分牌号，球墨铸铁也是按照拉伸强度进行分类的。拉伸性能受组织影响，在球墨铸铁中石墨的球化情况、石墨球个数及尺寸、基体组织的相组成是决定材料拉伸性能的主要因素。在铸造工艺相同的条件下，这些因素由化学成分和热处理工艺决定。图 11-71 是两组缓冷开始温度下不同铌含量与贝氏体球墨铸铁抗拉强度的关系。

从图 11-71 中可以看出，随着铌含量的增加贝氏体球墨铸铁的抗拉强度先增加后降低，在 0.42%Nb 时达到最大。两个缓冷开始温度下含铌贝氏体球墨铸铁的抗拉强度均比不含铌的高，不含铌球墨铸铁的抗拉强度分别为 590MPa 和 637MPa，添加铌以后最小的抗拉强度是 723MPa，最大为 795MPa。虽然添加铌以后石墨形态有所下降，但是铌含量为 0.2% 和 0.42% 时影响不大，增加到 0.69%Nb 时，球化率才大幅下降，这也是该铌含量下贝氏体球墨铸铁抗拉强度下降的原因。添加铌使贝氏体球墨铸铁的抗拉强度大幅提升，与基体组织中残余奥氏体含量的关系很大，残余奥氏体含量下降会使其抗拉强度增加。同时铌的添

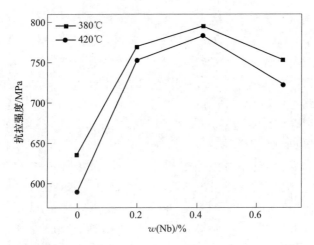

图 11-71　铌含量与贝氏体球墨铸铁抗拉强度的关系[8]

加还会强化碳和自身在铁中的固溶强化作用,形成的碳化铌弥散在基体中起到弥散强化作用。这些都是添加铌以后贝氏体球墨铸铁抗拉强度大幅增加的原因。

缓冷开始温度380℃比420℃的抗拉强度大。这两个温度下热处理组织中的残余奥氏体含量相差不大。分析认为,主要原因是生成的贝氏体组织有所差别,380℃时生成的贝氏体组织中硬度高、塑韧性差的针状下贝氏体占多数,而420℃时贝氏体组织中塑韧性好、硬度较差的羽毛状上贝氏体占多数。

一般来说,材料的伸长率与抗拉强度有反相关性,抗拉强度高伸长率就会低。对于贝氏体球墨铸铁来说球化率低,基体中第二相增加、变粗,组织中残余奥氏体含量降低和下贝氏体含量高,都能够使伸长率降低。图 11-72 为两组缓冷开始温度下铌含量对贝氏体球墨铸铁伸长率的影响。

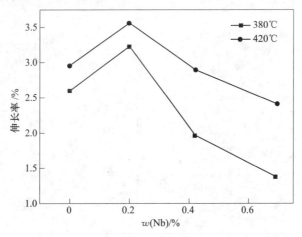

图 11-72　铌含量与贝氏体球墨铸铁伸长率之间的关系[8]

从图 11-72 中可以看出，缓冷开始温度 420℃时获得的贝氏体球墨铸铁伸长率比 380℃的高，并且随着铌含量的增加差别变大。这两个温度下基体组织中残余奥氏体含量差别不大，380℃时生成的贝氏体组织中硬度高、塑韧性差的针状下贝氏体占多数，而 420℃时贝氏体组织中塑韧性好、硬度较差的羽毛状上贝氏体占多数，因此 420℃时材料的伸长率高。随铌含量增加伸长率差别增大与球化率降低和第二相碳化铌的增加、长大和富集有关。

随着铌含量的增加贝氏体球墨铸铁伸长率先增加后降低，在 0.20%时达到最大，为 3.23%和 3.56%；之后大幅下降，铌含量为 0.69%时降低到了 1.38%和 2.42%。不含铌样品的伸长率分别为 2.6%和 2.96%，相比于铌含量 0.20%的样品相差不大，比相同温度下铌含量为 0.42%和 0.69%的样品都高。分析认为，这主要是因为铌含量高的情况下球墨铸铁的球化率下降，碳化铌增加并且变得粗大和富集。虽然不含铌组织中残余奥氏体含量高，但是其组织比较粗大，并且冷却过程和拉伸形变过程中会有马氏体产生，导致其伸长率不高。

图 11-73 是 380℃时贝氏体球墨铸铁的拉伸断口形貌。可以看出，不含铌时

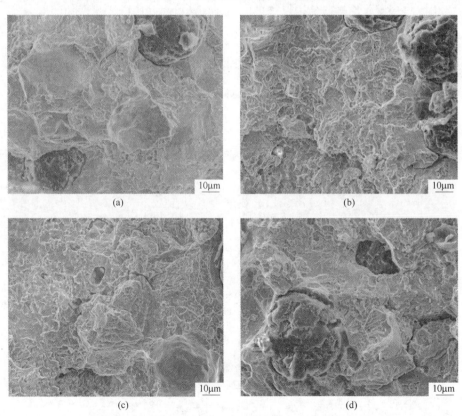

图 11-73　380℃时贝氏体球墨铸铁的拉伸断口形貌[8]

(a) 0%Nb；(b) 0.20%Nb；(c) 0.42%Nb；(d) 0.69%Nb

的组织比较粗大，断口为大块状冰糖型沿晶断裂，属于标准的脆性断裂。而添加铌使断口组织变细，铌含量为0.20%和0.42%时出现少量韧窝，同时变为河流状的解理断口，属于韧脆复合型断口。铌含量为0.69%时以解理断口为主，找不到代表韧性断裂的韧窝状断口，属于脆性断裂。

　　利用控制冷却热处理获得贝氏体球墨铸铁，使用不同的热处理工艺参数获得球墨铸铁的组织和性能，随着奥氏体化温度升高（850℃、900℃和950℃），针状组织先增加后减少，900℃时最多并且组织均匀性好。含铌贝氏体球墨铸铁基体中残余奥氏体含量增加，由19%最高升到50.4%；残余奥氏体中的碳含量也增加，由1.14%最高升到1.43%。在试验温度范围内，奥氏体化温度升高，含铌贝氏体球墨铸铁的洛氏硬度下降，其中850℃时在52HRC以上，900℃时为50HRC左右，950℃时降到40HRC左右。在340℃、380℃、420℃和460℃四个缓冷开始温度下均可以获得贝氏体组织，随着温度升高针状下贝氏体含量降低，羽毛状上贝氏体含量增加，并且添加铌元素使得其贝氏体组织数量增多。不含铌球墨铸铁热处理组织中残余奥氏体含量随着缓冷开始温度上升从46.1%增加到60.8%，添加铌以后球墨铸铁热处理组织中残余奥氏体含量下降到40%以下，并且随着缓冷开始温度提升先下降后上升，添加铌会使残余奥氏体含量大大下降。随着缓冷开始温度升高，残余奥氏体中碳含量先降低后升高，随着铌含量的增加残余奥氏体中碳含量降低。四组不同缓冷开始温度下获得的贝氏体球墨铸铁洛氏硬度都在44HRC以上，且在380℃时最大，含铌贝氏体球墨铸铁的达到50HRC左右，之后随着温度升高而下降。添加铌元素使贝氏体球墨铸铁的硬度明显增加，四组缓冷开始温度下不含铌贝氏体球墨铸铁的最大硬度HRC为47.5，而含铌样品的最低硬度HRC为47.2，最高为51.2。随着缓冷开始温度升高，贝氏体球墨铸铁的冲击韧性先增加后降低，在420℃时达到最大。四组缓冷开始温度下，冲击韧性都在$7J/cm^2$以上，420℃时达到了$9J/cm^2$以上，铌含量为0.2%的样品最大为$10.2J/cm^2$。铌含量为0.2%和0.42%贝氏体球墨铸铁的冲击韧性比不含铌的好，当铌含量增加到0.69%时冲击韧性下降，低于不含铌的样品。

　　分析不同铌含量对贝氏体球墨铸铁组织和性能的影响，并采用XRD分析组织中的相：随着铌含量增加贝氏体球墨铸铁的抗拉强度先增加后降低，在0.42%时达到最大。两个缓冷开始温度下含铌贝氏体球墨铸铁的抗拉强度均比不含铌的样品高，不含铌贝氏体球墨铸铁的抗拉强度分别为590MPa和637MPa；添加铌元素以后，其抗拉强度最小为723MPa，最大为795MPa。缓冷开始温度420℃时获得的贝氏体球墨铸铁伸长率比380℃的高，并且随着铌含量增加，相同缓冷温度下伸长率差别变大。随着铌含量的增加，贝氏体球墨铸铁伸长率先增加后降低，在铌含量为 0.20% 时达到最大，两组缓冷温度条件下分别为 3.23% 和 3.56%；之后大幅下降；铌含量为 0.69% 时，两组缓冷温度条件下分别降低到了 1.38% 和 2.42%。两组缓冷温度条件下不含铌元素时样品的伸长率分别为 2.6% 和 2.96%，相比于铌含量为 0.20% 的相差不大，比相同缓冷温度下铌含量为 0.42% 和 0.69% 的都高。

11.3.6.2　铌含量对硬度和冲击韧性的影响

对贝氏体球墨铸铁性能的分析主要包括洛氏硬度（HRC）和冲击韧性（a_k），贝氏体球墨铸铁是一种耐磨材料，材料的耐磨性主要和硬度、韧性有关。经过热处理工艺 A 处理的贝氏体球墨铸铁的洛氏硬度和冲击韧性和铌含量之间的关系如图 11-74 所示，当铌含量为 0.21% 时，洛氏硬度比不含铌的样品高，但是随着铌含量的继续增加，由于组织中残余奥氏体的增加，贝氏体球墨铸铁的洛氏硬度逐渐下降。同样的，冲击韧性随着铌含量的增加先增加后降低，当铌含量为 0.55% 时，冲击韧性为 15J/cm² 达到最大值。这是由于铌细化了组织，提高了冲击韧性，但是当铌含量继续增加，由于 NbC 相富集和石墨球球化受影响，从而使得其冲击韧性下降。

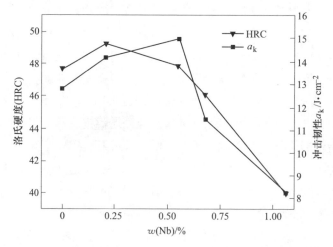

图 11-74　铌对热处理工艺 A 处理的球墨铸铁性能的影响[6]

经过热处理工艺 B 处理的贝氏体球墨铸铁的洛氏硬度和冲击韧性和铌含量之间的关系如图 11-75 所示，洛氏硬度随着铌含量的增加而增加，这是由于基体中硬质 NbC 相的作用，但是当铌含量为 1.06% 时，洛氏硬度略有下降。当铌含量为 0.21% 时，由于铌的细晶作用，冲击韧性增高，随着铌含量的继续增加，当铌含量高于 0.55% 时，NbC 相富集严重，且由于石墨球化率下降，使得贝氏体球墨铸铁的冲击韧性明显下降。

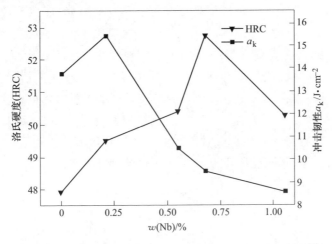

图 11-75　铌对热处理工艺 B 处理的球墨铸铁性能的影响[6]

　　经过热处理工艺 C 处理的贝氏体球墨铸铁的洛氏硬度和冲击韧性和铌含量之间的关系如图 11-76 所示，在此工艺下得到的组织主要为贝氏体相，还有少量的残余奥氏体和马氏体相。基体中贝氏体含量在 40%～60% 之间，所以洛氏硬度较高，硬度 HRC 在 50～55 之间，且随着铌含量的增加一直增高。球墨铸铁的冲击韧性在 8.5～11.5J/cm² 之间，当铌含量为 0.21% 时，由于铌元素的细晶作用，冲击韧性增加；而随着铌含量的继续增加，冲击韧性则逐渐下降，这是因为硬质 NbC 相降低材料的韧性，尤其是当铌含量大于 0.68% 时，NbC 相会有明显的富集，此时，石墨球球化率降低也会使得冲击韧性下降。

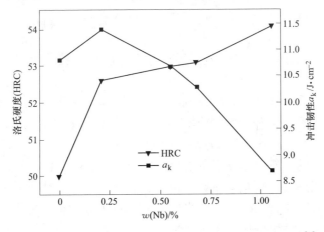

图 11-76　铌对热处理工艺 C 处理的球墨铸铁性能的影响[6]

　　经过热处理工艺 D 处理的贝氏体球墨铸铁的洛氏硬度和冲击韧性和铌含量之间的关系如图 11-77 所示，贝氏体含量在 30% ~ 50% 之间，所以洛氏硬度比工艺 C 时的低，在 45~50 之间，但其含有较多的残余奥氏体，所以冲击韧性较好，在 10~15J/cm² 之间。随着铌含量的增加，洛氏硬度增加，当铌含量为 0.55% 时，此时贝氏体含量最高，洛氏硬度为 49.2，达到最大值；随后洛氏硬度下降，这是由于石墨球的数量减少，贝氏体在石墨球和奥氏体的界面上形核位置减少，使得残余奥氏体的增加，因此硬度下降。冲击韧性随着铌含量的增加，呈现先增加后降低的规律，当铌含量为 0.55% 时，冲击韧性达到最大值，随后由于 NbC 相的富集和石墨球球化率降低使得贝氏体球墨铸铁的韧性下降。

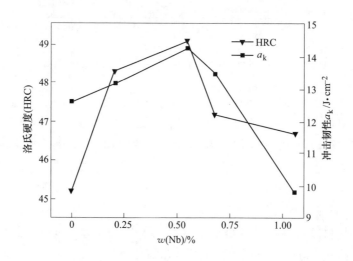

图 11-77　铌对热处理工艺 D 处理的球墨铸铁性能的影响[6]

　　图 11-78 为热处理工艺 C 处理后得到的不同铌含量贝氏体球墨铸铁的冲击断口形貌。

　　不含铌的贝氏体球墨铸铁的断口为韧脆性混合断裂特征，当铌含量为 0.21% 时，由于铌对贝氏体组织的细化作用，提高了球墨铸铁的韧性，断口形貌的韧性断裂部分增加，韧性断裂的典型形貌如图 11-79（a）所示。但是随着铌含量的继续增加，断口的混合断裂部分逐渐减少，混合断裂典型形貌如图 11-79（b）所示。硬质 NbC 相增多，降低球墨铸铁的韧性，断口形貌脆性断裂的部分明显增加。当铌含量大于 0.68% 时，大量的 NbC 相在晶界处偏析，造成断口处出现明显的沿晶断裂，沿晶断裂典型形貌如图 11-79（c）所示，因此球墨铸铁的韧性也急剧下降。

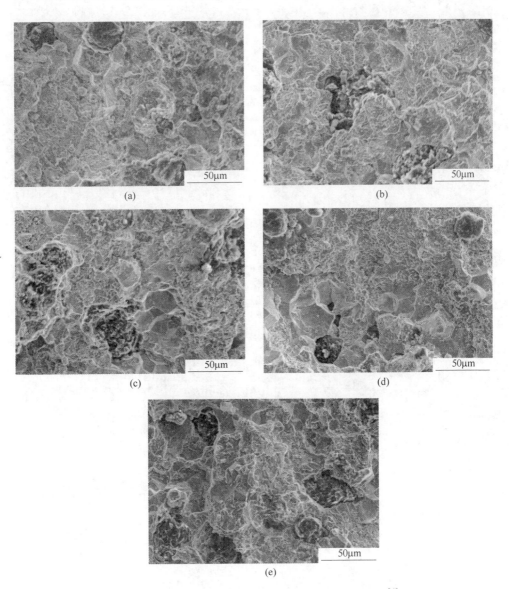

图 11-78   不同铌含量贝氏体球墨铸铁的冲击断口形貌[6]

(a) 0%Nb;(b) 0.21%Nb;(c) 0.55%Nb;(d) 0.68%Nb;(e) 1.06%Nb

11.3.7   铌对贝氏体球墨铸铁耐磨性能的影响

11.3.7.1   铌含量对不同热处理工艺下贝氏体球墨铸铁耐磨性的影响

不同铌含量贝氏体球墨铸铁的磨损量随铌含量的变化规律如图 11-80 所示,

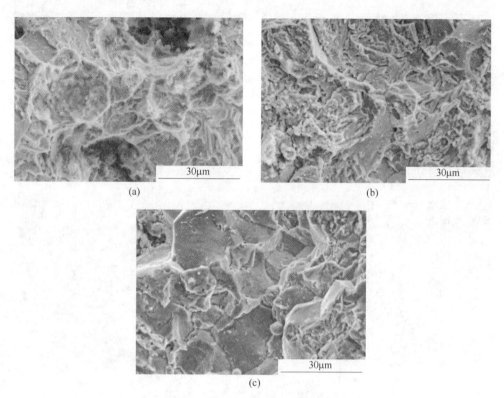

图 11-79　不同铌含量贝氏体球墨铸铁的冲击断口形貌[6]

（a）韧性断裂；（b）混合断裂；（c）脆性断裂

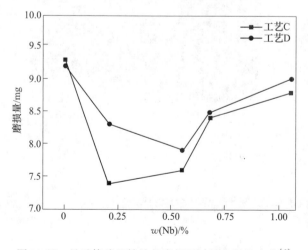

图 11-80　贝氏体球墨铸铁的磨损量随铌含量的变化[6]

试验的载荷为 80N, 转速为 200r/min, 磨损时间为 30min, 热处理工艺分别为工艺 C 和工艺 D。

贝氏体球墨铸铁的磨损量随铌含量的增加先减小后增大, 磨损量随铌含量的变化曲线大体呈 "V" 字型, 当铌含量为 0.21% 时, 热处理工艺 C 处理的贝氏体球墨铸铁的磨损量最少, 而热处理工艺 D 处理的贝氏体球墨铸铁的磨损量在铌含量为 0.55% 时达到最小值, 球墨铸铁的耐磨性能最好。

硬度和韧性是影响耐磨性的主要因素, 硬度越大, 可以抑制磨损过程中基体的破坏, 增加耐磨性, 但是由于其脆性增加, 在摩擦磨损下基体容易破碎, 裂纹的扩展严重, 耐磨性反而下降, 当综合性能最佳时耐磨性最好。经热处理工艺 C 和工艺 D 处理后, 不同铌含量贝氏体球墨铸铁的性能分析如图 11-81 和图 11-82 所示, 工艺 C 处理后贝氏体球墨铸铁的硬度随铌含量的增加而增加, 而冲击韧性在铌含量为 0.21% 时达到最大值, 随后急剧下降, 此时贝氏体球墨铸铁的耐磨性最好。而工艺 D 处理后贝氏体球墨铸铁的硬度和冲击韧性均随铌含量的增加先增大后减小, 都在铌含量为 0.55% 时达到最高, 贝氏体球墨铸铁的磨损量最少, 耐磨性最好。

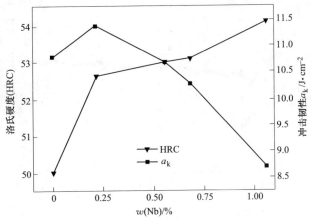

图 11-81　工艺 C 下不同铌含量贝氏体球墨铸铁的性能[6]

摩擦磨损过程中的摩擦系数可以反映出贝氏体球墨铸铁的耐磨性, 图 11-83 为摩擦系数随时间变化的关系曲线。从图 11-83 中可以看出, 摩擦磨损开始时, 摩擦副和试样间的接触面积小, 磨损下来的基体不易粘着在摩擦表面, 所以摩擦系数很小, 但随着磨损时间增加, 在载荷的作用下摩擦表面出现强烈的塑性变形, 产生空位和微裂纹, 形成摩擦层, 磨损加剧, 摩擦系数急剧变大, 这一阶段持续时间比较短。随后形成粗糙度稳定的摩擦界面, 摩擦系数开始稳定, 由于摩擦磨损过程中温度的上升, 摩擦系数会略有提高。因此, 将 6min 后稳定阶段的摩擦系数平均值作为摩擦磨损的平均摩擦系数。

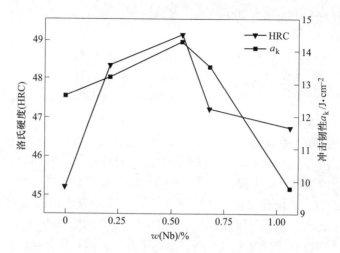

图 11-82　工艺 D 下不同铌含量贝氏体球墨铸铁的性能[6]

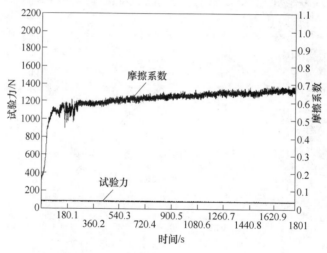

图 11-83　摩擦磨损过程中摩擦系数随时间的变化[6]

经热处理工艺 C 和 D 处理后贝氏体球墨铸铁的磨损量和平均摩擦系数的关系如图 11-84 和图 11-85 所示，磨损量和平均摩擦系数随铌含量的变化规律大体一致，磨损量和平均摩擦系数随铌含量的变化曲线大体呈 "V" 字型，贝氏体球墨铸铁的耐磨性越好，摩擦磨损过程中平均摩擦系数越小，磨损量越少。当铌含量为 0.21% 时，热处理工艺 C 处理后贝氏体球墨铸铁的磨损量最少，平均摩擦系数最小，而热处理工艺 D 处理后贝氏体球墨铸铁的磨损量在铌含量为 0.55% 时达到最小值，平均摩擦系数也最小，球墨铸铁的耐磨性能最好。这是由于在加入铌后，贝氏体球墨铸铁的硬度提高，形成的硬质相 NbC 能减少基体和摩擦副的接触面积，起到很好的耐磨作用。另外，NbC 颗粒在晶界处偏析，细化了晶粒，提高了贝氏体球墨铸铁的韧性，也可以提高球墨铸铁的耐磨性。但是随着铌含量的增加，形成的 NbC 相的尺寸增加，数量增多，在基体中出现富集现象；硬质相的尺寸太大导致其发生破坏的倾向越大，在摩擦磨损过程中脱落，积聚在摩擦界面，增加了贝氏体球墨铸铁的磨损。石墨球在摩擦界面能起到固体润滑的作用，减少贝氏体球墨铸铁的磨损，并降低摩擦系数，但是当铌含量大于 0.55% 时，球墨铸铁中的石墨球数量严重减少，从而降低了石墨球的固体润滑作用，这也是平均摩擦系数增大的原因。因此贝氏体球墨铸铁的磨损量和平均摩擦系数的随铌含量的增加先减小后增大，平均摩擦系数越小，磨损量也越小，球墨铸铁的耐磨性能越好。

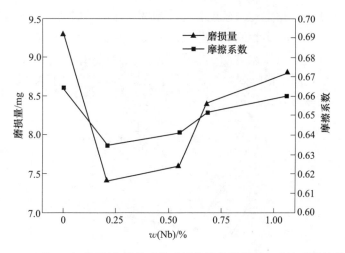

图 11-84　工艺 C 下不同铌含量贝氏体球墨铸铁的磨损量和摩擦系数的关系[6]

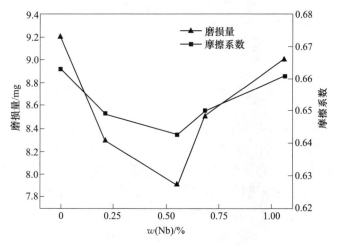

图 11-85　工艺 D 下不同铌含量贝氏体球墨铸铁的磨损量和摩擦系数的关系[6]

11.3.7.2　铌含量对不同缓冷温度下贝氏体球墨铸铁耐磨性能的影响

贝氏体球墨铸铁的耐磨性主要由其硬度和冲击韧性决定。由前面章节可以得出，铌含量对贝氏体球墨铸铁的力学性能影响很大，因此不同铌含量的贝氏体球墨铸铁耐磨性也会发生改变。

图 11-86 为两个缓冷开始温度下贝氏体球墨铸铁的磨损量与其铌含量的关系。从图 11-84 中可以看出，随着铌含量的增加贝氏体球墨铸铁的磨损量先降低后增加，在铌含量 0.20% 时降到最低，分别为 5.8mg 和 9.2mg。不含铌贝氏体球墨铸铁的磨损量比含铌的都要大，分别为 11mg 和 13.7mg；铌含量 0.42% 时其磨损量分别为 6.8mg 和 9.8mg，含铌 0.69% 时磨损量继续增加，分别为 7.7mg 和 10.6mg。分析认为，这是材料硬度和冲击韧性双重作用的结果。不含铌贝氏体球墨铸铁的硬度比含铌的要低很多，并且冲击韧性值也不高，所以耐磨性最差。铌含量 0.20% 时其硬度虽然比含铌 0.42% 的低，但是差别不大，并且前者的冲击韧性要比后者的好，两个影响因素综合之后，含铌 0.20% 贝氏体球墨铸铁的耐磨性比含铌 0.42% 的略好。

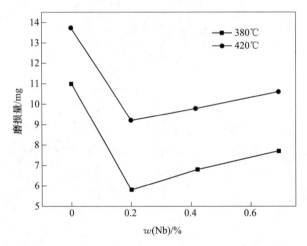

图 11-86　贝氏体球墨铸铁的磨损量与铌含量的关系[8]

缓冷开始温度 380℃下贝氏体球墨铸铁的磨损量比 420℃的小，也就是前者的耐磨性能好。从前面的论述可以看出，缓冷开始温度 380℃时贝氏体球墨铸铁的硬度高于 420℃，冲击韧性比 420℃的低，但是相差不大。不过 380℃时贝氏体球墨铸铁基体组织中残余奥氏体的碳含量比 420℃的低，虽然两者的残余奥氏体含量相差不大，但是碳含量低的残余奥氏体更不稳定，在摩擦过程中更容易发生相变，转变成马氏体提高基体的硬度，从而使 380℃的贝氏体球墨铸铁磨损量更少，耐磨性更高。

图 11-87 为两个缓冷开始温度下不同铌含量贝氏体球墨铸铁的磨损面 SEM。从图 11-87 中可看出，磨损面上有大量的犁沟和大块的剥离凹坑。不含铌的两种贝氏体球墨铸铁的磨损面上有大面积的剥离凹坑，同时犁沟也较深、较粗大。分析认为，这与它们的组织和力学性能有关，它们的基体组织中残余奥氏体高，硬度低，冲击韧性也低，与摩擦副材料的硬度差别较大，可能摩擦磨损开始初期就会发生黏着，有大的剥离层脱落，形成磨屑，促进磨粒磨损，使犁沟变深、变粗。含铌 0.69% 时其磨损面上有很多磨屑，犁沟较深，相对明显，但是大而深的剥离凹坑少。含铌 0.69% 贝氏体球墨铸铁基体上镶嵌着大量的大尺寸，富集严重的含铌析出相颗粒，此时材料的硬度和冲击韧性较低，摩擦磨损过程中碳化铌颗粒容易从基体上剥离成为磨粒，所以以磨粒磨损为主，产生的磨屑多，犁沟明显。含铌 0.20% 贝氏体球墨铸铁的剥离层浅，犁沟不明显，磨屑也少，所以此时的磨损量相对最低，耐磨性能最好。

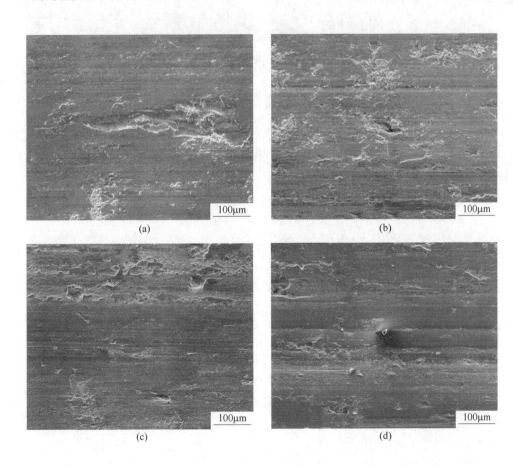

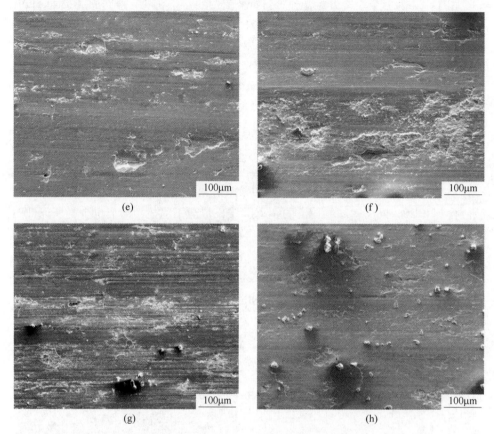

图 11-87 贝氏体球墨铸铁的磨损面 SEM[8]

(a) 0%Nb；380℃；(b) 0%Nb；420℃；(c) 0.20%Nb, 380℃；(d) 0.20%Nb, 420℃；
(e) 0.42%Nb；380℃；(f) 0.42%Nb, 420℃；(g) 0.69%Nb, 380℃；(h) 0.69%Nb, 420℃

11.3.7.3 不同载荷对含铌贝氏体球墨铸铁耐磨性能的影响

不同载荷对控制冷却热处理工艺处理的贝氏体球墨铸铁磨损量的影响，试验的载荷为 100N、150N 和 200N，转速为 200r/min，磨损时间均为 60min。贝氏体球墨铸铁磨损量与磨损时间的关系如图 11-88 所示。

从图 11-88 中可以看出，随着载荷增大贝氏体球墨铸铁磨损量增加，并且缓冷开始温度 420℃的磨损量明显比 380℃的高。载荷增加，磨损过程中磨损面的受力情况就会发生改变，应力影响层深度和摩擦力的大小都会随着载荷的增加而增大。

图 11-89 为不同载荷下 380℃时贝氏体球墨铸铁磨损面形貌图，从图中可以看出，随着载荷增加磨损面上的犁沟加深，剥离层增多、变大，凹坑加深。载荷

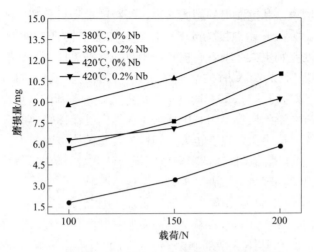

图 11-88 贝氏体球墨铸铁磨损量与载荷的关系[8]

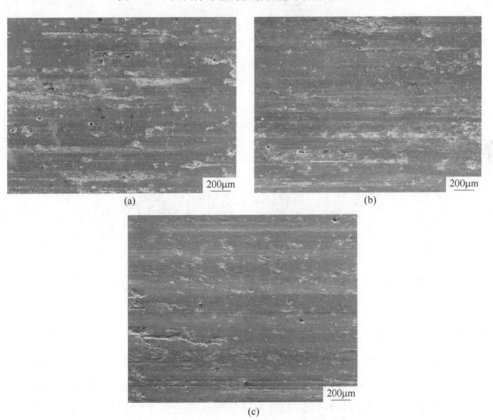

图 11-89 随载荷变化的贝氏体球墨铸铁的磨损面 SEM[8]
(a) 100N；(b) 150N；(c) 200N

增加，剪切力增大，摩擦面上的磨屑增多，磨粒磨损和粘着磨损的作用加强，所以磨损量增加。缓冷开始温度为 420℃ 时贝氏体球墨铸铁的硬度比 380℃ 的低，与摩擦副的硬度差别更大，粘着磨损的作用更强，剥离层更多，磨屑也更多，促进了磨粒磨损，所以 420℃ 时的磨损量比 380℃ 的高。图 11-88 中还可以看出，420℃ 时贝氏体球墨铸铁与 380℃ 时磨损量的差值随着载荷的增加在减少。载荷低时，磨损面的应力影响层浅，组织中残余奥氏体向马氏体转换的量少，而载荷高时应力影响层深且应力大，应变也大，塑性诱发马氏体转变量也随之增加，磨损面的硬度增加，420℃ 的贝氏体球墨铸铁磨损面硬度增加幅度更大，与 380℃ 时硬度差别减少，所以高载荷下二者磨损量的差值减少。

由图 11-90 可知，不含铌球墨铸铁磨损量比含铌 0.2% 的高，且随着载荷增加二者磨损量的差值增加。含铌 0.2% 球墨铸铁中含有大量的硬质碳化铌，磨损过程中既可能镶嵌在基体上增加耐磨性，也可能脱落变成磨粒增加磨粒磨损作用。载荷大时剪切力大，碳化铌脱落的概率更大，切入基体深度更大，切削作用更明显，磨损量更大。

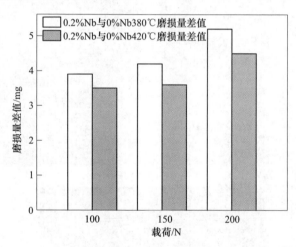

图 11-90　不含铌和铌含量 0.21% 球墨铸铁磨损量差值与载荷的关系[8]

11.3.7.4　含铌贝氏体球墨铸铁的磨损机制

金属材料的磨损主要分为四种磨损形式：磨粒磨损，粘着磨损，表面疲劳磨损和腐蚀磨损[37]。磨粒磨损一般是指外界硬质颗粒或是对磨表面上的硬突起物在摩擦过程中引起表面材料脱落的现象。当摩擦副表面相对滑动时，由于粘着效应所形成的粘着结点发生剪切断裂，被剪切的材料或脱落成磨屑，或从一个表面迁移到另一个表面，这类磨损称为粘着磨损。在循环变化的接触应力作用下，由于材料的疲劳剥落而形成凹坑，称为表面疲劳磨损。在摩擦过程中，金属与周围介质发生化学反应而产生的表面损伤，称为腐蚀磨损。

　　贝氏体球墨铸铁的磨损过程主要分为三个阶段，贝氏体球墨铸铁试样和摩擦副摩擦界面由于机械作用产生弹性变形、塑性变形和犁沟效应，再加上界面分子作用产生吸引和粘着效应。摩擦界面经过反复的弹性变形产生疲劳破坏，塑性变形引起空位和位错的积聚，摩擦生热使表层金属软化，并在空气中氧化，因此组织结构发生改变。最终导致摩擦界面在摩擦的方向上由于犁沟作用产生沟痕和碎屑，在反复的接触应力作用下，材料疲劳剥落而形成凹坑，摩擦界面的硬脆相在载荷作用下产生微裂纹并剥落，由于粘着效应所形成的粘着结点发生剪切断裂，引起严重磨损。图 11-91 为本实验中磨损面上出现的磨损形式形貌，图 11-91（a）是典型的犁沟加剥离层，属于磨粒加粘着磨损；图 11-91（b）是大块的材料从基体上剥落形成的剥离坑，是表面疲劳磨损造成的；在图 11-91（c）上剥离坑的四周已经发生了氧化，此时磨损试样与摩擦副经过长时间的摩擦，温度上升得很高，开始与空气中的氧发生反应产生氧化磨损了。

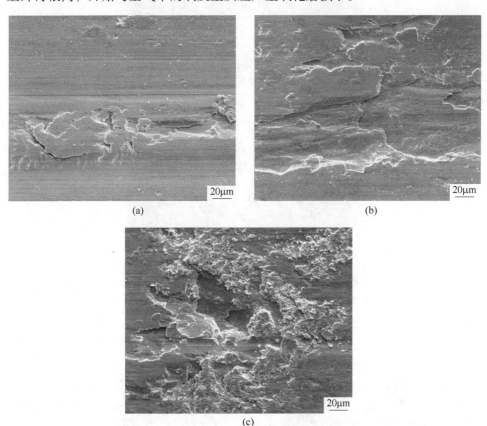

图 11-91　贝氏体球墨铸铁的磨损面 SEM[8]

（a）粘着磨损磨损面形貌　（b）疲劳磨损磨损面形貌　（c）氧化磨损磨损面形貌

　　对热处理工艺 C 下处理的不含铌和含铌 0.21%贝氏体球墨铸铁的磨损形貌进行 SEM 观察，经过 30min 磨损的不含铌和含铌 0.21%贝氏体球墨铸铁的磨损形貌如图 11-92 和图 11-93 所示。不含铌贝氏体球墨铸铁的磨损形貌为较深的水波纹状的剥离层，也有少量的犁沟，由于磨屑在摩擦过程中粘着效应所形成的粘着结点发生断裂，在贝氏体球墨铸铁表面形成较深的剥离层。而在含铌 0.21%贝氏体球墨铸铁中，磨损形貌以犁沟为主，有少量的微裂纹和较浅的剥离层，由于硬质相 NbC 的存在，硬脆相在载荷作用下产生微裂纹并剥落，脱落的硬质相在磨损界面产生沟痕和碎屑，出现典型的犁沟形貌。

图 11-92　不含铌球墨铸铁的磨损形貌(30min)[6]

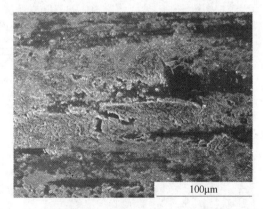

图 11-93　铌含量 0.21%球墨铸铁的磨损形貌(30min)[6]

　　经过 60min 磨损的不含铌和含铌 0.21%贝氏体球墨铸铁的磨损形貌如图 11-94 和图 11-95 所示。不含铌贝氏体球墨铸铁的磨损形貌为较深的剥离层和少量的犁沟，由于在磨损过程中摩擦生热，暴露在空气中较深的剥离层很容易氧化，形成氧化膜，所以在经过 60min 的磨损，不含铌贝氏体球墨铸铁的磨损表面出现了较多的氧化物。而含铌 0.21%贝氏体球墨铸铁的磨损形貌以犁沟为主，还有少量的微裂纹和较浅的剥离层,所以形成的氧化物较少。

图 11-94 不含铌球墨铸铁的磨损形貌(60min)[6]

图 11-95 铌含量 0.21%球墨铸铁的磨损形貌(60min)[6]

经过 120min 磨损的不含铌和含铌 0.21%贝氏体球墨铸铁的磨损形貌如图 11-96 和图 11-97 所示。不含铌贝氏体球墨铸铁的磨损形貌出现大量蚯蚓状的氧化物,这是由于长时间的磨损,氧化磨损严重。而含铌 0.21%贝氏体球墨铸铁中出现较少的氧化物,在长时间反复接触应力的作用下,贝氏体球墨铸铁的磨损表面因疲劳剥落而形成凹坑,还有脱落的 NbC 硬质相形成的犁沟。

由以上分析可知,当磨损时间为 30min 时,不含铌贝氏体球墨铸铁的磨损主要为粘着磨损水波纹状的剥离层,随着磨损时间的增加,开始出现氧化磨损;当磨损时间为 120min 时,磨损表面出现大量蚯蚓状的氧化物。而在含铌 0.21%贝氏体球墨铸铁中,由于硬质相 NbC 的存在,磨损形貌以磨粒磨损产生的犁沟为主,脱落的硬质相形成少量的微裂纹,随着磨损时间的增加,也会出现氧化磨损,但氧化磨损没有不含铌时严重。

分析不同热处理工艺下贝氏体球墨铸铁的金相组织可得出:经过工艺 A 和 B 处理的球墨铸铁试样组织以回火马氏体为主,有少量的贝氏体组织,贝氏体的含

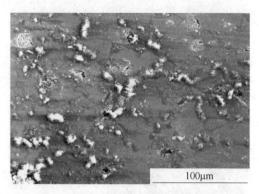

图 11-96　不含铌球墨铸铁的磨损形貌(120min)[6]

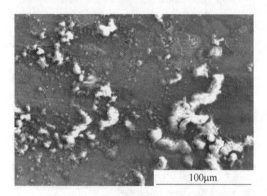

图 11-97　铌含量 0.21%球墨铸铁的磨损形貌(120min)[6]

量在 20%左右。而工艺 C 和 D 处理的球墨铸铁试样组织以贝氏体为主，贝氏体含量在 40%~60%之间，还有少量的残余奥氏体和马氏体。贝氏体含量随铌含量的增加先增加后下降，在铌含量为 0.21%或 0.55%时，贝氏体含量达到最大值。

　　不同工艺下铌对贝氏体球墨铸铁性能的影响规律：当铌含量为 0.21%或 0.55%时，由于铌的细晶作用，球墨铸铁的洛氏硬度和冲击韧性比不含铌球墨铸铁的性能提高，但是随着铌含量的继续增加，球墨铸铁的洛氏硬度和冲击韧性开始下降；不含铌贝氏体球墨铸铁的断口为韧脆性混合断裂特征，当铌含量 0.21%时，断口形貌的韧性断裂部分增加，断口的混合断裂部分减少，硬质 NbC 相增多，降低球墨铸铁的韧性，脆性断裂明显增加，硬质 NbC 相增多，降低球墨铸铁的韧性，断口的脆性断裂明显增加，断口处出现明显的沿晶断裂形貌；工艺 A 和 B 下处理的球墨铸铁的相对耐磨性不如工艺 C 和 D 处理的球墨铸铁。随着磨损时间的增加，工艺 C 和 D 下处理的球墨铸铁的磨损量增加，磨损量和磨损时间的关系大致成直线，说明磨损量和磨损时间大致成正比例关系，铌含量为 0.21%球墨铸铁比不含铌时的磨损量的差值随着磨损时间的增加越来越大；贝氏体球墨铸铁的磨损量随铌含量的增加先减小后增大，当铌含量为0.21%时，工艺C处理的贝氏体球墨铸铁的磨损量最少，而工艺D在铌含量为0.55%时达到最小值。不含铌贝氏体球墨铸铁的磨损主要为粘着磨损水波纹状的剥离层，随着磨损时间的增加，表面出现大量蚯蚓状的氧化物。而铌含量0.21%贝氏体球墨铸铁的磨损形貌以磨粒磨损产生的犁沟为主，也会出现氧化磨损，但氧化磨损没有不含铌时严重。

不同铌含量对贝氏体球墨铸铁耐磨性能的影响规律：（1）随着铌含量增加贝氏体球墨铸铁的磨损量先降低后增加，在铌含量0.20%时降到最低，分别为5.8mg和9.2mg。不含铌贝氏体球墨铸铁的磨损量比含铌的都要大，分别为11mg和13.7mg，铌含量0.42%的磨损量分别为6.8mg和9.8mg，铌含量0.69%时磨损量继续增加，分别为7.7mg和10.6mg。（2）随着磨损时间增加，贝氏体球墨铸铁的磨损量增加，磨损时间120min时贝氏体球墨铸铁磨损量是30min时的2~4倍。420℃时贝氏体球墨铸铁磨损量增幅大，380℃时增长相对平缓。不含铌和铌含量0.20%贝氏体球墨铸铁磨损量的差值先增加后降低，磨损时间60min时的差值最大，之后逐渐变小。（3）随着载荷增大贝氏体球墨铸铁磨损量增加，并且缓冷开始温度420℃时的磨损量明显比380℃的高。420℃时贝氏体球墨铸铁与380℃时磨损量的差值随着载荷的增加而减少。不含铌球墨铸铁磨损量比铌含量0.2%的高，且随着载荷增加二者磨损量的差值增加。

参 考 文 献

[1] Devecili A O, Yakut R. The Effect of Nb Supplement on Material Characteristics of Iron with Lamellar Graphite [J]. Advances in Materials Science and Engineering, 2014 (4)：1-5.

[2] 胡赓祥. 材料科学基础 [M]. 上海：上海交通大学出版社，2004.

[3] 朱洪波，孙小亮，闫永生，等. Nb 在灰铸铁中的存在形态 [J]. 现代铸铁，2011，31 (2)：33-36.

[4] Courtois E, Epicier T, Scott C, EELS study of niobium carbo-nitride nano-precipitates in ferrite, Micron, 2006, 37 (5)：492-502.

[5] Hong S, Kang K, Park C. Strain-induced precipitation of NbC in Nb and Nb-Ti microalloyed HSLA steels, Scripta materialia, 2002, 46 (2)：163-168.

[6] 孙小亮. 含铌贝氏体球墨铸铁的研究 [D]. 上海：上海大学，2012.

[7] 朱洪波. 铌对灰铸铁热稳定性的影响及其在汽车制动盘中的应用 [D]. 上海：上海大学，2011.

[8] 常亮. 含铌贝氏体球墨铸铁生产技术基础研究 [D]. 上海：上海大学，2015.

[9] Chen X, Zhao L, Zhang W, et al. Effects of niobium alloying on microstructure, toughness and wear resistance of austempered ductile iron [J]. Materials Science and Engineering：A, 2019,

760：186-194.

[10] 翟启杰. 铌在铸铁中的作用及含铌铸铁-铸铁中的微量元素讲座之三 [J]. 现代铸铁，2001，(3)：8-13.

[11] 杨超. 含铌铸态球墨铸铁组织和力学性能研究 [D]. 上海：上海大学，2016.

[12] 郭成璧，周玮生. 灰铸铁的热疲劳特性及断裂力学计算分析 [J]. 金属学报，1988，24 (6)：419-425.

[13] 梁英教，车荫昌. 无机物热力学数据手册 [M]. 沈阳：东北大学出版社，2003.

[14] 雍岐龙，裴和中. 铌在钢中的物理冶金学基础数据 [J]. 钢铁研究学报，1998，10 (2)：66-69.

[15] Turnbull D, Vonnegut B. Nucleation catalysis [J]. Industrial Engineering Chemistry，1958，44：1292-1298.

[16] Bramfitt B L. The effect of carbide and nitride additions on the heterogeneous nucleation behavior of liquid iron [J]. Metallurgical Transactions，1970，1 (7)：1987-1995.

[17] Liu S, Shi Z, Xing X, et al. Effect of Nb additive on wear resistance and tensile properties of the hypereutectic Fe-Cr-C hardfacing alloy [J]. Materials Today Communications，2020，24：101232.

[18] De Ardo A J. The basic principle of physical metallurgy with Niobium in steel. Niobium · Science and Technology [C]// Proceeding of the International Symposium Niobium，Orlando，USA2001：271-313.

[19] GB 9941—2009. 球墨铸铁金相检验 [S]. 北京：中国机械工业联合会，2009.

[20] 黄积荣. 铸造合金相图谱 [M]. 北京：机械工业出版社，1985.

[21] 徐炜新，金致华，顾艳. 石墨球化率的数值化处理 [J]. 理化检验：物理分册，2009 (45)：543-545.

[22] Iacoviello F, et al. Damage micromechanisms in ferritic-pearlitic ductile cast iron [J]. Material Scinence and Engineering A，2008，478：181-186.

[23] Xu Guang, Gan Xiaolong. The development of Ti-alloyed high strength microalloy steel [J]. Material Design，2010，31：2891-2896.

[24] Mathias Woydt, Hardy Mohrbacher. Friction and wear of binder-less niobium carbide [J]. Wear，2013，306：126-130.

[25] Gonzaga R A. Influence of ferrite and pearlite content on mechanical properties of the ductile iron [J]. Materials Science and Engineering A，2013，567：1-8.

[26] Vandervoort G F, Roosz A. Measurement of the interlamellar spacing of pearlite [J]. Metallography，1984，17 (1)：1-17.

[27] Cai Qizhou, Wei Bokang. Recent development of the ductile iron production technology in China [J]. China Foundry，2008 (5)：82-91.

[28] Shelton P W, Bonner A A. The effect of copper additions to the mechanical properties of austempered ductile iron (ADI) [J]. Journal of Materials Processing Technology，2006，173：269-274.

[29] 常亮，张伟，杨超，等. 铌对高性能球墨铸铁微观组织的影响 [J]. 上海金属，2015，

37（1）：39-42.

[30] 常亮，闫永生，华勤，等．奥氏体化温度对含铌贝氏体球墨铸铁组织和硬度的影响[J]．第六届中国铸造质量标准论坛——铸铁件的最新生产工艺及质量控制，2013.

[31] Yongsheng Yan, Liang Chang, Xiangru Chen, et al. Effect of Niobium on the Morphology of Nodular Graphite in Ductile Iron [J]. Advanced Materials Research, 2014, 852: 163-167.

[32] Shieh C, Din T. Effect of Nodule Size and Silicon Content on Tensile Deformation Behavior of Austempered Spheroidal Graphite Cast Iron at Elevated Temperatures [J]. Transactions of the American Foundrymen's Society, 1993, 101: 365-371.

[33] 黄积荣．铸造合金相图谱[M]．北京：机械工业出版社，1985.

[34] 闫永生，孙小亮，朱洪波，等，Nb 对灰铸铁相变温度的影响[J]．现代铸铁，2011，31（2）：42-44.

[35] Gregory N W. Elements of X-ray Diffraction [J]. Journal of the American Chemical Society, 1957, 79 (7): 1773-1774.

[36] Roberts C S . Creep Behavior of Extruded Electrolytic Magnesium [J]. JOM, 1953, 5 (9): 1121-1126.

[37] 郑林庆．摩擦学原理[M]．北京：高等教育出版社，1994：317-334.

12　铌在冷硬铸铁材料中的作用及应用

冷硬铸铁具有内韧外硬的结构特点，在工农业生产中得到了广泛的应用，其主要产品有：轧辊、凸轮轴、磨球和衬板等。冷硬铸铁具有如此的结构特点，是由于铸铁特有的冷硬现象[1]。所谓冷硬现象，就是当铁液浇入具有强冷特点的铸型（如金属型或金属挂砂型等）后，由于铸型的激冷作用，在铸件表面形成了冷硬层。冷硬层的断口形貌呈白色，硬度高，耐磨性好。由表面至心部，随着后续冷却强度的降低铸铁白口倾向降低，铸件内部开始析出较多的石墨，强韧性得到提高。

就冷硬铸铁而言，铌微合金化可进一步改善其耐磨性，提高冷硬铸铁轧辊的使用性能。

12.1　铌在冷硬铸铁中作用的基础研究

早在 20 世纪 90 年代，翟启杰和符莉等就与鞍钢合作对铌在冷硬铸铁中的作用进行了比较系统的基础研究。翟启杰等[2]研究了铌对冷硬铸铁相变温度的影响和铌在冷硬铸铁中的存在形态，符莉等[3]研究了铌对冷硬铸铁组织及性能的影响，另外，姚正辉[4]、李景波[5]等对含铌冷硬铸铁的高温组织稳定性进行了研究，陆群忠[6]等对含镍、含钼、含铌冷硬铸铁组织进行了观察和分析，在此基础上翟启杰[7]等对含镍、含钼、含铌冷硬铸铁的高温力学性能进行了对比研究。

12.1.1　铌对冷硬铸铁相变温度的影响

表 12-1 为三组冷硬铸铁的化学成分，用于对比分析铌、钼、镍三种元素对冷硬铸铁影响[2]。图 12-1～图 12-3 为表 12-1 中三组不同成分冷硬铸铁的固态转变温度测定结果，并将测温曲线中特征数据汇总于表 12-2。分析测温数据可以看出，含铌铸铁和含钼铸铁固态相变温度明显高于含镍铸铁。对于含钼和含铌铸铁而言，两者相变开始温度是一致的，相变结束温度含钼铸铁更高一些。这一结果表明，铌和钼可以提高铸铁的高温组织稳定性。

表 12-1 差热分析试样的化学成分[2] （质量分数,%）

试样种类	C	Si	Mn	P	S	Ni	Mo	Nb
含镍铸铁	3.27	1.24	0.60	0.034	0.072	0.57	—	—
含钼铸铁	3.10	1.62	0.70	0.028	0.036	—	0.35	—
含铌铸铁	3.13	1.61	0.47	0.067	0.062	—	—	0.05

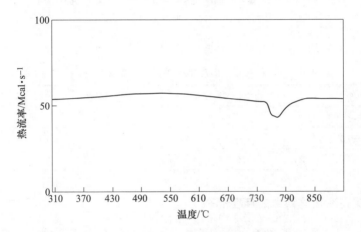

图 12-1 含镍铸铁的差热分析曲线[8]

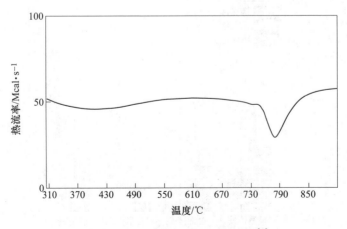

图 12-2 含钼铸铁的差热分析曲线[8]

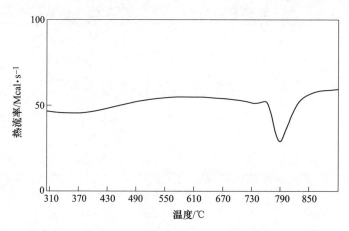

图 12-3　含铌铸铁的差热分析曲线[8]

表 12-2　固态相变温度测定结果[2]　　　　　　　　　　　（℃）

铸铁种类	相变开始温度	峰值温度	相变结束温度
含镍铸铁	550	752	850
含钼铸铁	610	787	875
含铌铸铁	610	778	850

12.1.2　铌在冷硬铸铁中的存在形态

　　图 12-4 是普通冷硬铸铁、含铌铸铁、含镍铸铁和含钼铸铁基体组织显微硬度测定结果。图 12-4 表明，铌、镍和钼都可使铸铁中渗碳体的显微硬度显著提

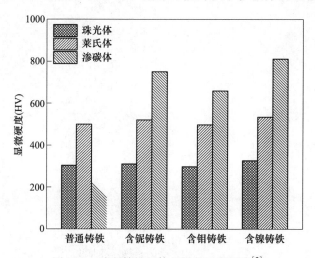

图 12-4　冷硬铸铁基体组织的显微硬度[2]

高。另外，镍和铌还使莱氏体和珠光体硬度稍有提高，而钼对莱氏体和珠光体硬度影响则不大。这表明，铌、钼和镍三种元素都可以固溶到渗碳体组织中，其中镍的固溶强化作用最大，铌次之。同时，铌和镍也可以固溶到珠光体和莱氏体中。

用波谱对含铌铸铁基体组织进行面扫描分析，发现有成簇分布的铌存在（见图 12-5（a）），这说明在含铌铸铁中有含铌析出相析出存在。但是在与此对应的组织观察中（见图 12-5（b）），在铌富集处却没有发现对应的第三相存在。将图 12-5（b）中铌富集较多的区域进一步放大观察后（见图 12-5（c）、（d）），发现铌成簇分布的区域为片状珠光体或莱氏体组织，这表明含铌析出相已经和珠光体或莱氏体组织构成一个统一体。

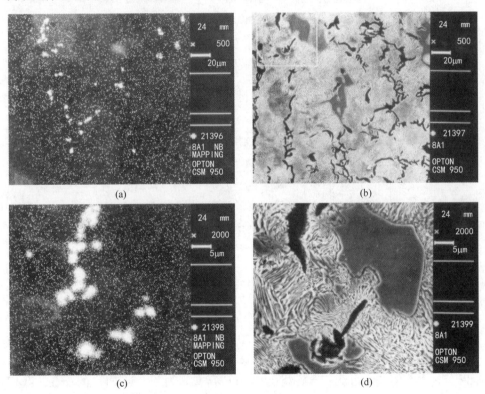

图 12-5　含铌铸铁的面扫描分析[8]
（a）Nb 分析；（b）形貌；（c）Nb 分析；（d）形貌

仔细考察铌富集处的组织，发现存在形貌上与渗碳体片没有明显区别的片状组织，它与渗碳体构成一个统一的整体（见图 12-6），可见该组织具有渗碳体型结构。能谱分析（图 12-7）表明，该组织中除含有碳外，主要由铁和铌组成。因此，该组织是渗碳体型铁铌碳化合物。

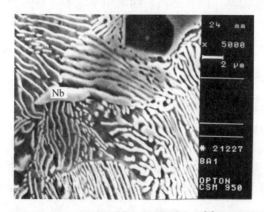

图 12-6　渗碳体型含铌析出相[8]

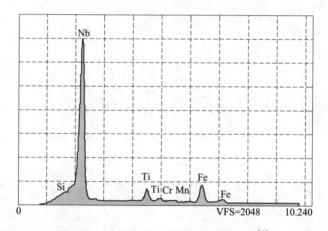

图 12-7　渗碳体型含铌析出相能谱分析[9]

根据文献［10］，铌与碳在 γ 相中形成 NbC 的反应自由能为：

$$\Delta G^{\ominus} = -41320 + 23.285T \tag{12-1}$$

由此可见，当温度低于 1774K 时，即具备形成 NbC 的能量条件。由此可以推断，在含铌铸铁中可能有含铌析出相 NbC 存在。为了考证 NbC 的存在，我们对铸铁基体中的块状组织进行了细致的测定，从而证实了块状含铌析出相的存在。

图 12-8 是块状含铌析出相 NbC 的形貌及波谱定性分析结果。由图 12-8 可见，该相几乎不含有 Fe，主要由 Nb 和 C 组成，这与上面的推算是一致的。

图 12-9 为条状含铌析出相。对该相两端分别做能谱分析（见图 12-10、图 12-11、表 12-3），发现该相中含有多种元素，并且其两端成分不同。用波谱对该相做碳量的定性分析，发现 1 点处碳含量高于 2 点处。从铌与其他元素的相互作

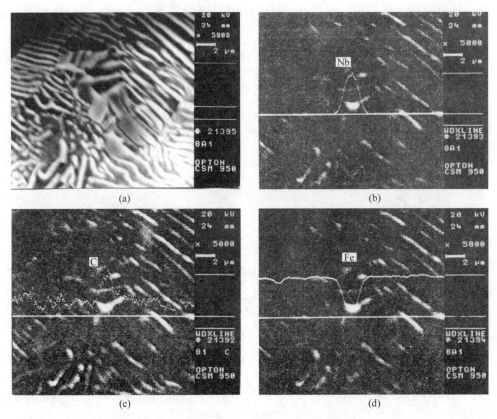

图 12-8　块状含铌析出相形貌及成分分布[9]
（a）形貌；（b）Nb 分析；（c）C 分析；（d）Fe 分析

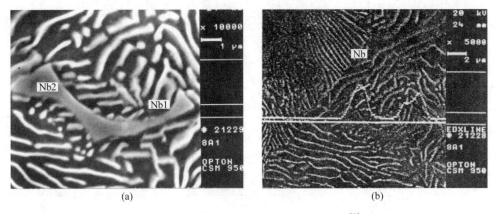

图 12-9　条状含铌析出相形貌及成分分布[9]
（a）形貌；（b）Nb 分析

用系数看，铌与碳、氢、氮、钛、氧、硫等元素的相互作用系数均为负值[11]。因此，铌与这些元素均有较好的亲和力，铌可与这些元素形成含有多种元素的复杂含铌析出相。由于这种含铌析出相可在液态时形成，因此为独立相。

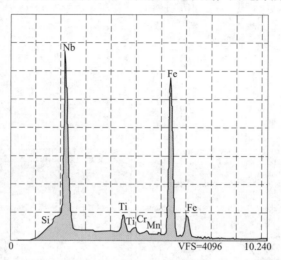

图 12-10　图 12-9 中条块状含铌析出相 1 点处能谱分析[9]

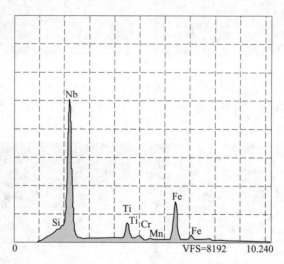

图 12-11　图 12-9 中条块状含铌析出相能谱分析[9]

表 12-3　图 12-9 中含铌析出相成分能谱定量分析结果[9]　　　　（%）

位置	Nb	Fe	Ti	Cr	Mn	Si
1	42.75	53.1	2.96	0.18	0.23	0.76
2	65.19	27.49	6.51	6.06	0	0.74

实验中还发现了形状不规则的含铌析出相，如图 12-12 所示。用能谱对其成分进行分析（见图 12-13），发现其组成与图 12-9 中的条块状含铌析出相是一致的，由此断定二者是同一类含铌析出相。

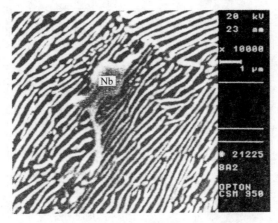

图 12-12 不规则含铌析出相形貌[9]

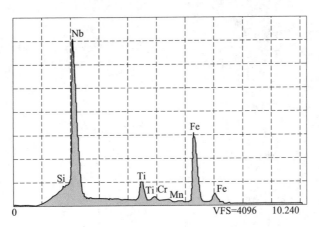

图 12-13 不规则含铌析出相能谱分析[9]

综合上述研究结果，铸铁中的铌一部分固溶在铸铁的基体组织中，其余铌以含铌析出相形式存在。含铌析出相主要有三种形态：（1）镶嵌于基体组织中的团块状，这种组织为 NbC 相；（2）独立存在的条块状或不规则状，该组织为含有多种元素的复杂相，主要组成为铁、碳、铌，此外含有少量钛等元素；（3）渗碳体型铁碳铌化合物，该组织呈片状与细珠光体中的渗碳体构成统一的整体。

12.2　铌对冷硬铸铁组织和力学性能的影响

12.2.1　铌对冷硬铸铁组织的影响

　　图 12-14 为不同铌含量冷硬铸铁 400 倍观察的金相组织照片，铸态组织主要为细珠光体+莱氏体+碳化物。由图 12-14 中可以看出，当铸铁中不含铌时，其组织中的莱氏体数量较少，共晶奥氏体在共析转变时转变为珠光体；在当冷硬铸铁中加入微量的铌后，发现莱氏体数量增多，共晶奥氏体转变产物也随着铌含量的增加逐渐过渡为贝氏体；当铌含量超过 0.05%后，铌含量的继续增加，会使莱氏体数量减少，其中的共晶奥氏体转变产物在共晶转变时重新变为珠光体。值得注意的是，在铌含量为 0.05 %时，基体组织中的珠光体片间距增大。

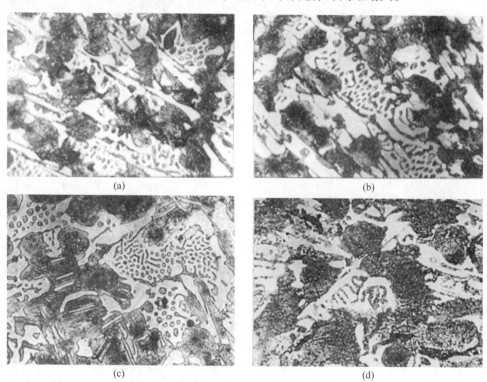

(a)　　　　　　　　　　　　　　　(b)

(c)　　　　　　　　　　　　　　　(d)

图 12-14　不同铌含量冷硬铸铁的金相组织（400×）[3]
(a) 0%Nb；(b) 0.022%Nb；(c) 0.050%Nb；(d) 0.099%Nb

12.2.2　铌对冷硬铸铁力学性能的影响

　　铌对冷硬铸铁力学性能的影响如图 12-15 ~ 图 12-17 所示。与金相组织相对应，随着铌含量的增加，冷硬铸铁的抗拉强度及冲击韧性也随之提高，并在铌含量为 0.05% 处达到最大值；继续提高铌含量，冷硬铸铁的力学性能降低。铌对硬度的影响在其加入量小于 0.02% 时十分显著，但是在铌含量在 0.02%~0.05% 的范围内几乎没有变化，继续提高铌含量硬度降低。

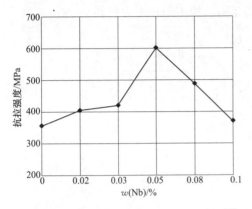

图 12-15　铌对冷硬铸铁抗拉强度的影响[2]　　　图 12-16　铌对冷硬铸铁冲击韧性的影响[2]

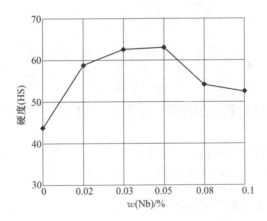

图 12-17　铌对冷硬铸铁硬度的影响[2]

由以上对含铌冷硬铸铁组织的研究结果可知，当铌含量小于 0.05% 时，由于铌的加入使冷硬铸铁的力学性能得到了提高，一方面提高了莱氏体组织的数量，另一方面使莱氏体组织中的共晶奥氏体转变产物由珠光体变为贝氏体。但由于继续增加铌含量会使莱氏体数量减少，并使莱氏体中的共晶奥氏体转变产物重新变为珠光体，因此进一步增加铌含量对于提高冷硬铸铁的力学性能没有意义。

在铌含量为 0.05% 时，冷硬铸铁的力学性能达到最好的结果。但是，由图 12-14 可见，其珠光体片间距明显增大，这与力学性能提高是矛盾的。分析认为，这是由于此时珠光体组织存在渗碳体型含铌析出相，从而提高了珠光体的力学性能。

冷硬铸铁轧辊在使用过程中是否会出现崩孔等缺陷与冷硬铸铁的断裂韧性有直接关系[11~13]。图 12-18 为含铌和含钼冷硬铸铁的断裂韧性，由图中结果可以看出，对于冷硬铸铁的断裂韧性，微量的铌比通常使用的钼更为有利。

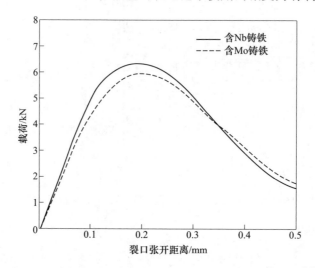

图 12-18　含铌和钼冷硬铸铁载荷和裂纹开口张开距离曲线[9]

12.3　铌对冷硬铸铁高温组织和力学性能的影响

轧辊在使用过程中与高温铸坯紧密接触，冷硬铸铁作为轧辊工作面，其高温组织稳定性[14~17]和高温力学性能直接影响轧辊使用性能[18~20]。

12.3.1　铌对冷硬铸铁高温组织的影响

图 12-19 为普通冷硬铸铁和含铌冷硬铸铁在升温过程中的金相组织。从图 12-19 中可以看出，室温下两种冷硬铸铁在室温时的组织均为珠光体、莱氏体和碳化物。当温度提高达到 500℃ 时，试样虽然出现有氧化现象，但组织并没有明显变化。继续升温，基体组织将由珠光体和莱氏体将转变为奥氏体。普通冷硬铸铁在温度达到 550℃ 时有组织转变迹象，但含铌冷硬铸铁在温度达到 600℃ 时组织类型仍然没有变化。普通冷硬铸铁在温度达到 700℃ 时珠光体和莱氏体向奥氏体的转变迹象开始变得比较明显，而当温度达到 800℃ 时基体组织的转变基本结束。含铌冷硬铸铁在 700℃ 时组织发生显著变化，当温度达到 800℃ 时转变基本结束。

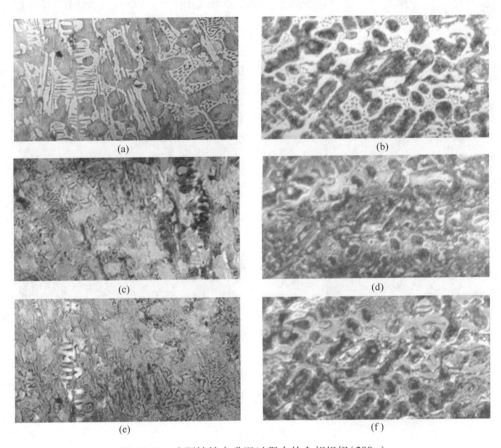

图 12-19 冷硬铸铁在升温过程中的金相组织(200×)

（a）普通冷硬铸铁，20℃；（b）含铌冷硬铸铁，20℃；（c）普通冷硬铸铁，550℃；
（d）含铌冷硬铸铁，600℃；（e）普通冷硬铸铁；600℃；（f）含铌冷硬铸铁，700℃

根据差热分析结果（见 12.1.1 节），普通冷硬铸铁固态相变开始温度为 540℃，750℃时出现峰值，而在850℃时转变结束。含铌冷硬铸铁固态相变开始温度为 610℃，777℃时出现峰值，与普通冷硬铸铁相同在850℃时转变结束。这表明铌的加入提高了冷硬铸铁固态相变温度，因而提高了冷硬铸铁加热过程中的组织转变温度。虽然由于测温条件有所不同，导致高温金相组织和差热分析所得到的试验结果在数值上稍有差异，但是二者反映的基本结果是一致的，即含铌冷硬铸铁高温组织稳定性明显优好于普通冷硬铸铁。图 12-20 为冷硬铸铁的高温金相组织。

经过不同的热过程后冷硬铸铁各种组织显微硬度的测定结果如图 12-21～图 12-23 所示。由这三个图可知，无论是经过 600℃×2.5h 保温，还是经过 700℃三次升降温，含铌冷硬铸铁中珠光体、莱氏体和渗碳体的显微硬度下降幅度均远远小于含镍和含钼冷硬铸铁。这表明，含铌冷硬铸铁的微观组织（微观组织结构和元素分布等）的稳定性也优于含镍和含钼冷硬铸铁。

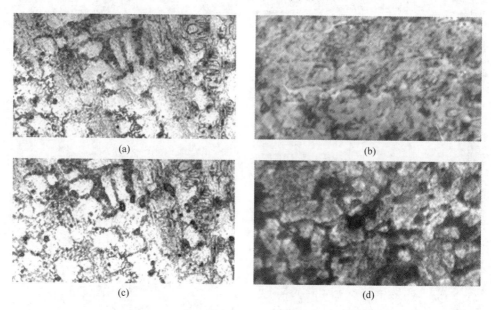

(a)　　　　　　　　　　　　　　　　　　(b)

(c)　　　　　　　　　　　　　　　　　　(d)

图 12-20　冷硬铸铁的高温金相组织（200×）[5]
（a）普通冷硬铸铁，800℃；（b）含铌冷硬铸铁，800℃；
（c）普通冷硬铸铁，900℃；（d）含铌冷硬铸铁，900℃

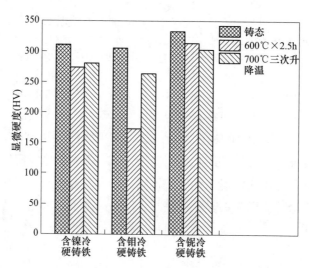

图 12-21　各种冷硬铸铁珠光体组织显微硬度的稳定性[9]

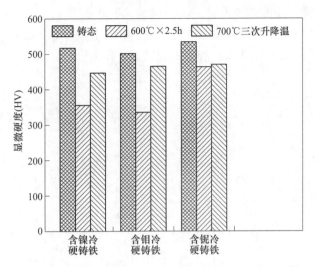

图 12-22   各种冷硬铸铁莱氏体组织显微硬度的稳定性[9]

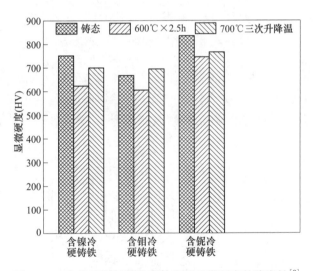

图 12-23   各种冷硬铸铁渗碳体组织显微硬度的稳定性[9]

因此，铌是提高冷硬铸铁组织稳定性的理想元素。铌的有利作用是由于铌固溶在冷硬铸铁的上述组织中。在冷硬铸铁升温时，固溶在这些组织中的铌阻碍了组织转变所要求的碳原子的扩散，从而提高了冷硬铸铁的高温组织稳定性。

12.3.2   铌对冷硬铸铁高温力学性能的影响

图 12-24 为不同温度下含有铌、钼、镍这三种元素冷硬铸铁及普通冷硬铸铁的抗拉强度，从图中可以看出，在常温下除铌可以显著提高冷硬铸铁的抗拉强度

外，钼和镍对抗拉强度几乎没有影响。但是，铌和镍可使冷硬铸铁 550℃时的抗拉强度由 180MPa 提高到 360MPa 以上，使 700℃时的抗拉强度由 150MPa 提高到 200MPa 以上，而钼对冷硬铸铁的高温强度几乎没有影响。

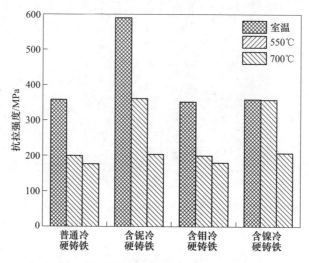

图 12-24　铌钼镍对冷硬铸铁强度的影响[7]

　　图 12-25 为上述冷硬铸铁的高温伸长率。图 12-25 中，常温下冷硬铸铁的伸长率接近于零，随着温度的提高，其伸长率开始逐渐提高。与合金元素对高温强度的影响相对应，铌和镍可明显提高其高温伸长率，而钼对伸长率几乎没有影响。

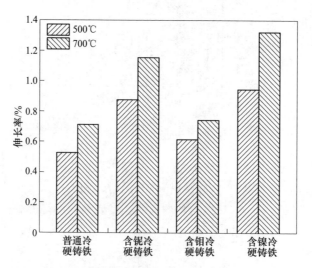

图 12-25　铌钼镍对冷硬铸铁高温伸长率的影响[7]

　　图 12-26 和图 12-27 分别为压应力-应变曲线和压应变-时间曲线，前者反映了三种冷硬铸铁抵抗压应力的能力，后者反映了三种冷硬铸铁的变形速率。由这两个图中可知，含铌冷硬铸铁抵抗应力的能力最强，其变形速率最小，由此可见含铌冷硬铸铁的抗压性能最好。

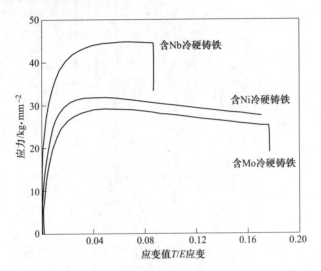

图 12-26　600℃下三种冷硬铸铁的压应力-应变曲线[9]

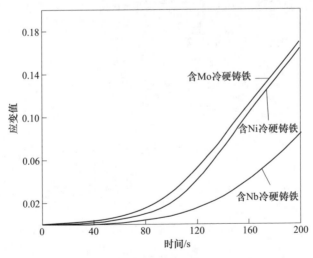

图 12-27　600℃下三种冷硬铸铁的压应变-时间曲线[9]

　　图 12-28 是冷硬铸铁常温硬度和经过 600℃ 保温后冷却到室温的红冷硬度，它反映了冷硬铸铁经过热循环后保持力学性能的能力。该图表明，经过 4h 保温后，不含合金元素冷硬铸铁的常温硬度 HV 由 300 以上降低到 230 左右；而分别

加入铌钼镍后，冷硬铸铁的常温硬度经过 4h 保温后基本上没有降低。

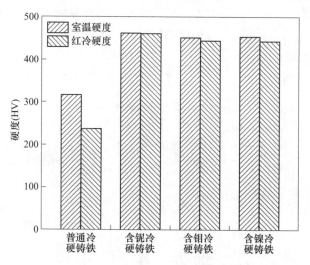

图 12-28　冷硬铸铁常温和 600℃×4h 的红冷硬度[7]

　　根据前面的研究结果，铌和镍可以固溶于冷硬铸铁的珠光体、莱氏体和渗碳体中，使这些组织在升温时的固态转变速度降低，从而提高了冷硬铸铁的高温组织稳定性和高温力学性能。钼只能固溶于渗碳体中，因此可以提高冷硬铸铁的红冷硬度，但是对其高温抗拉强度和伸长率影响不大。

参 考 文 献

[1] 中国机械工程学会铸造分会. 铸造手册（第一卷　铸铁）[M]. 北京：机械工业出版社，2010.
[2] 翟启杰. 铌在铸铁中的作用及含铌铸铁—铸铁中的微量元素讲座之三 [J]. 现代铸铁，2001（3）：8-13.
[3] 符莉，翟启杰，郑光华，等. 铌对冷硬铸铁组织和性能的影响 [J]. 铸造，1995（8）：38-40.
[4] 姚正辉，王国良，符莉，等. 铌对冷硬铸铁高温组织稳定性的影响 [J]. 铸造技术，1998（4）：42-43.
[5] 李景波，邹壮辉，符莉，等. 冷硬铸铁高温组织稳定性测定 [J]. 现代铸铁，1999（3）：53-54.
[6] 陆群忠，白铁军，符莉，等. 镍钼铌冷硬铸铁高温断口观察 [J]. 现代铸铁，1999（3）：54-56.
[7] 翟启杰，符莉，郑光华，等. 铌钼镍对冷硬铸铁高温力学性能的影响 [J]. 铸造，

1996（4）：39-40.

[8] 翟启杰，李青春．铌对铸铁作用的基础研究及应用．中国机械工程学会铸造分会．中国机械工程学会第十一届全国铸造年会论文集［C］∥中国机械工程学会铸造分会：中国机械工程学会，2006：7.

[9] 翟启杰．铸铁轧辊中 Nb 元素对轧辊寿命影响的研究［R］．1998.

[10] 陈家祥．炼钢常用图表数据手册［M］．北京：冶金工业出版社，1984：571.

[11] 陈星，刘新灵，陶春虎，等．轧辊服役损伤行为及失效机制研究［J］．失效分析与预防，2018，13（1）：60-66.

[12] 王德宝，牟祖茂，杨峥，等．热轧板带轧机高速钢复合轧辊断裂失效分析［J］．轧钢，2021，38（1）：74-79.

[13] 姜晶晶．冷轧辊材料断裂韧性试验研究［D］．上海：上海交通大学，2013.

[14] 杜旭景，杨金刚，胡兵，等．热连轧精轧工作辊高温氧化性能的研究［J］．中国铸造装备与技术，2020，55（5）：44-49.

[15] 瞿海霞，侯晓光，韩建增．新型石墨钢材质设计及高温摩擦磨损性能研究［J］．宝钢技术，2020（5）：1-8.

[16] 马世豪．两种高温耐磨轧辊堆焊合金微观组织及其耐磨性能研究［D］．合肥：安徽建筑大学，2018.

[17] 张勇，葛泽龙，唐家成，等．钒对半高速钢氩弧熔覆层组织及其高温性能的影响［J］．材料保护，2021，54（1）：23-27.

[18] 王清宝，史耀武，栗卓新，等．Cr5 系堆焊合金碳、铬过渡形式对高温磨损性能影响的研究［J］．机械工程学报，2012，48（4）：78-84.

[19] 王建升，张占哲，李博，等．铸钢轧辊亚微米 WC-15Co 电火花沉积涂层的高温性能［J］．中国有色金属学报，2016，26（10）：2145-2151.

[20] 陈世敏．轧辊用 $Al_2O_{3p}/20Cr25Ni20$ 复合材料高温性能研究［D］．昆明：昆明理工大学，2013.

13   结   语

　　铸造是通过金属由液态变成固态的过程赋予金属一定的形状、尺寸和性能，从而制成金属制品。历史上，铸造把人类带入了青铜器和铁器时代，成为推动社会生产力发展的关键因素。

　　虽然现代冶金高效、节能、低排放和高品质技术使金属型材得到广泛应用，但是几乎没有撼动铸件的应用市场；相反，使铸件消耗量平稳增长。

　　根据《Modern Casting》杂志的普查结果，2019 年全球铸件产量增至近 1.1 亿吨（见表 13-1），与 2018 年（全球铸件产量约 1.14 亿吨）同比下降 3.2%。

表 13-1   2019 年各国家和地区铸件总产量[1]　　　　　　　　　　（t）

国家/地区	铸铁	球铁	可锻铸铁	铸钢	铜合金铸件	铝合金铸件	镁合金铸件	锌合金铸件	其他有色合金	合计
奥地利	42300	104700	100	11400		148287	3991			291906
白俄罗斯										329900
比利时	55900	5100		6600		799				67600
波黑 *	17500	9100		1350		10500				38450
巴西	1268060	5569116		259195	20993	223359	5040	1175		2288889
保加利亚	30300	9200		10400	292	5540		42		55774
加拿大	330841			90091 *	14237	211374				646543
中国	20400000	13950000	600000	5900000	800000	73000000			250000	48750000
克罗地亚	31100	11800		50	221	25174		25	15	68385
捷克	166500	50000		20000	20000	101000	300	1000		384500
丹麦	28900	58100			1188	3014			112	90524
埃及	—					7000				200000
芬兰	18200	29300		10400	3124	2548				63208
法国	537200	711400		55700	17409	346899		24486	2486	1696743
德国	2192800	1433700		178500	77225	1137096	15472	57182	5	4951011
匈牙利	18400	55600		2200	483	124229	250	763	86	200207
印度	7718794	1217247	50000	1141117		1305400				11491810
意大利	667800	381300		59900	66438	856381	7097	74036	481	2067699
日本	2183800	1362600	37900	153000	70900	1489700	12000		1030000	5275700

国家/地区	铸铁	球铁	可锻铸铁	铸钢	铜合金铸件	铝合金铸件	镁合金铸件	锌合金铸件	其他有色合金	合计
韩国	890300	679000	500	150400	24500	629400				2380200
墨西哥	816160	560270		336250	215500	817911		79500	15200	2855650
挪威	8800	22300				6526				37626
巴基斯坦	181000	24540		48750	14200	21200			2730	292420
波兰	450000	155000		50000	6100	340000		2464	3000	1006464
葡萄牙	41100	94400		4500	17054	37009			194463	303566
罗马尼亚	15000	1500	3500	3000	60000	2000	250	90	85340	170680
俄罗斯	2184000			1134000	117600	588000	75600		100800	4200000
塞尔维亚	26300	3100		18150	3100	10120	1	30		60801
斯洛文尼亚	130500	46700			872	54625	10537	9665		252899
西班牙	362600	663000	16300	71400	14634	129345		8426	1502	1267207
南非						—				443000
瑞典	154900	62000		23500		48000				288400
瑞士	9300	14700		2300	2131	12699		1051		42181

自 2000 年中国铸件产量整体呈正增长态势，自 2011 年起由"高速增长"转为"中低速增长"。虽然 2019 年出现 1.22% 的下降，但 2020 年总产量较 2019 年明显提高，达到了 5195 万吨，稳居全球铸件总产量首位。

与此同时，现代文明对铸造生产过程，以及产品质量和性能提出了更高的要求，概括起来就是低消耗（包括能源和原辅材料消耗）、低排放和高性能。在这样的背景下，通过微合金化提高铸造合金的性能，一方面可以通过提高材料的性能降低材料消耗和延长铸件服役周期，另一方面较之传统的合金化方面成本大幅降低，因此受到铸造工作者的关注，并有望成为铸造金属材料重要的发展方向。

铸铁材料由于具有良好的铸造性能、加工性能、耐磨性能、减震性能、导热性能和较低的成本，一直作为一种重要的工程材料广泛应用于工农业生产、国防建设和人民生活中，是迄今为止用量最大、用途最广的铸造合金材料。在世界铸件产量中，铸铁件占 70% 以上。20 世纪 20 年代诞生的铸铁孕育处理技术使铸铁的抗拉强度提高了近一倍，而 20 世纪 40 年代诞生的铸铁球化处理技术使铸铁的强度再翻一番。也就是说，在短短的二十年里，通过组织调控铸铁的抗拉强度翻了两番。随后，合金化技术的应用使铸铁的抗拉强度继续大幅度提升。随着人类资源和环境理念的提升，可以预见，微合金化将是包括铸铁在内的所有铸造合金性能进一步提升的新的发展方向。

参 考 文 献

［1］中国铸造协会 . 2019 年全球铸件产量统计［J］. 铸造设备与工艺，2021（1）：70-71.